도로교통사고 감정사

2차 기출문제집

◯ 서울고시각
www.gosigak.co.kr

**Stand by
Strategy
Satisfaction**

새로운 출제경향에 맞춘 수험서의 완벽서

머리말

국가에서 공인한 「도로교통사고감정사」 자격 시험은 2007년에 제1회 시험이 시행된 지 어느덧 15년의 세월이 흘러 15번째 시험을 맞이하게 되었다. 이 시험의 문제지 공개는 2차 시험의 경우 2014년도 시작되었고, 2013년도까지 무려 7회에 걸쳐 해마다 시험에 응시한 편저자에게 지도받거나 도움을 받은 수험자들의 기억을 빌려 원고를 작성하였다. 본래 2차 시험문제는 짧지 않아 기억이 구구 각각이었기 때문에 문제를 복원하는데 애를 먹었다.

2차 시험 준비를 위한 공부 방법은 계산문제에 대한 공식 적용의 이해와 응용이 중요한데, 차량운동학에서 학습한 내용을 기초로 한다. 특히 질량과 중량의 구분 및 힘과 일에 관한 문제에서 중력가속도 개념이 매우 중요하다.

계산문제에서 막히는 경우는 주어진 문제의 내용과 조건을 그림을 그려서 조건들을 적어 넣은 다음에 공식을 사용하면 쉽게 풀 수가 있고, 질량·중량 및 중력가속도에서 혼동을 일으키지 않으면 틀리는 경우는 거의 발생하지 않는다. 물리량 단위에 대한 명확한 개념과 중력가속도의 적용 개념을 확실히 이해하여 주시기를 부탁드린다.

계산문제를 푸는데 있어서는 어떤 공식을 적용하여야 할 것인가에 대한 수험생 각자의 요령을 정리해 둘 필요도 있다. 만일 문제를 앞에 두고 어떤 요령에 의해 적용할 공식을 이끌어 낼 것인가에 대한 방법을 설정하지 못한 수험생이 계신다면 서울고시각의 동영상 강의를 참고하기를 바란다.

끝으로 이번 기출문제집 원고를 쾌히 받아주신 서울고시각 김용관 회장님과 김용성 사장님 그리고 임직원 여러분에게 감사드리며, 집필의 변을 대신한다.

2022. 6.
편저자 강성모

일러두기

이 기출문제집은 다음과 같은 방법으로 작성하였으므로 2차 시험 주관식 문제의 학습에 활용하면 큰 효과를 볼 것으로 믿는다.

1. 2차 시험 주관식 문제의 문제지가 수험생에게 공개된 것은 2014년도부터이다. 2007년도 제1회 시험이 시행된 후 7년간 문제지가 공개되지 않은 것이다. 따라서 이 기출문제집에서는 수험생들의 기억을 빌려 재구성한 것이므로 실제 출제된 문제와 약간의 차이가 있음을 참고하여야 한다.

2. 도로교통사고감정사의 2차 시험은 50점 문제 2문제 중 1문제를 선택하고, 25점 문제 3문제 중 2문제를 선택하여 풀어야 한다. 그러므로 어느 하나 간단히 넘길 수 있는 것은 없지만, 50점 문제는 선택도 해야겠지만 완벽하게 풀지 못하면 합격할 수 없는 것으로 보인다.

3. 편저자가 지도한 여러 수험생들(불합격자 및 합격자)의 경험(전언)을 종합할 때 특히 주의할 것은 풀이과정도 중요하지만 최종답안이 틀릴 경우 득점하지 못함으로써 불합격되는 것으로 파악된다. 이 점 특별한 주의가 요망된다.

4. 뒷부분에는 계산문제를 푸는데 기초와 이론 및 원리가 되는 내용들을 정리하여 게재하였으므로 참고하기 바란다.

5. 다시 한 번 첨언하는 바, 2013년도까지의 문제는 수험자들의 기억에 의존한 것이므로 다소 차이가 있을 수 있음을 양해해 주기 바란다.

2022. 6.

편저자 강성모

시험가이드

1 도로교통사고감정사란?

교통사고의 원인을 체계적으로 조사·분석·감정할 인력을 배출하기 위해 도입된 제도로 교통사고관련 당사자들의 주장이 상반되어 이를 판단하기 어려운 경우 과학적이고 체계적인 조사·분석으로 공정한 사고조사를 위한 공인자격이다.

2 자격정보

- 자 격 명 : 도로교통사고감정사
- 자격종류 : 공인자격
- 공인번호 : 경찰청 제2020-1호
- 등록번호 : 제2009-0002호
- 발급기관 : 도로교통공단

※ 검정(응시)료 및 환불 규정은 "시험일정"에서 확인

3 운영근거

「자격기본법」 제19조(민간자격의 공인)
「자격기본법」 제23조(공인자격의 취득)

4 자격제도 변천과정

- 2001. 11. 30. : 도로교통사고감정사 민간자격 신설
- 2002. 10. 13. : 제1회 자격시험 시행
- 2006. 05. 02. : 도로교통사고감정사 국가공인 신청
- 2007. 04. 06. : 도로교통사고감정사 국가공인자격 획득

5 자격 활용

① 도로교통사고감정사 학점은행제 10학점 인정
② 경찰공무원 채용시(4점), 승진시(0.3점) 가산점 인정(2010년 7월 시행)
③ 공인자격 소지자는 도로교통공단 신규채용 시 가산점 부여

시험가이드

6 직무내용 및 업무분야

직무내용	업무분야
• 도로상에서 발생하는 교통사고의 조사 • 교통관련법규에 대한 이해 • 교통사고의 정확한 원인 규명 및 과학적 해석 • 교통사고의 재현 • 교통사고에 대한 감정서 작성	• 교통사고와 관련하여 공무집행을 시행하는 경찰관, 군 헌병, 검찰 및 법원 관련 공무원 등 • 국영기업체 및 정부 산하기관 • 일반 교통관련 기업체 또는 단체, 교통용역업체, 사설 감정인 등

7 시험절차안내

1. 응시자격
① 만 18세 이상인 자
② 자격이 취소된 후 1년이 경과된 자
③ 도로교통사고감정사 자격시험 부정행위자로 3년이 경과된 자

2. 검정기준
① 교통사고와 관련된 교통법규(도로교통법, 교통사고처리특례법, 특정범죄가중처벌법)에 대한 기본적 이해 수준
② 교통사고와 관련된 제반사항(차량, 사람, 도로)에 대한 조사 및 분석 능력
③ 다양한 형태의 교통사고 재현능력
④ 차량운동학 등에 대한 기초이론 이해도
⑤ 교통사고분석서 작성 능력

3. 검정절차
① 시험원서 접수(온라인)
② 자격시험 시행(전국 12개소)
③ 합격자 발표(홈페이지)
④ 자격증 신청(온라인)

4. 시험방법 및 합격자 결정

시험구분	시험문제형태	시험시간	합격기준
1차 시험(객관식)	4지선다형 100문제(과목당 25문제)	150분	평균 60점 이상 (과목당 40점 미만 과락)
2차 시험(주관식)	5문제(3문제 선택 기술)	150분	60점 이상

※ 1차 시험과 2차 시험은 같은 날 시행하며, 1차 시험에 불합격한 사람의 2차 시험은 무효화함

시험가이드

8 시험과목 및 합격기준

1. 시험면제 과목 및 대상자

면제구분	면제과목	면제대상자
1차 시험 전부면제	1차 시험 전 과목	전회 1차 시험 합격자
1차 시험 일부면제자	교통관련법규, 교통사고조사론	• 국내·외의 공공 교통안전전문기관 또는 외국의 4년제 대학 부설연구소에서 교통사고조사에 관한 교육과정을 연속된 일련의 교육으로 105시간 이상 이수한 자 • 공공기관에서 교통사고조사 실무경력 10년 이상인 자 • 시험시간 : 75분

2. 시험과목 및 출제기준

시험구분	시험과목	출제기준	
		주요항목	세부항목
1차 시험	교통관련법규	도로교통법	• 도로교통법의 이해 • 용어의 정의 • 사고유형별 적용방법
		교통사고처리특례법	• 교통사고처리특례법의 이해 • 특례 예외단서 12개항의 성격 • 사고유형별 적용방법
		특정범죄가중처벌법	• 특정범죄가중처벌법의 이해 • 특정범죄가중처벌법의 구성요건
	교통사고조사론	현장조사	• 도로의 구조적 특성 이해 • 사고원인과 관련한 도로의 상황 • 사고흔적의 용어와 특성 • 사고현장의 측정방법 • 사고현장 사진촬영 방법
		인적조사	• 인터뷰조사의 개념 • 인터뷰조사의 방법 • 인체 상해도에 대한 이해
		차량조사	• 차량관련 용어의 이해 • 차량 내·외부 파손부위 조사방법 • 충격력의 작용방향 판단 • 차량의 구조적 결함시 특성 이해 • 차량 사진촬영 방법

시험가이드

구분	과목	세부영역	내용
1차 시험	교통사고재현론	탑승자 및 보행자 거동분석	• 충돌현상에 따른 탑승자 거동의 특성 • 사고유형별 탑승자의 운동 이해 • 탑승자의 상해도 이해 • 충돌 후 보행자의 거동특성 • 사고유형별 보행자의 거동 유형 • 보행자의 상해도 이해 • 보행자 충돌 속도의 분석 • 충돌속도와 보행자 전도거리 간의 관계
		차량의 속도분석 및 운동특성	• 충돌과정 및 방향에 따른 차량 운동 특성 • 사고유형별 차량의 속도분석 • 자동차의 일반적 운동특성 • 선회시의 자동차 운동특성 • 타이어 흔적의 종류 • 추락 및 전복시 속도분석
		충돌현상의 이해	• 사고흔적과 차량 운동의 이해 • 충돌시 발생되는 사고흔적의 종류 및 특성 • 사고유형별 충돌현상의 특성
		교통사고재현 프로그램	• 관련용어의 이해 • 사고재현프로그램의 기본원리 이해
	차량운동학	기초물리학	• 벡터와 스칼라의 이해 • 속도, 가속도의 이해
		운동역학	• 운동량과 충격량의 이해 • 일과 에너지의 관계 이해
		마찰계수 및 견인계수	• 마찰계수 및 견인계수의 정의 • 사고사례별 견인계수의 산출 및 적용 • 사고유형별 속도분석
2차 시험	교통사고 조사 분석서 작성 및 재현실무	교통사고조사 분석서 작성 방법	• 분석의뢰내용별 주요 분석사항 • 분석서의 내용 전개요령
		교통사고조사의 종합적인 지식	• 사고흔적의 이해와 적용 • 물리학적 근거의 이해 • 교통공학 적용 • 사고유형별 법규 적용 • 종합적인 사고분석 능력
		도면작성 능력	• 축척의 이해 • 좌표법 및 삼각법의 이해 • 현장측정 도면작성의 정확도

시험가이드

9 시험일정

※ 교통사고조사의 과학적 분석능력 배양을 통한 교통사고감정 전문인력 배출과 정확한 발생원인 규명 및 교통사고 당사자 간의 분쟁을 최소화를 위한 도로교통사고감정사 자격검정 시행계획을 아래와 같이 공지합니다.

1. 응시자격
① 2022년 시험접수 종료일 기준, 만 18세 이상인 자(학력제한 없음)
② 자격이 취소된 후 1년이 경과되지 아니한 자, 시험 부정행위로 당해 시험 시행년도로부터 3년이 경과되지 아니한 자는 응시 제한

2. 시험일정

시험구분	시험접수 기간	시험시행일	시험시간 입실시간	시험시간	정답가안 발표	합격자 발표
1차	'22.7.25(월), 09:00~ '22.8.4(목), 18:00(11일간)	'22.8.28(일) 1차·2차 시험 같은 날 시행	09:00까지	09:30~12:00 (150분)	'22.8.29(월), 11:00 (감정사 홈페이지)	'22.10.7(금) (예정)
2차			13:00까지	13:30~16:00 (150분)	발표하지 않음	

3. 응시지역

서울	부산	대구	인천	경기(성남)	강원(춘천)	충남(대전)
충북(청주)	전북(전주)	전남(광주)	경북(구미)	경남(창원)	제주(제주)	

① 시험은 전국 13개 지역에서 실시하며 응시원서 접수시, 신청자가 편리한 지역 선택
※ 주의사항 : 시험 접수기간 이후 응시지역 변경은 불가하므로 신중히 지역을 선택하여야 하며, 변경하고자 할 경우 접수기간 내 취소 후 재접수 요망
② 접수내용 수정 : 감정사 홈페이지에서의 증명사진 등 수정기간 제공(8.9 09:00 ~ 8.10 18:00 예정)
※ 수정내용 : 접수자 본인의 증명사진, 영문이름, 휴대폰 번호

시험가이드

4. 시험접수

① 접수방법 : 인터넷 온라인접수(방문, 팩스, 우편접수 불가)

※ 본인 명의의 휴대전화 또는 아이핀 인증으로 본인확인 후 접수가능

② 감정사 홈페이지 : www.koroad.or.kr/kl_web/index.do

※ 시험접수는 '22.07.25.(월) 09:00부터 시작하며 '22.08.04.(목) 18:00 접수마감, 접수기간 중에는 별도 시간제한 없이 접수가능

5. 제출서류 및 응시수수료

① 제출서류(공통사항)

㉠ 응시원서 : 감정사 홈페이지를 통한 작성 및 접수

㉡ 컬러사진 : 최근 6개월 이내 촬영한 여권용 사진 1매(3.5cm×4.5cm)

② 1차 시험 일부면제자 제출서류

면제대상자	제출서류
국내·외의 공공 교통안전 전문기관 또는 외국의 4년제 대학 부설연구소에서 **교통사고조사에 관한 교육과정**을 연속된 일련의 교육으로 **105시간 이상** 이수한 자	교육이수증 사본 ※ 외국의 교육 이수증은 한글 번역문 함께 제출
공공기관에서 교통사고조사 실무경력 10년 이상인 자	경력증명서(공단 양식) ※ 행정기관 또는 공공기관의 장 발행

※ 컬러사진 및 1차 시험 일부면제자 제출서류는 시험접수시 스캔하여 JPG파일로 첨부

③ 응시수수료

㉠ 일반응시자 및 1차 시험 일부면제자 : 77,000원(부가세 포함)

㉡ 1차 시험 전부면제자 : 44,000원(부가세 포함)

④ 입금방법

㉠ 감정사 홈페이지를 통한 온라인 결제 - (주)나이스페이 대행

㉡ 신용카드, 실시간 계좌이체(인터넷 뱅킹), 가상계좌(무통장 입금)

㉢ 가상계좌(무통장 입금)의 경우 시험접수 후 접수마감일자 다음날 16:00까지 입금완료(입금하지 않은 경우, 응시원서 접수는 자동 취소)

시험가이드

6. 접수취소 및 환불

① 기간 및 금액

취소(환불) 신청기간	환불금액	환불기간
'22.7.25 ~ '22.8.4(24:00까지)	납입한 응시료의 100%	취소 신청일로부터 15일 이내 (승인취소 또는 계좌환불)
'22.8.5 ~ '22.8.22(24:00까지)	납입한 응시료의 50%	

② 환불방법 등

환불금액	결제구분	환불방법	비고
100% 환불	신용카드	승인취소	- 접수자 본인 또는 직계가족 명의 계좌로 환불(입금 수수료 공제) - 접수취소 신청기간 이후에는 응시수수료 환불 불가 - 본인 사망 또는 가족 경조사 등 불가피한 사유로 응시하지 못한 경우 증빙자료 제출 시 50% 환불
	가상계좌, 실시간 계좌이체	계좌환불	
50% 환불	신용카드, 실시간 계좌이체, 가상계좌	계좌환불	

※ 접수취소 및 응시수수료 환불은 감정사 홈페이지를 통하여 신청
※ 시험접수 기간 중의 접수 취소 후 재접수는 가능하나, 접수기간 종료 후 취소한 자의 재접수는 불가

• 본인 사망 또는 가족 경조사 등 불가피한 사유로 응시하지 못한 경우, 증빙자료 제출 시 응시수수료의 50% 환불
  - 환불대상 : 1) 본인 사망 또는 사고·질병으로 입원(시험일을 입원기간에 포함)하여 시험에 응시하지 못한 자*
            2) 응시자의 배우자, 응시자 본인 또는 배우자의 부모·(외)조부모·형제·자매·자녀가 시험일로부터 7일 전까지 사망하여 시험에 응시하지 못한 자
  - 환불기간 및 방법 : 시험일로부터 30일 이내 환불신청서와 입증서류를 준비하여 팩스(033-749-5925) 또는 도로교통공단 교육운영처 방문하여 환불신청
  ※ * 의 경우 배우자, 자녀, 친가 또는 처가 측의 조부모, 부모, 형제, 자매가 대리하여 접수취소 및 환불 요청가능

시험가이드

- 입증서류

본인 사망 또는 사고·질병으로 입원	직계가족 등 사망
1. 사망 입증서류(사망진단서 등) 2. 입원 입증 서류(입원확인서 또는 진단서 등) ※ 단, 입원기간 내 시험일이 포함되어 있어야 함	1. 본인과의 가족관계 입증서류 (가족관계증명서 또는 주민등록등본 등)
3. 신분증	2. 사망 입증서류(사망진단서 등) 3. 신분증
※ 대리인 환불신청 시 : 대리인 및 응시자 본인의 신분증 준비	

- 코로나19관련 수험자에 대한 100% 환불 허용

  1) 확진환자

   확진환자로서 시험일자 기준, 격리기간이 경과하지 않아 시험에 응시하지 못한 자는 시험일로부터 30일 이내 응시수수료 환불신청서와 증빙서류를 준비하여 팩스(033-749-5925) 또는 도로교통공단 교육운영처를 방문하여 환불신청 가능

   * 증빙서류 : 국가(공공기관 포함) 및 의료기관으로부터 발부받은 응시제한 대상자임을 입증하는 서류, 신분증 사본 등

  2) 당일 미응시자 : 시험당일 37.5℃ 이상의 발열 또는 호흡기 증상으로 시험응시 자제권고에 동의하여 미응시한 자

   * 제출서류 : 응시수수료 환불신청서

7. 시험과목 및 합격기준

구분	시험과목	시간	문제형태	합격기준
1차	교통관련법규, 교통사고조사론 교통사고재현론, 차량운동학	150분	객관식 100문제 (4지선다형)	평균 60점 이상 (각 과목 40점 미만 과락)
2차	교통사고분석서 작성 및 재현 실무	150분	주관식 5문제 (3문제 선택 작성)	평균 60점 이상

※ 1차 시험과 2차 시험을 구분하여 같은 날에 시행하며, 1차 시험에 불합격한 응시자의 2차 시험은 무효로 함

시험가이드

8. 시험면제 및 대상자

면제구분	면제과목	면제대상자	시험시간
1차 시험 일부면제	교통관련법규, 교통사고조사론	• 국내·외의 공공 교통안전 전문기관 또는 외국의 4년제 대학 부설연구소에서 **교통사고조사에 관한 교육과정**을 연속된 일련의 교육으로 **105시간 이상** 이수한 자 • 공공기관에서 교통사고조사 실무경력 10년 이상인 자	1차 시험 75분/ 2차 시험 150분
1차 시험 전부면제	1차 시험 전 과목	• 2021년도 1차 시험 합격 후, 2차 시험 불합격자	2차 시험 150분

※ 면제대상자는 시험접수시, 반드시 1차 시험 일부면제 또는 1차 시험 전부면제를 신청하여야 함
※ 1차 시험 전부면제 대상자가 일반응시(1차·2차 시험대상자)로 접수 및 응시하여 1차 시험에 불합격한 경우, 2차 시험에서 합격점수를 상회하는 득점을 하였더라도 공단 "도로교통사고감정사 자격관리규칙" 제19조 제2항에 의거, 2차 시험을 무효로 함
※ 1차 시험 합격 후 2차 시험에 불합격한 경우, 다음회차 1회에 한하여 1차 시험을 전부면제함
※ 1차 일부면제의 경우, 시험시작시간은 일반응시자와 동일

9. 응시자 준비물

① 신분증[주민등록증, 운전면허증, 복지카드(장애인등록증), 국가유공자증, 여권 등 사진, 이름(성명), 주민등록번호를 확인할 수 있고 정부 및 공공기관에서 발행한 유효기간 이내의 신분증] 및 수험표
※ 신분증 미지참자는 시험장 입실 제한
② 공학용 계산기, 필기구(볼펜, 연필 등), 각도기, 삼각자, 스케일자, 컴퍼스 등
※ 공학용 계산기, 필기구(볼펜, 연필 등) 지참은 필수이며, 각도기, 삼각자, 스케일자, 컴퍼스 등은 시험문제에 따라 사용할 수 있음

10. 1차시험 정답가안 발표 및 이의신청 접수

① 1차 시험 정답발표 및 이의신청 접수 일정

정답가안 발표	이의신청 접수	최종 정답 발표(1차)	정답발표 및 이의신청
'22.8.29(월), 11:00	'22.8.29(월), 11:00~ '22.8.30(화), 18:00	'22.9.2(금), 16:00	감정사 홈페이지 (www.koroad.or.kr/kl_web/index.do)

시험가이드

㉠ 1차 시험 정답가안 발표 및 이의신청 접수는 감정사 홈페이지에서 실시
  정답가안에 대한 의견 제시는 이의신청 접수기간에만 가능하며, 1차 시험 응시자만 접수 가능
  (접수 취소자, 결시자 등은 접수 불가)

㉡ 이의신청시 제출양식에 따라야 하며, 해당과목 문제번호와 이의신청 내용이 일치하지 않거나 불명확할 경우에는 제외

㉢ 신청내용은 입력한 본인만 열람이 가능하며, 입력된 글에 대한 추가·수정은 불가하므로 충분히 검토 후 등록 요함

㉣ 정답가안에 대한 의견 제시는 감정사 홈페이지에서 주어진 양식에 따라 작성해야 하며, 유선·방문·우편·팩스접수는 불가

㉤ 이의신청에 대한 개별회신은 하지 않으며, 최종 정답발표로 갈음

㉥ 2차 시험에 대해서는 정답가안 발표 및 이의신청 접수를 받지 않음

㉦ 1차·2차 시험문제 공개는 시험종료 후 응시자가 문제지를 가져갈 수 있도록 한 조치로 대체
  (시험종료 후 응시자의 문제지를 회수하지 않음)

11. 합격발표(자격발급)

① 합격자 발표 및 자격증(또는 증서) 발급신청은 감정사 홈페이지(www.koroad.or.kr/kl_web/index.do)에서 실시하며, 신청자에 한해 자격증이 발급됨

② 공인자격증 또는 자격증서 발급 신청자는 소정의 수수료를 부담해야 하며, 자격증 발송비용(택배비 3,500원)은 수취인 부담(배달사고 방지)으로 함

자격증 발급비(부가세 포함)	납부 방법(감정사 홈페이지)	비 고
• 공인자격증(기본) : 5,500원 • 공인자격증서(게시용) : 11,000원	신용카드, 계좌이체(인터넷뱅킹)	합격자에 해당되며 신청자에 한하여 발급

※ 자격증 제작 및 발송 이전 취소시 100% 환불, 이후 취소시 환불 불가

③ 시험채점 진행상 부득이한 사유로 인해 합격자 발표가 지연될 수 있으며, 지연시에는 신속히 홈페이지에 공지하고 문자메세지(SMS)로 개별 통지

시험가이드

12. 응시자 유의사항

① 응시원서 작성 및 기타 서류제출시 제출서류 미비, 착오·누락, 허위기재, 답안 판독 불가 등의 사유로 인한 불이익은 응시자의 책임이며, 접수된 응시원서, 제출서류는 일체 반환하지 않음

② 장애인 응시자가 원서접수시 편의를 제공받고자 할 경우, 본인의 장애 여부를 증빙할 수 있는 자료를 감정사 홈페이지에 첨부(스캔하여 JPG파일 업로드)하고, 시험 당일 증빙자료를 제출하여야 함

③ 합격자 발표 후 제출서류의 허위작성, 위조, 자격미달 또는 1차 시험 일부 또는 전부면제자로 응시하여 자격시험에 합격하였으나, 사실 확인 결과 그 대상자가 아닌 것으로 판명된 때에는 합격을 무효 처리함

④ 접수취소 및 환불신청 기간 이후에는 응시수수료를 일체 환불하지 않음. 다만, 본인 사망 또는 가족 경조사 등 불가피한 사유로 응시하지 못한 경우에는 증빙자료 제출시 응시수수료의 50% 환불

⑤ 시험과목 일부 면제 또는 전부면제자 서류심사 결과 서류 및 자격 미흡 등으로 심사 부적합 판정을 받는 경우 1차 시험 전 과목에 응시하여야 하며, 1차 시험 전부면제 신청자는 추가 응시료를 납부하셔야 함. 서류심사 결과는 부적합으로 판정된 자에 한해 개별 통보

⑥ 코로나19 확산방지를 위하여 확진환자는 시험에 응시할 수 없으며, 시험장 출입을 금지
   ※ 코로나19 관련 사항은 방역당국의 지침을 준수하여 운영하며, 자세한 사항은 도로교통공단 교육운영처로 문의하여 주기 바람

⑦ 전염병(코로나19 등) 발생과 관련하여 시험일정이 연기 또는 취소될 수 있으므로 긴급연락(문자발송)을 위한 개인정보를 정확히 기재하여 주기 바람

⑧ 응시자는 지정한 입실시간에 시험장소로 입실 완료하여야 하며, 입실 지정시간 내에 입실하지 않은 사람은 미응시자로 처리함
   ※ 지정 입실시간을 경과하여 도착한 자는 시험장 입실이 불가하며, 응시자는 시험시작 1시간 이후 되실 가능

⑨ 시험시간 중에는 휴대전화(스마트워치 포함), 호출기, 전자사전 등을 소지하거나 사용할 수 없으므로 감독관의 지시에 따라 전원을 차단 후 지정장소에 별도 보관하여야 함. 응시자는 이를 위반하거나 검색에 불응하는 경우 부정행위로 간주하여 퇴실조치하고 당해 시험을 무효로 함

⑩ 시험 중 부정행위로 적발된 사람은 공단 "도로교통사고감정사 자격관리규칙" 제37조(시험부정행위자에 대한 조치)에 의거, 그 시험을 무효로 하고 당해시험 시행년도로부터 3년간 응시자격이 제한

⑪ 1차 시험 객관식 답안지 표기는 반드시 시험당일 제공하는 **컴퓨터용 수성사인펜**으로 사용하여야 하며, 답안지의 불완전한 표기(수정) 등으로 인한 불이익은 응시자의 책임으로 함

시험가이드

⑫ 2차 시험 주관식 답안은 반드시 정자로 한글 맞춤법 및 외래어 표기법에 따라 표기하여야 하며, 흘림자 또는 난해자 등으로 표기하여 채점자가 판독 불가함에 따른 불이익은 응시자의 책임으로 함
⑬ 시험 중 화장실 사용이 금지되나, 2시간 경과 후 응시자가 요청할 경우 이용 긴급성을 판단하여 시험감독관과 동행하여 화장실 이용 후 재입실 가능하며, 임신부는 2회 화장실 사용 가능

13. 기타사항

① 본 자격시험은 선발 인원을 정하지 않고 절대평가제로 시행함
② 기타 자세한 내용은 도로교통사고감정사 홈페이지 → 자격정보 또는 자격시험 등을 참고하고, 궁금한 사항은 도로교통공단 교육운영처(033-749-5311)로 문의
③ 공인자격 소지자는 경찰공무원, 도로교통공단 직원 신규채용시 일정의 가산점을 부여하여 우대
④ 본 자격검정은 공인자격을 취득하는 시험이므로 우리 공단에서 교재판매 및 자격관련 교육을 진행하지 아니하며, 자격 취득자에 대한 취업을 알선하거나 보장하지 않음
⑤ 시험장 내에 주차가 불가하거나, 공간이 부족할 수 있으므로 가급적 대중교통을 이용

차례

PART I 주관식 기출문제

1. 속도·가속도 관련 기출문제 ... / 3
2. 신호위반 관련 기출문제 ... / 26
3. 2차원 운동량 보존법칙 관련 기출문제 ... / 38
4. 1차원 운동량 보존법칙 관련 기출문제 ... / 54
5. 일·에너지 관련 기출문제 ... / 63
6. 추락 및 경사면 관련 기출문제 ... / 69
7. 제동시작 속도 산출 관련 기출문제 ... / 86
8. 곡선반경 관련 기출문제 ... / 97
9. 공식 유도 관련 기출문제 ... / 101
10. 용어 설명 관련 기출문제 ... / 102
11. 도면 그리기 관련 기출문제 ... / 115

PART II 주관식 정답 및 풀이

1. 속도·가속도 관련 정답 및 풀이 ... / 121
2. 신호위반 관련 정답 및 풀이 ... / 152
3. 2차원 운동량 보존법칙 관련 정답 및 풀이 ... / 170
4. 1차원 운동량 보존법칙 관련 정답 및 풀이 ... / 196
5. 일·에너지 관련 정답 및 풀이 ... / 208

차례

6	추락 및 경사면 관련 정답 및 풀이	/ 219
7	제동시작 속도 산출 관련 정답 및 풀이	/ 245
8	곡선반경 관련 정답 및 풀이	/ 260
9	공식 유도 관련 정답 및 풀이	/ 268
10	용어 설명 관련 정답 및 풀이	/ 270
11	도면 그리기 관련 정답 및 풀이	/ 291

PART Ⅲ 주관식 부록

1	12가지 기본 운동 방정식	/ 297
2	관련 연습문제 및 풀이	/ 323
3	기초수학과 기초물리학	/ 353

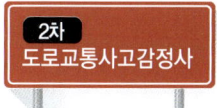

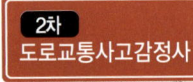

교통사고분석서 작성 및 재현실무

속도·가속도 관련 기출문제

문제 01 배점 50점 2021년 기출

개요

A차량은 동쪽에서 서쪽으로 진행하다 북쪽에서 남쪽으로 진행하던 B차량과 1차 충돌하였고, 이후 A차량은 서쪽에서 동쪽으로 진행하던 C차량과 2차 충돌하였다.

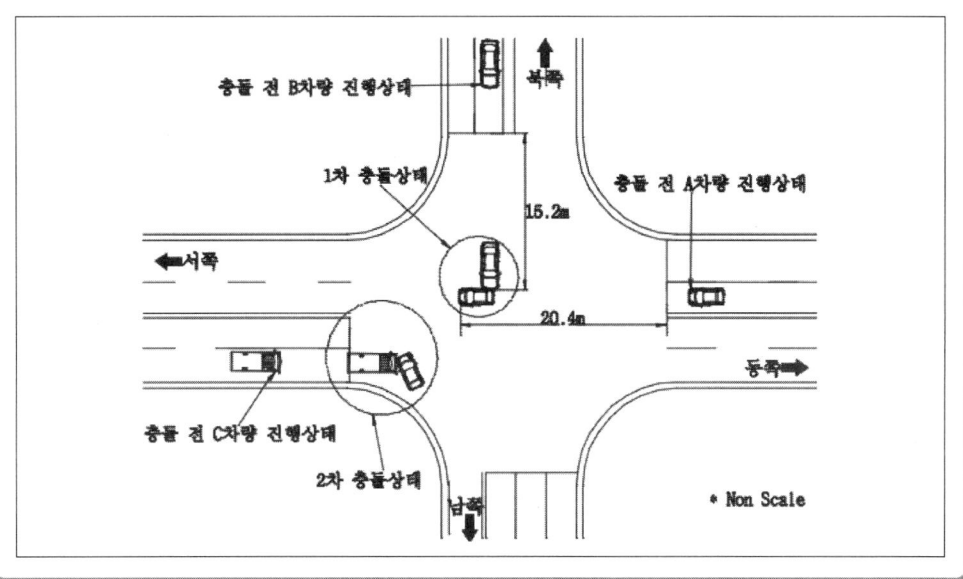

조건

1. 사고차량들에서 추출한 EDR(Event Data Recorder) 자료는 [표 1~4]와 같음
2. EDR 자료의 속도 데이터는 0.5초 간격의 순간 속도임
3. 각 차량 EDR 정보의 기록 기준시점(0.0초)을 충돌시점으로 간주
4. 운전자 인지반응시간은 0.7초, 중력가속도는 9.8m/s²
5. C차량 급제동시 견인계수는 0.7
6. 계산식의 경우 관계식 및 풀이과정을 단위와 함께 기술하고, 소수 셋째 자리에서 반올림

아래 주어진 EDR 자료를 참고하여 질문에 답하시오.

[질문 1] 배점 5점

A차량의 전면이 정지선을 지날 때는 1차 충돌하기 몇 초 전인가?

[질문 2] 배점 15점

A차량의 전면이 정지선을 지날 때 B차량의 위치를 1차 충돌지점 기준으로 구하시오.

[질문 3] 배점 15점

A차량의 전면이 정지선을 지날 때 C차량의 위치를 2차 충돌지점 기준으로 구하시오.

[질문 4] 배점 15점

C차량 운전자가 A차량과 B차량 충돌 시 위험을 인지하고 급제동하여 정지하였을 경우 C차량의 정지위치를 2차 충돌지점 기준으로 구하고, A차량과의 충돌 여부를 기술하시오.

[표 1] A차량의 EDR 정보(이벤트 1, 일부분 발췌)

〈이벤트 1〉

사고시점의 EDR 정보

다중사고 횟수(1 or 2)	1개 이벤트
다중사고 간격 1 to 2[msec]	0
정상기록 완료 여부(Yes or No)	YES
충돌기록시 시동 스위치 작동 누적횟수[cycle]	9119
정보추출시 시동 스위치 작동 누적횟수[cycle]	9123

사고 이전 차량 정보(-5~0 sec)

시간 (sec)	자동차 속도[kph]	엔진 회전수 [rpm]	엔진 스로틀밸브 열림량[%]	가속페달 변위량[%]	제동페달 작동여부 [on/off]	조향핸들 각도 [degree]
-5.0	49	1600	6	0	off	0
-4.5	49	1600	6	0	off	0
-4.0	49	1600	6	0	off	0
-3.5	49	1600	6	0	off	0
-3.0	50	1700	7	2	off	0
-2.5	50	1700	7	0	off	0
-2.0	50	1700	7	0	off	0
-1.5	49	1600	6	0	off	0
-1.0	49	1600	6	0	off	0
-0.5	49	1600	6	0	off	0
0.0	49	1600	6	0	off	0

[표 2] A차량의 EDR 정보(이벤트 2, 일부분 발췌)

〈이벤트 2〉

사고시점의 EDR 정보

다중사고 횟수(1 or 2)	2개 이벤트
다중사고 간격 1 to 2[msec]	2000
정상기록 완료 여부(Yes or No)	YES
충돌기록시 시동 스위치 작동 누적횟수[cycle]	9119
정보추출시 시동 스위치 작동 누적횟수[cycle]	9123

사고 이전 차량 정보(-5~0 sec)

시간 (sec)	자동차 속도[kph]	엔진 회전수 [rpm]	엔진 스로틀밸브 열림량[%]	가속페달 변위량[%]	제동페달 작동여부[on/off]	조향핸들 각도 [degree]
-5.0	50	1700	7	2	off	0
-4.5	50	1700	7	0	off	0
-4.0	50	1700	7	0	off	0
-3.5	49	1600	6	0	off	0
-3.0	49	1600	6	0	off	0
-2.5	49	1600	6	0	off	0
-2.0	49	1600	6	0	off	0
-1.5	42	1200	5	0	on	0
-1.0	35	1100	4	0	on	0
-0.5	28	1000	4	0	on	0
0.0	21	1000	4	0	on	0

[표 3] B차량의 EDR 정보(이벤트 1, 일부분 발췌)

⟨이벤트 1⟩

사고시점의 EDR 정보

다중사고 횟수(1 or 2)	1개 이벤트
다중사고 간격 1 to 2[msec]	0
정상기록 완료 여부(Yes or No)	YES
충돌기록시 시동 스위치 작동 누적횟수[cycle]	13124
정보추출시 시동 스위치 작동 누적횟수[cycle]	13159

사고 이전 차량 정보(-5~0 sec)

시간 (sec)	자동차 속도 [kph]	엔진 회전수 [rpm]	엔진 스로틀밸브 열림량[%]	가속페달 변위량[%]	제동페달 작동여부[on/off]	조향핸들 각도 [degree]
-5.0	64	1600	10	0	off	0
-4.5	64	1600	10	0	off	0
-4.0	64	1600	10	0	off	0
-3.5	64	1600	12	0	off	0
-3.0	65	1700	13	2	off	0
-2.5	66	1700	13	0	off	0
-2.0	66	1700	13	0	off	0
-1.5	68	1800	15	2	off	0
-1.0	68	1800	15	5	off	0
-0.5	68	1800	16	7	off	0
0.0	72	1900	18	15	off	0

[표 4] C차량의 EDR 정보(이벤트 1, 일부분 발췌)

〈이벤트 1〉

사고시점의 EDR 정보

다중사고 횟수(1 or 2)	1개 이벤트
다중사고 간격 1 to 2[msec]	0
정상기록 완료 여부(Yes or No)	YES
충돌기록시 시동 스위치 작동 누적횟수[cycle]	15126
정보추출시 시동 스위치 작동 누적횟수[cycle]	15154

사고 이전 차량 정보(-5~0 sec)

시간 (sec)	자동차 속도[kph]	엔진 회전수 [rpm]	엔진 스로틀밸브 열림량[%]	가속페달 변위량[%]	제동페달 작동여부 [on/off]	조향핸들 각도 [degree]
-5.0	36	1400	6	0	off	0
-4.5	36	1400	6	0	off	0
-4.0	36	1400	6	0	off	0
-3.5	36	1400	6	0	off	0
-3.0	36	1400	6	0	off	0
-2.5	36	1500	7	0	off	0
-2.0	37	1500	7	2	off	0
-1.5	37	1600	8	2	off	0
-1.0	40	1700	8	1	off	0
-0.5	40	1700	8	3	off	0
0.0	40	1700	10	0	off	0

문제 02 배점 50점 2020년 기출

개요

신호등이 설치된 삼거리 교차로에서 A차량은 직진 주행을 하다가 횡단보도를 건너는 보행자를 발견하고 급제동을 하여 15m의 스키드마크를 발생시키고 최종 정지하였다. 스키드마크는 차량전면이 정지선에서 18m 떨어진 지점부터 전륜에 의해 최종위치까지 2줄이 생성되어 있었으며, A차량은 5m 동안 제동이 이루어진 이후 보행자를 충돌하였다. 사고 장소에 설치되어 있는 CCTV 영상에 보행자 횡단보도 신호등과 충돌장면이 녹화되어 있었으며, CCTV 영상은 1초당 25프레임으로 저장되어 있고, 분석한 결과 보행자 진행방향 횡단보도 신호등에 녹색등이 점등된 후 A차량과 보행자가 충돌한 시점까지 50개 프레임이 경과되었다.

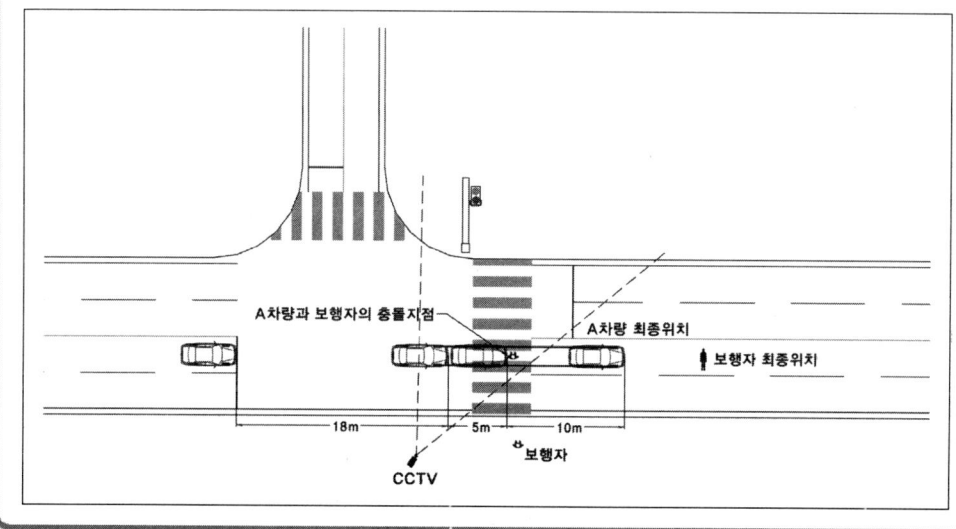

> **조건**
>
> 1. A차량이 급제동하는 구간에서 노면경사 오르막 3%, 마찰계수는 0.8, 중력가속도는 $9.8m/s^2$
> 2. A차량 진행방향 차량 신호등의 적색등이 점등됨과 동시에 사고발생 횡단보도의 보행자 신호등은 녹색등이 점등된다.
> 3. 보행자 충돌로 인해 A차량의 속도 감속은 없는 것으로 간주
> 4. 제동 전 인지반응시간은 없는 것으로 간주(등가속으로 진행하다 스키드마크 바로 발생)
> 5. A차량 진행방향 차량 신호등의 황색등 점등시간은 3초
> 6. 스키드마크 시작지점까지 등가속 운동, 등가속 운동 구간에서 가속견인계수는 0.25
> 7. 모든 계산은 A차량 전면 중앙을 기준으로 한다.
> 8. 풀이과정 및 단위를 기술하고, 각 질문마다 소수점 셋째 자리에서 반올림할 것

[질문 1] 배점 10점
A차량의 보행자 충돌 순간 속도를 구하시오.

[질문 2] 배점 10점
A차량의 스키드마크 발생 시점 속도를 구하시오.

[질문 3] 배점 10점
A차량이 정지선을 통과하는 시점의 속도를 구하시오.

[질문 4] 배점 10점
A차량이 정지선을 통과하는 순간부터 보행자를 충돌하는 순간까지 이동시간을 구하시오.

[질문 5] 배점 10점
A차량이 정지선을 통과하는 순간 A차량 진행방향 차량 신호등에 점등된 등화는 무엇인가?

문제 03 배점 25점 2020년 기출

개요

제한속도 70km/h의 도로에서 승용차가 앞서 진행하는 트럭과 같은 속도인 55km/h로 트럭의 10.5m 뒤에서 따라가고 있다.

이후 승용차가 트럭을 앞지르기하여 10.5m 간격을 유지한 채 진입하였다.

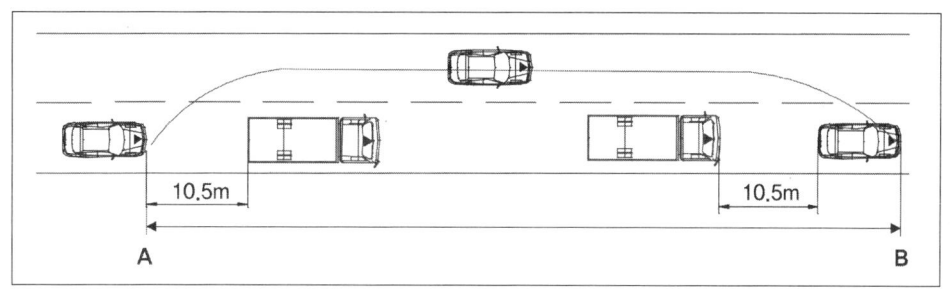

조건

1. 도로는 경사가 없는 평탄한 노면

2. 트럭은 전 과정에서 등속운동

3. 승용차는 70km/h까지 등가속운동, 70km/h 도달 이후는 등속운동

4. 승용차는 앞지르기할 때 도로의 제한속도를 초과하지 않는다.

5. 승용차 등가속운동시 가속도는 $1.3m/s^2$ 적용

6. 승용차의 길이는 4.6m이고 트럭의 길이는 12m이다.

7. 풀이과정 및 단위를 기술하고, 각 질문마다 소수점 셋째 자리에서 반올림할 것

[질문 1] 배점 5점

승용차가 등가속하여 70km/h에 도달하기까지 소요되는 시간을 구하시오.

[질문 2] 배점 20점

승용차가 A에서 B까지 이동하는데 걸린 시간(10점)과 거리(10점)를 구하시오.
(단, 차로변경으로 인한 횡방향 이동에 걸린 시간 및 거리는 무시하고 종방향 운동성분만 고려함)

문제 04 배점 50점 2018년 기출

개요

아래 〈그림〉과 같이 신호등 없는 교차로에서 승용차와 오토바이가 충돌하였다. 오토바이는 정지 상태에서 출발하여 충돌지점까지 가속상태로 15.0m를 진행하였고, 승용차는 등속으로 진행하였으며, 교차로 정지선으로부터 오토바이는 5.0m, 승용차는 6.3m 지점에서 충돌한 것으로 조사되었다.

승용차 블랙박스 영상은 1초당 30프레임(프레임/초)으로 저장되어 있고, 영상의 시간은 표출되지 않았다. 블랙박스 영상에는 오토바이와 충돌하는 모습은 확인되지만 오토바이가 출발하는 모습은 확인되지 않았다. 블랙박스 영상을 분석한 결과 영상의 56번째 프레임에서 승용차와 오토바이가 충돌하였으며, 영상의 11번째 프레임부터 56번째 프레임까지 승용차가 이동한 거리는 21.0m로 측정되었다. 한편, 블랙박스 영상에서 오토바이와 충돌한 시점(56번째 프레임)으로부터 7.4초 후(222프레임 경과)에 주변 상가건물의 유리창에 승용차 비상등이 켜지기 시작하는 모습이 비춰졌다.

또한, 사고현장 주변에 설치된 회전형 CCTV 영상에는 오토바이가 승용차와 충돌한 상황은 확인되지 않지만 CCTV 영상시간 기준 1분 10.9초에 오토바이가 충돌지점으로부터 15.0m 후방(Ⓐ지점)에 정지해 있다가 출발하는 모습이 확인되었고, 이후 CCTV 카메라가 회전하여 승용차가 정지한 사고현장을 촬영한 영상에는 CCTV 영상시간 기준 1분 21.8초에 승용차 비상등이 켜지기 시작하는 모습이 확인되었다.

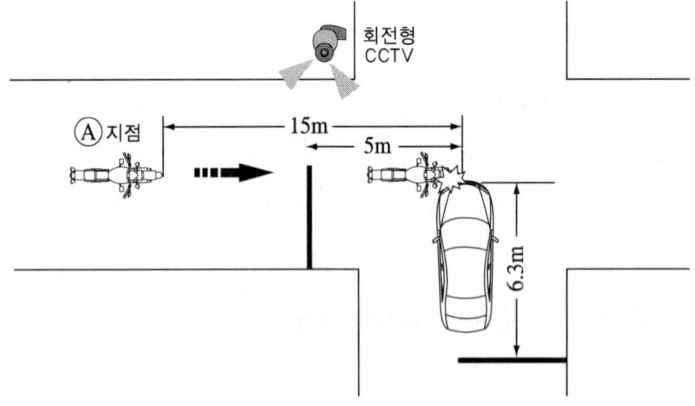

조건

1. 승용차 운전자 인지반응시간 1.0초, 승용차 견인계수 0.8, 중력가속도 9.8m/s² 적용함.
2. 양 차량 운전자 입장에서 사고 장소 주변의 시야장애는 없는 것으로 간주함.
3. 계산식의 경우 관계식 및 풀이과정을 단위와 함께 기술하고, 소수 셋째 자리에서 반올림하시오.

[질문 1] 배점 5점

블랙박스 영상의 11번째 프레임에서 56번째 프레임 구간까지의 시간을 계산한 후 승용차가 진행한 구간의 평균속도를 구하시오.

[질문 2] 배점 5점

승용차가 정지선에서 충돌지점까지 이동하는데 걸린 시간을 구하시오.

[질문 3] 배점 20점

오토바이가 Ⓐ지점에서 출발하여 충돌지점에 도달한 때의 속도를 구하시오.

[질문 4] 배점 10점

오토바이가 정지선에서 충돌지점까지 이동하는데 걸린 시간을 구하시오.

[질문 5] 배점 5점

승용차와 오토바이 중에 어느 차량이 선진입하였는지 기술하시오.

[질문 6] 배점 5점

만일 승용차가 오토바이와 충돌을 회피하기 위해서는 승용차 운전자가 충돌지점 후방 어느 지점에서 오토바이를 발견하고 급제동하여야 하는지 기술하시오.

문제 05 배점 50점 2018년 기출

개요

세종 방면에서 대전 방향으로 진행하던 승용차가 보행자와 충돌한 사고이다. 사고현장에는 아래 〈그림〉과 같이 스키드마크(skid mark)가 발생되어 있었고, 승용차는 교차로 내에 최종 위치하였으며 보행자는 승용차 전방에 최종 위치하였다. 승용차 운전자는 전방의 위험을 최초 인지(보행자 발견)하고 급제동하여 스키드마크Ⓐ를 8m 발생시킨 후 제동을 일시 해제하였다가 재차 급제동하여 스키드마크Ⓑ를 11m 발생시키며 보행자를 충격하였고, 이후 완만한 제동상태로 진행하여 최종 정지한 것으로 조사되었다.

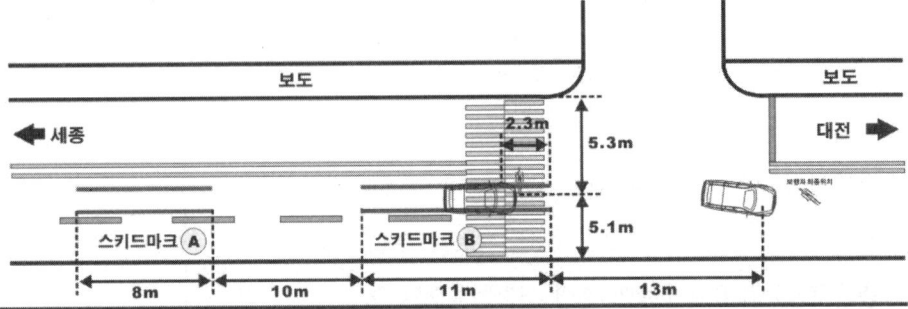

❏ 승용차 운전자 주장

세종 방면에서 대전 방향으로 진행하다 진행방향 우측 보도에 있던 보행자가 갑자기 차도로 들어오는 것을 보고 급제동하였다고 주장하고 있다.

❏ 보행자 상해부위(병원 진료기록에 의함)
- 우측 다리 경골 및 비골의 골절
- 우측 대퇴골두 골절
- 안면 우측부위 열상
- 신체 좌측부위 찰과상

조건

1. 사고 도로의 견인계수 0.8

2. 중력가속도 9.8m/s²

3. 보행자 보행속도 1.0m/s

4. 승용차 운전자 인지반응시간 1.0초

5. 승용차 앞 오버행 1.0m
6. 보행자 충격으로 인한 승용차의 속도 감속은 없었던 것으로 가정한다.
7. 스키드마크Ⓐ와 스키드마크Ⓑ 사이에서는 속도 감속이 없었던 것으로 가정한다.
8. 승용차가 스키드마크Ⓑ를 발생시킨 후 최종 위치까지 이동하는 동안 견인계수는 0.2로 조사되었다.
9. 승용차는 스키드마크Ⓑ의 끝지점에서 2.3m의 이전 지점에 전륜이 위치한 상태로 보행자와 충돌한 것으로 조사되었다.
10. 계산식의 경우 관계식 및 풀이과정을 단위와 함께 기술하고, 소수 셋째 자리에서 반올림하시오.

[질문 1] 배점 5점
승용차가 보행자를 충격할 당시의 속도를 구하시오.

[질문 2] 배점 5점
승용차가 보행자를 최초 발견하고 급제동하여 발생시킨 스키드마크Ⓐ의 시점에서의 속도를 구하시오.

[질문 3] 배점 10점
승용차가 보행자를 최초 발견한 시점(인지반응시간 포함)부터 보행자와 충돌한 지점까지 진행하는 동안 경과된 시간을 구하시오.

[질문 4] 배점 10점
만일 승용차 운전자가 보행자를 최초 발견하고 급제동한 후 스키드마크Ⓐ를 발생시키며 제동을 해제하지 않고 계속 급제동 상태를 유지하였다면 보행자와 충돌을 회피할 수 있었는지 논하시오.

[질문 5] 배점 10점
승용차 운전자는 우측 보도에 있던 보행자가 갑자기 승용차 진행방향 기준 우측에서 좌측으로 도로를 횡단하였다고 주장하고 있다. 승용차 운전자의 주장이 타당한지 논하시오.

[질문 6] 배점 10점
사고현장에 발생된 스키드마크, 보행자 상해부위, 승용차 최종 위치 등을 근거로 사고 당시 보행자가 도로를 횡단하는 구체적 상황을 추정하여 기술하시오.

문제 06 배점 50점 2017년 기출

개요

승용차가 편도 1차로 도로를 진행하던 중, 도로 우측에 주차된 차량 앞에서 보행자를 발견하고 급제동하였으나, 보행자를 충돌하고 스키드마크 끝지점에 정지하였다. 사고 당시 주차차량1의 영상기록장치(블랙박스)에 사고장면은 촬영되지 않았으나, 영상기록장치(블랙박스) 음성 자료를 통해 승용차의 급제동에 따른 제동음 발생시간이 2.0초로 분석되었고, 승용차의 앞유리 파손 상태 등으로 보아 보행자 충돌속도가 40km/h 이상일 것으로 분석되었다.

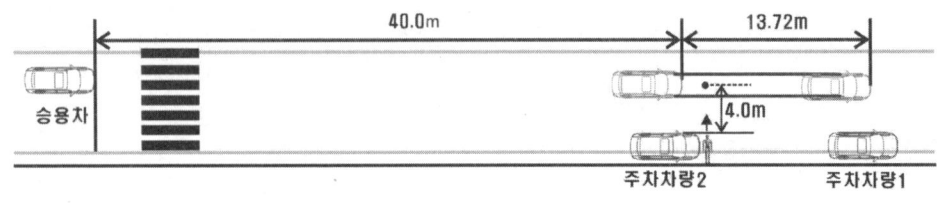

조건

1. 승용차의 스키드마크 길이 13.72m, 발진가속도 0.2g

2. 제동음 발생 및 종료시점은 스키드마크 발생 및 종료시점과 동일함.

3. 보행자가 주차차량2로부터 벗어나 승용차에 충돌되기까지 직각 횡단한 거리 4.0m

4. 보행자의 횡단속도 1.8m/s, 승용차 운전자의 인지반응시간 1.0초, 중력가속도 9.8m/s^2

5. 보행자 충돌로 인한 속도변화는 없음.

6. 계산식의 경우 관계식 및 풀이과정을 단위와 함께 기술하고, 소수 셋째 자리에서 반올림 하시오.

[질문 1] 배점 20점

승용차의 급제동시 견인계수를 구하시오.

[질문 2] 배점 5점

승용차의 제동직전 속도를 구하시오.

[질문 3] 배점 5점

승용차 운전자의 사고인지 지점을 스키드마크 시작점 기준으로 구하시오.

[질문 4] 배점 10점

승용차 운전자는 보행자가 주차차량2를 벗어나는 순간 보행자를 발견하고 지체없이 급제동하였으나 충돌하게 되었다고 주장한다. 보행자 충돌속도가 40km/h 이상인 점을 이용하여 이 주장의 타당성을 논하고, 그 근거를 기술하시오.

[질문 5] 배점 10점

승용차 운전자는 제동 시작점 40m 후방의 정지선에서 신호대기한 뒤 출발하여 등가속하다 위험을 인지하였다고 주장하고 있다. 이 주장의 타당성을 논하고, 그 근거를 기술하시오.

문제 07 배점 50점 2017년 기출

개요

#1차량이 평탄한 편도2차로의 2차로를 따라 일정한 속도로 직진하다 전방에 차량고장으로 5m/s의 등속도로 서행 중인 #2차량을 발견하고 급제동하여 스키드마크 15m 발생시킨 후 #2차량과 정추돌하여 붙은 상태로 함께 이동하여 정지하였다. #1차량과 #2차량에는 영상기록장치(블랙박스)가 설치되어 있지 않았고, 사고현장 주변을 살펴보니 횡단보도 이전 건물에 도로쪽을 비추는 cctv가 설치되어 있어 확인하여 보니 충돌장면은 녹화되어 있지 않았으나, #1차량이 40m를 주행하는 장면 및 Ⓐ정지선으로 진입하는 모습은 확인할 수 있었다.

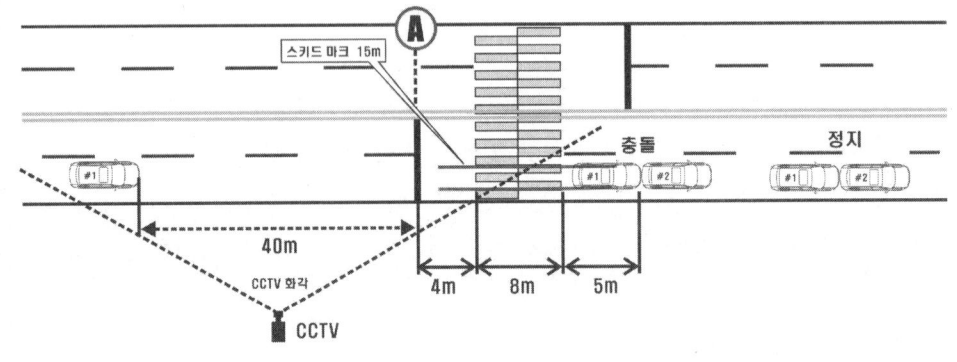

조건

1. #1차량의 질량 2,000kg, #2차량의 질량 1,500kg

2. #1차량의 스키드마크 길이 15m

3. cctv는 1초당 정지영상 25개의 균일한 프레임(frame)으로 구성되어 있음.

4. #1차량이 Ⓐ정지선으로부터 40m 이전 위치에서 Ⓐ정지선에 도달할 때까지 cctv 정지영상 개수는 40개(frame).

5. #1차량의 스키드마크 발생시 견인계수 0.7, 충돌 후 함께 이동시 각도 없이 수평이동하고, 동 구간 견인계수는 0.4

6. #1차량은 제동전 등속도 운동

7. #1차량 운전자의 인지반응시간 1.0초 중력가속도 9.8m/s²

8. 계산식의 경우 관계식 및 풀이과정을 단위와 함께 기술하고, 소수 셋째 자리에서 반올림하시오.

[질문 1] 배점 10점
#1차량이 스키드마크를 발생하기 전 주행속도를 구하시오.

[질문 2] 배점 10점
#1차량이 #2차량을 충돌할 당시 속도를 구하시오.

[질문 3] 배점 10점
#1차량이 #2차량을 충돌한 후 함께 이동하기 시작할 때의 속도와 정지하기까지 함께 이동한 거리를 구하시오.

[질문 4] 배점 10점
#1차량 운전자가 위험인지한 지점부터 충돌위치까지 거리를 구하시오.

[질문 5] 배점 10점
#1차량 운전자가 위험을 인지하였을 때 #2차량의 진행위치를 충돌지점 기준으로 구하시오.

문제 08 배점 50점 2016년 기출

개요
승용차가 5% 내리막 경사의 아스팔트 포장 도로를 주행하다 급제동하여 30m의 스키드마크를 발생시킨 뒤, 도로를 이탈하여 수평으로 10m, 수직으로 3m 지점의 언덕 아래로 떨어져 정지하였다.

조건
1. 스키드마크 발생 구간의 노면 마찰계수 0.85
2. 중력가속도 $9.8m/s^2$
3. 계산식의 경우 관계식 및 풀이과정을 단위와 함께 기술하시오.
4. 각 질문마다 소수점 셋째 자리에서 반올림하시오.

[질문 1] 배점 15점
승용차가 도로를 이탈하기 직전 속도를 구하시오.

[질문 2] 배점 5점
승용차가 아스팔트 노면에서 미끄러지기 직전 속도를 구하시오.

[질문 3] 배점 5점
승용차가 아스팔트 노면에서 30m를 미끄러지는데 소요된 시간을 구하시오.

[질문 4] 배점 5점
승용차가 아스팔트 노면에서 미끄러지기 시작한 후 20m 지점에서의 속도를 구하시오.

[질문 5] 배점 5점
승용차가 아스팔트 노면에서 미끄러지기 시작한 후 1초 동안 이동한 거리를 구하시오.

[질문 6] 배점 15점
만약, 위 상황과 달리 승용차가 평탄한 도로를 이탈하여 수평으로 10m, 수직으로 3m 지점의 언덕 아래로 떨어져 정지하였다면, 이때 승용차가 도로를 이탈하기 직전 속도를 구하시오.

문제 09 배점 50점 2014년 기출

개요

A, B 두 대의 차량이 왕복2차로 도로에서 50km/h 속도로 나란히 주행하고 있다. 이때 A차의 앞부분은 B차의 뒷부분과 10미터 간격을 갖는다. A차가 B차를 추월하기 위해 0.2g로 가속하여 80km/h에 도달하였다.

이후 등속 주행하여 A차가 B차를 추월 완료한 때에 A차의 뒷부분은 B차의 앞부분보다 20미터 앞쪽에 위치하였다.

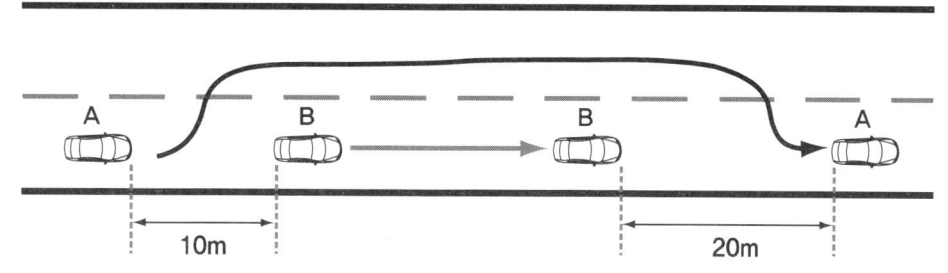

조건

1. 두 차량의 길이는 각각 6.0m 적용

2. 중력가속도 값은 9.8m/s² 적용

3. 사고지점은 평탄한 노면으로 경사도는 없음.

4. 맞은 편 도로에서 80km/h 속도로 다가오는 C차는 등속도운동을 하고 있었음.

5. B차는 전과정에서 등속도운동한 것으로 적용

6. 차로변경으로 인한 횡방향 이동에 소요되는 거리 및 시간은 무시하고 종방향 운동성분만 고려할 것

7. 풀이과정 및 단위를 기술하고 각 질문마다 소수 3째 자리에서 반올림할 것

[질문 1] 배점 20점
A차가 추월을 완료하기 위한 시간은 얼마인가?

[질문 2] 배점 10점
A차가 추월을 완료하기 위한 거리는 얼마인가?

[질문 3] 배점 5점
A차가 추월하는 동안 B차가 진행한 거리는 얼마인가?

[질문 4] 배점 15점
A차가 추월하는 시작점과 맞은 편에서 다가오는 C차 사이에 필요한 최소 이격거리는?

문제 10 배점 25점 2017년 기출

개요

아래 그림에서 #1차량은 1차로를 진행하면서 P_2지점까지 54km/h의 속도로 직진하다가 P_2지점에 이르러 0.4g로 감속하여 P_3지점에 이르렀을 때 교통사고가 발생하였다. #2차량은 정차하였다가 0.15g의 가속도로 출발하여 10m를 진행한 후 사고지점에 도착하였다. P_2에서 P_3까지 곡선 이동한 거리는 10m이다.

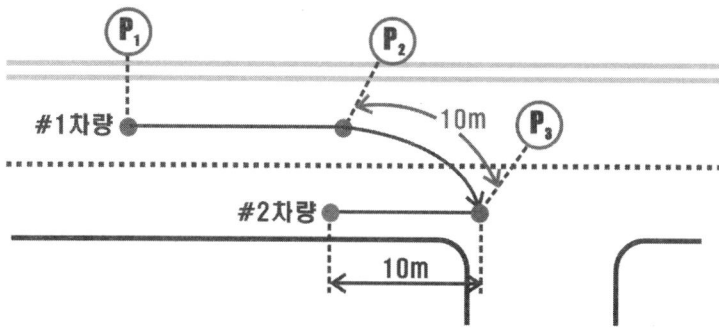

조건

1. 중력가속도 9.8m/s²

2. #1차량은 P_1에서 P_2까지 등속운동

3. 계산식의 경우 관계식 및 풀이과정을 단위와 함께 기술하고, 소수 셋째 자리에서 반올림하시오.

[질문 1]   배점 5점

　#2차량이 정지한 상태에서 0.15g의 가속도로 출발하여 10m를 진행하였을 때 속도를 구하시오.

[질문 2]   배점 5점

　#2차량이 10m를 진행하는데 소요된 시간을 구하시오.

[질문 3]   배점 5점

　#1차량의 충돌속도를 구하시오.

[질문 4]   배점 5점

　#1차량이 충돌지점 후방 10m 구간을 0.4g의 감속도로 진행하는데 소요되는 시간을 구하시오.

[질문 5]   배점 5점

　#2차량이 정지하였다가 출발하여 사고지점에 이르는 시간 동안 #1차량이 이동한 거리를 구하시오.

문제 11 배점 25점 2009년 기출

개요

#1차량이 견인계수 0.7인 도로에서 주행 중 전방에 신호 대기 중인 #2차량을 뒤늦게 발견하고 급제동을 하였으나 충돌하여 10m를 더 이동 후 최종 정지하였는데, 두 차량의 질량은 모두 1,500kg으로 동일하고 중력가속도는 9.8m/s² 라고 한다. 다음 질문에 소수점 2째 자리에서 반올림하여 답하시오.

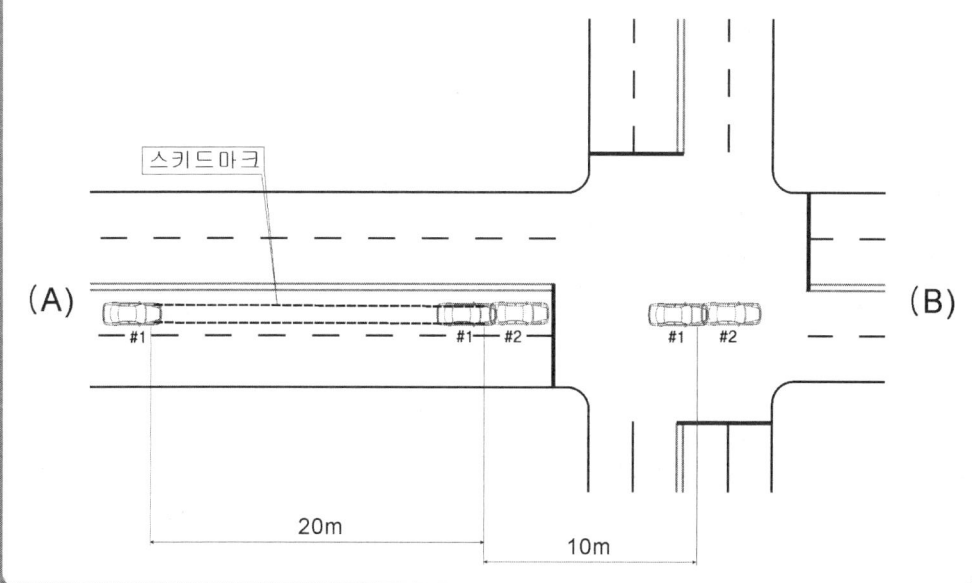

[질문 1] 배점 5점
　두 차량의 충돌직후 속도는 얼마인가?

[질문 2] 배점 5점
　#1차량의 **충돌직전** 속도는 얼마인가?

[질문 3] 배점 5점
　#1차량의 제동직전 속도는 얼마인가?

[질문 4] 배점 10점
　#1차량이 #2차량과 충돌을 피하려면 최소한 스키드마크 시작지점에서 바퀴가 잠길(locked) 정도의 제동이 되어야 하는가?

신호위반 관련 기출문제

문제 01 배점 50점 | 2015년 기출

사고개요

- 아래 [도면]과 같이 A교차로에서 신호 대기하던 승용차가 진행방향 신호(1현시)가 점등됨과 동시에 출발하여 진행하다, B교차로에서 우회전하던 오토바이와 충돌한 사고임.
- 승용차 진행방향으로 A와 B교차로의 정지선 간 거리는 241m이며 A와 B교차로 신호현시 관계를 도면에 함께 나타냄.

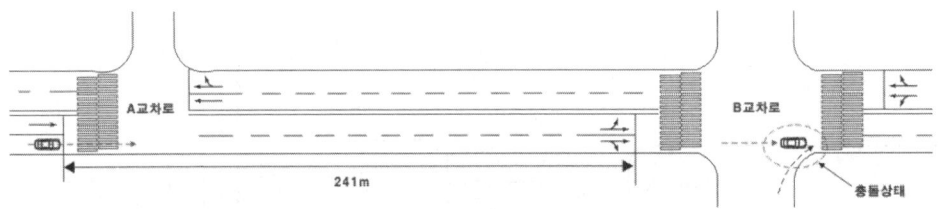

A교차로 약도		1현시(주현시)	2현시
	차량진행 방향표시	← →	↑↓↰
	Split (시간분할)	70초 (황색 3초 포함)	30초 (황색 3초 포함)
	Cycle(주기)	100초	
	Offset(옵셋)	30초	

B교차로 약도		1현시(주현시)	2현시	3현시	4현시
	차량진행 방향표시	↙	↶	↑↓	↱↑
	Split (시간분할)	30초 (황색 3초 포함)	30초 (황색 3초 포함)	20초 (황색 3초 포함)	20초 (황색 3초 포함)
	Cycle(주기)	100초			
	Offset(옵셋)	15초			

□ 승용차 운전자의 진술
- A교차로에서 진행방향 신호(1현시)가 점등됨과 동시에 출발하여 B교차로에 진입 전 자신의 진행방향 신호기에 녹색등화를 보았고, 교차로를 진입한 후에도 계속된 녹색등화였다고 함.
- 정지상태에서 60km/h까지 연속적으로 가속하여 이후 60km/h로 등속주행하였다고 함.

조건

1. 승용차 운전자로 하여금 사고차량을 이용, 정지상태에서 60km/h까지 연속적인 가속테스트를 실시하였으며, 그 결과는 아래 [표1]과 같음.

[표1] 사고 승용차를 이용한 가속테스트 결과

속도	가속도
0 → 30km/h	0.3G
30 → 60km/h	0.15G

2. 승용차는 60km/h 도달 후 충돌시까지 등속주행함.

3. 계산식의 경우, 관계식 및 풀이과정을 단위와 함께 기술하시오.

4. 각 질문마다 소수점 둘째 자리에서 반올림함.

[질문 1] 배점 10점

가속테스트 값을 근거로, 사고 승용차가 A교차로 정지선에서 출발하여 60km/h까지 가속하는데 소요된 시간과 거리를 각각 구하시오.

[질문 2] 배점 10점

가속테스트 값을 근거로, 승용차가 A교차로 정지선에서 출발하여 B교차로 정지선까지 241m를 진행하는데 소요되는 시간을 구하시오.

[질문 3] 배점 5점

아래에서 설명한 신호관련 용어를 쓰시오.

> 어떤 기준 값으로부터 녹색등화가 켜질 때까지의 시간차를 초 또는 %로 나타낸 값으로 연동 신호 교차로 간의 녹색등화가 켜지기까지의 시차

[질문 4] 배점 10점

A교차로와 B교차로의 사고 승용차 진행방향 녹색등화가 점등되는 순서와 시간차를 구하고 그 이유에 대해서 설명하시오.

[질문 5] 배점 15점

[질문 1~4] 내용을 종합하여, 사고 승용차가 B교차로 정지선에 도달할 당시 신호관계를 규명하여 승용차 운전자 진술의 타당성을 검증하시오.

문제 02 배점 50점 2010년 기출

개요

사고 차량은 신호등 있는 사거리 교차로를 남쪽에서 북쪽을 향해 진행하다가 북쪽 횡단보도를 통과 중 위 횡단보도를 서쪽에서 동쪽으로 횡단하는 보행자를 발견하고 급제동하였으나 사고차량의 전면으로 보행자를 충돌하였다. 사고차량이 보행자를 충돌할 당시 전방(진행방향) 신호기에 직좌신호(2현시)가 점등되어 있었고, 충돌 후 25초 뒤에 위 2현시가 종료되면서 황색신호가 개시되었으며, 사고 장소인 북쪽 횡단보도는 녹색신호가 끝나고 5초 후에 사고 차량의 진행방향인 2현시가 시작되는 것으로 조사됨(각 현시마다 30초 →27+3, 3초는 황색, 보행자신호는 23초로서 마지막 18초는 점멸신호, 황색신호 시작 전 횡단보도의 녹색신호는 이미 적색으로 변함).

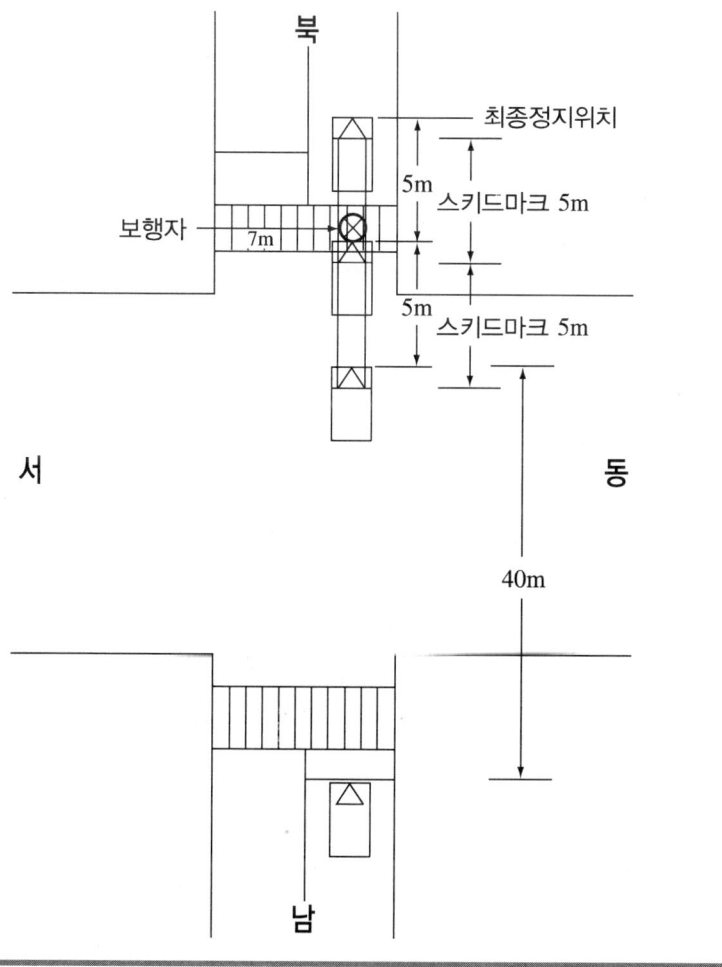

조건

1. 사고차량 스키드마크의 총길이 10m, 스키드마크는 시작점부터 보행자 충돌위치까지 5m, 이후 최종정지위치까지 5m 각각 발생
2. 정지선으로부터 스키드마크 시작점까지의 거리는 40m
3. 사고차량의 발진가속도는 0.2g
4. 중력가속도는 9.8m/s²
5. 급제동시 마찰계수는 0.8
6. 보행자가 횡단보도에 진입하여 충돌하기까지 횡단한 직선거리 7m
7. 보행자의 횡단속도는 1m/s
8. 사고차량 운전자의 인지반응시간과 보행자 충돌로 인한 운동량의 손실 고려하지 않음.
9. 각 질문마다 소수점 둘째 자리에서 반올림할 것

[질문 1] 배점 10점
사고차량의 제동시작점 속도 및 보행자 충돌시 속도를 구하시오.

[질문 2] 배점 10점
사고차량 운전자가 정지선에서 신호대기 후 출발하였다고 주장할 경우, 주어진 발진가속도를 적용하여 제동시작점의 도달속도를 산출하고 역학적 타당성을 논하시오.

[질문 3] 배점 10점
정지선에서 정차하였다는 사고차량 운전자의 주장을 토대로 사고차량이 정지선에서 충돌위치까지 진행하는데 소요되는 시간을 구하시오.

[질문 4] 배점 10점
보행자가 횡단보도에 진입하여 사고차량과 충돌하기까지 횡단하는데 소요되는 시간을 구하시오.

[질문 5] 배점 10점
앞의 분석 내용을 중심으로 보행자 횡단보도 진입시점에서 신호상황 및 사고차량의 교차로 진입시점에서 신호상황에 대하여 각각 논하시오.
　예 보행자는 ○현시 ○○신호 종료 ○○초 전에 횡단보도에 진입

문제 03 배점 50점 2009년 기출

개요

A방향에서 B방향으로 직진주행하던 #1차량이 C방향에서 D방향으로 직진하는 #2차량과 교차로 내에서 직각 충돌하였다. #1차량은 사고 교차로 직전 교차로에서 정지신호에 신호대기 상태로부터 녹색신호가 켜지자 출발 $1.5m/s^2$으로 등가속하여 55km/h에 도달한 이후 같은 속도로 주행하였고 #2차량은 정지신호에 일시정지선에 신호대기하고 있다가 녹색신호가 들어오는 것을 보고 출발하였다고 각각 주장한다. 충돌시 #1차량, #2차량은 각각 55km/h, 20km/h이고, 현장에서 신호주기 측정 결과 #1차량이 사고 이전 통과하였던 직전 교차로에서 #1진행방향으로 직진 녹색신호가 시작되고 난 후 13초 후에 사고지점 교차로의 #1진행방향의 녹색신호가 시작됨과 동시에 #2차량 진행방향은 황색신호가 끝나고 적색신호가 시작되는 것으로 조사되었다(산출결과는 소수점 2자리에서 반올림함).

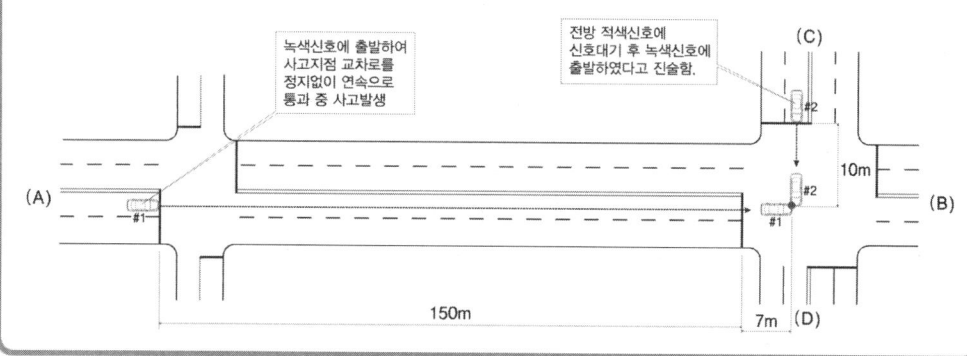

[질문 1] 배점 10점

#1차량이 출발하여 사고교차로 정지선을 통과하기까지 소요시간은?

[질문 2] 배점 10점

#2차량의 가속도는 얼마인가?

[질문 3] 배점 10점

정지선 출발로부터 충돌시까지 #2차량의 주행시간은?

[질문 4] 배점 10점

#2차량의 출발 당시 정지선 기준으로 #1차량의 통과위치는?

[질문 5] 배점 10점

#1, #2차량의 신호위반 여부는?

문제 04 배점 50점 2013년 기출

사고개요 및 현장상황도

신호기가 설치된 교차로에서 #1차량은 남에서 북으로, #2차량은 서에서 동으로, 각각 주행하다가 충돌하였다. 신호체계는 #1차량의 진행방향이 1현시, #2차량의 진행방향이 2현시이었다.

- #1차량의 충돌시 속도 20km/h
- #1차량의 충돌 전 스키드마크의 길이 12.4m
- #1차량이 발생시킨 스키드마크의 시작지점은 정지선에서 7.5m
- #2차량은 정지선 앞 정지상태로부터 출발하여 교차로 내부로 13.8m 진입한 지점에서 충돌
- 1현시와 2현시는 각각 총 30초와 총 20초로서 황색점등 3초 포함
- 충돌시점은 2현시로 변경 약 1.7초 후

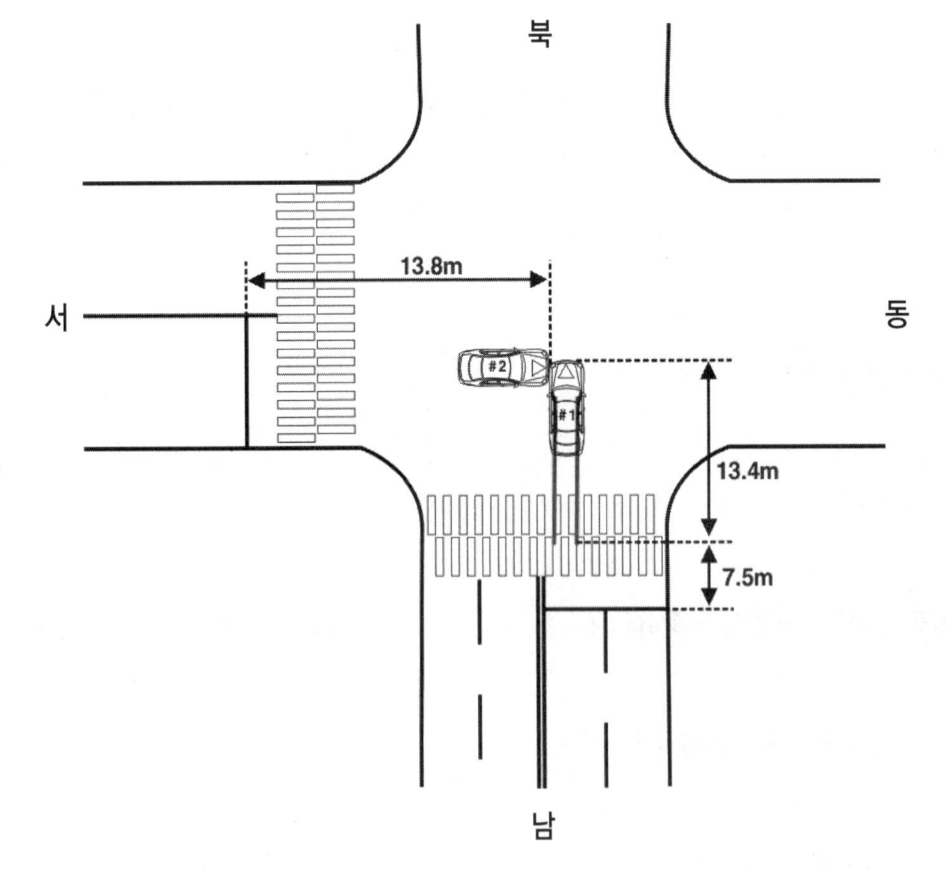

조건

1. #1차량의 스키드마크 발생시 노면 견인계수 0.8
2. #1차량 앞 오버행 길이 1m
3. #1차량의 인지반응시간은 1.0sec
4. #2차량의 발진가속도 0.1g
5. 질문에 대해 풀이과정과 단위(m/sec)를 기술하고, 소수 셋째 자리에서 반올림할 것

[질문 1]   배점 5점
#1차량의 제동시작 속도를 구하시오.

[질문 2]   배점 5점
#2차량의 충돌속도를 구하시오.

[질문 3]   배점 10점
정지선을 기준으로 #1차량의 위험 인지지점 위치를 구하시오.

[질문 4]   배점 15점
#1, #2차량 각각 정지선에서 충돌지점까지 시간을 구하시오.

[질문 5]   배점 15점
신호현시 조건을 바탕으로 신호위반 차량을 구분하시오.

문제 05 배점 50점 | 2013년 기출

사고개요 및 현장상황도

A차량은 주행 중인 B차량의 후미를 추돌하고 두 차량이 일체로 된 상태에서 미끄러지면서 이동한 후 정지하였다. A차량은 B차량을 추돌하기 직전 스키드마크를 발생시켰다.

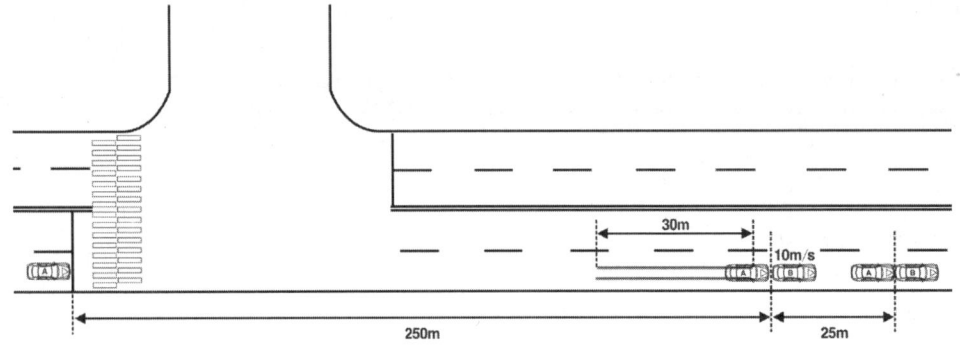

❏ 현장상황도 참조
- A차량이 횡단보도 앞 정지선으로부터 추돌지점까지 진행한 거리는 250m임.
- 추돌시 B차량의 주행속도는 10m/s임.
- 두 차량이 추돌 후 정지하기까지 이동한 거리는 25m임.
- 추돌하기 직전 길이 A차량이 발생시킨 스키드마크의 길이는 30m임.

조건

1. 추돌 직전 스키드마크 발생시의 마찰계수는 0.7

2. 두 차량은 추돌 후 이동시 A차량의 앞바퀴와 B차량의 뒷바퀴는 잠긴 상태로 두 차량이 미끄러질 때의 마찰계수는 0.35로 간주

3. A차량과 B차량의 무게는 각각 1,300kg과 1,000kg

4. A차량에는 1명 승차, B차량에는 2명이 승차했으며, 1명의 무게는 70kg으로 간주

5. A차량의 운전자는 정지선에서 정지상태로부터 출발했다고 주장함.

6. 질문에 대해 풀이과정과 단위(속도 단위는 m/sec)를 기술하고, 소수 셋째 자리에서 반올림할 것

[질문 1] 배점 5점

A, B차량의 충돌 후 속도를 구하시오.

[질문 2] 배점 5점

A차량의 충돌시 속도를 구하시오.

[질문 3] 배점 10점

A차량의 제동 전 속도를 구하시오.

[질문 4] 배점 15점

A차량의 공차시 최대가속도는 0.13g라면 한 사람 승차의 경우 최대가속도를 구하시오.

[질문 5] 배점 15점

A차량이 C지점(횡단보도 앞 정지선)에서 정차 후 출발하였다는 A차량 운전자의 진술에 대해 검증하시오.

문제 06 배점 50점 2012년 기출

개요

신호기가 미설치된 직각 교차로에서 서에서 동으로 진행하던 #1차량과 남에서 북으로 진행하던 #2차량이 교차로 안에서 직각 충돌한 후 #1차량은 북동방향으로 튕겨나가 동에서 서를 향하던 #3차량과 북동방향 교차로 안에서 다시 충돌하였다.

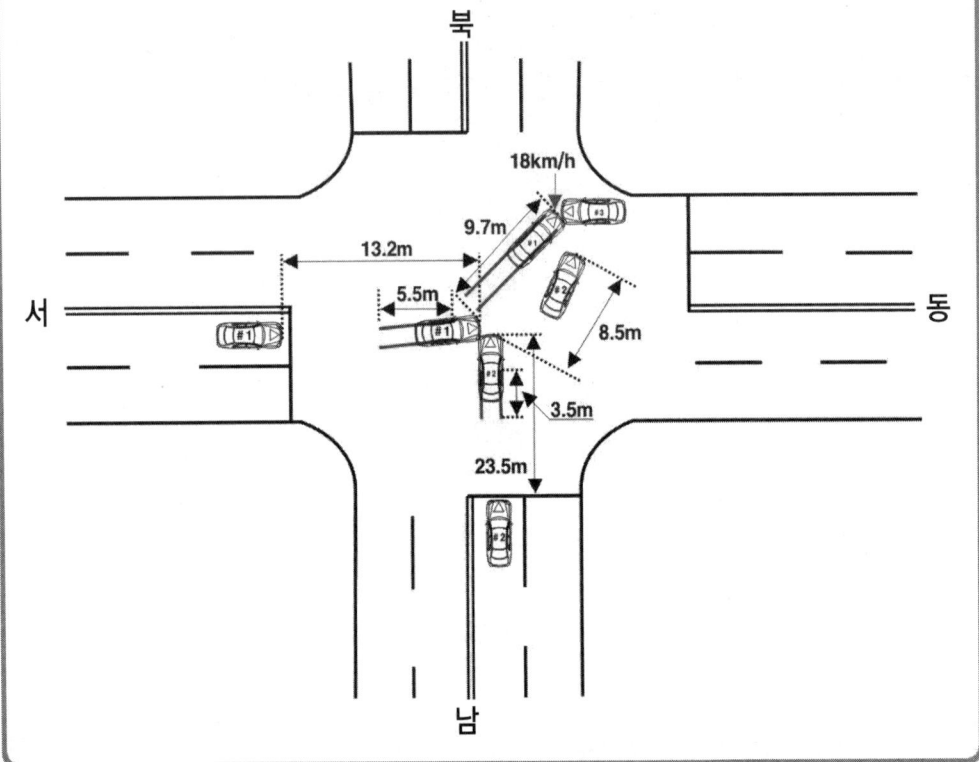

조건

1. #1의 충돌 전 발생한 스키드마크 길이 5.5m

2. #1의 1차 충돌 후 #3과 2차 충돌시까지 발생한 스키드마크 길이 9.7m

3. #1의 #3과 2차 충돌시 속도는 18km/h

4. #1의 교차로 정지선에서 충돌지점까지 진입한 거리 13.2m

5. #2의 충돌 직전 발생한 스키드마크 길이 3.5m

6. #2의 충돌지점에서 최종정지위치까지 이동거리 8.5m

7. #2의 교차로 정지선에서 충돌지점까지 진입한 거리 23.5m

8. #1, #2차량 모두 앞 오버행은 1.0m

9. #1의 충돌 전, 후 및 #2의 충돌 전 스키드마크 발생 구간에서의 견인계수 0.8

10. #2의 충돌 후 최종정지위치까지의 견인계수 0.4

11. #1, #2의 중량(w_1, w_2)은 2,000kg중, 1,500kg중

12. #1, #2의 충돌 후 방출각은 정동쪽으로부터 반시계방향으로 각각 30도, 20도

13. 중력가속도는 $9.8m/s^2$

14. 질문에 대해 풀이 과정과 단위(m/s)를 기술하고, 소수 셋째 자리에서 반올림할 것

[질문 1] 배점 10점

#1차량과 #2차량의 충돌 직후 속도를 구하시오.

[질문 2] 배점 10점

운동량 보존법칙으로 #1, #2차량의 충돌시 속도를 구하시오.

[질문 3] 배점 10점

#1, #2차량의 제동시 속도를 구하시오.

[질문 4] 배점 10점

#1, #2차량의 스키드마크 시작지점에서 충돌지점까지 각각 미끄러지는 동안 소요시간을 구하시오.

[질문 5] 배점 10점

스키드마크 시작지점 이전에는 계속적으로 등속주행한 것으로 간주할 때, 교차로 정지선으로부터 #1, #2차량의 충돌지점까지 진행하는데 소요된 시간을 산출하고 선진입 차량을 규명하시오.

3. 2차원 운동량 보존법칙 관련 기출문제

문제 01 배점 25점   2021년 기출

개요

A차량은 북쪽에서 남쪽으로 진행하다 서쪽에서 동쪽으로 진행하던 B차량과 직각으로 충돌하고 교차로 내에 최종 정지하였다. 주변에 설치된 CCTV 영상에서 두 차량 충돌 모습은 보이지 않으나, 충돌 이전 B차량의 진행상황이 일부 확인되었다. 영상을 프레임 분석한 결과 사고 시간대에는 30fps로 균일하였으며, B차량의 ㉮위치(차체 후미가 정지선에 위치)는 121번째 프레임으로 확인되고, ㉯위치(차체 전면이 정지선에 위치)는 188번째 프레임으로 확인되며, B차량 진행방향의 사고 이전 교차로 정지선에서 사고 교차로의 정지선까지 거리는 26.8m로 확인되었다.

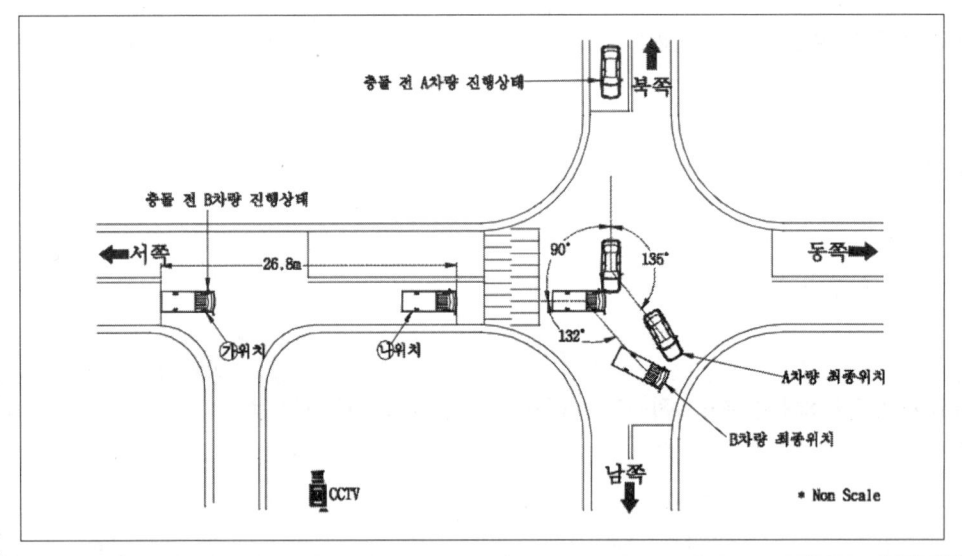

조건

1. A차량과 B차량의 충돌 전, 후 진행방향 각도는 그림과 같음

2. 두 차량이 충돌 후 최종위치까지 이동하는 동안 견인계수는 0.4

3. A차량 질량은 1500kg, B차량 질량은 1800kg

4. 충돌 후 A차량이 최종위치까지 이동한 거리는 7.7m, 충돌 후 B차량이 최종위치까지 이동한 거리는 8.2m

5. B차량 제원 : 전장 × 전폭 × 전고 = 5120 × 1740 × 1965(단위는 mm)

6. 운전자 인지반응시간은 0.7초, 중력가속도는 9.8m/s²

7. 계산식의 경우 관계식 및 풀이과정을 단위와 함께 기술하고, 소수 셋째 자리에서 반올림

[질문 1] 배점 5점
B차량이 ㉮위치에서 ㉯위치까지 이동하는 동안 소요시간과 평균속도(km/h)를 구하시오.

[질문 2] 배점 5점
A차량과 B차량의 충돌 직후 속도(km/h)를 구하시오.

[질문 3] 배점 15점
운동량 보존의 법칙을 이용하여 A차량과 B차량의 충돌 직전 속도(km/h)를 구하시오.

문제 02 배점 50점 2019년 기출

개요

A차량이 서쪽에서 동쪽으로 편도 1차로 도로를 진행하다 신호등 없는 십자형 교차로에 이르러 북쪽에서 남쪽으로 편도 1차로 도로를 진행하던 B차량과 충돌하였다. 충돌 전 A차량은 정지선에서 충돌지점까지 10m를 진행하였고, B차량은 13m를 진행하였다.

충돌 이후 A차량은 앞으로 5m를 더 진행하여 최종 정지하였고, B차량은 좌측 전방으로 7m를 튕겨져 나가 좌측으로 전도된 채 최종 정지하였다.

사고지점 교차로 주변 건물에 설치된 CCTV 영상에 의하면 A차량이 정지선을 통과하는 모습은 확인되지 않고 B차량과 충돌하기 직전에서야 확인되며, B차량이 정지선에 도달하기 전부터 A차량과 충돌할 때까지 모습이 확인된다. CCTV 영상은 1초당 30프레임(30fps)으로 저장되어 있고, CCTV 영상을 분석한 결과 B차량의 전면이 정지선에 도달한 후 A차량과 충돌한 시점까지 39개 프레임이 경과되었다.

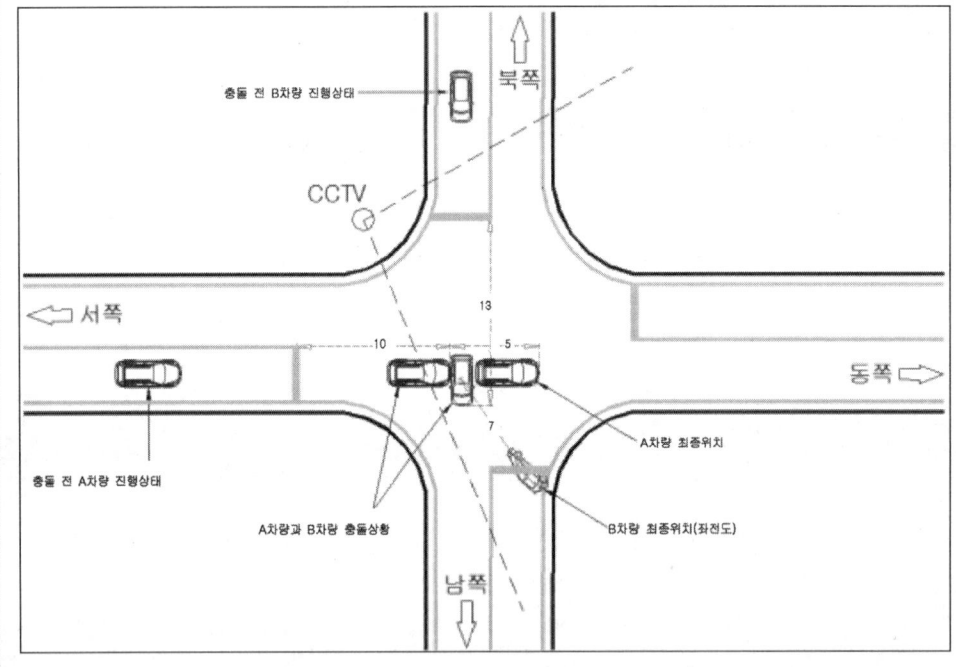

조건

1. 충돌 전 A차량과 B차량 모두 일시정지하지 않고 교차로를 진입
2. 운전자 인지반응시간은 1.0초, 중력가속도는 9.8m/s² 을 적용
3. 사고 후 A차량에서 추출한 EDR(Event Data Recorder) 자료는 〈표 1〉과 같음
4. EDR 자료의 속도 데이터는 0.5초 간격의 순간 속도이고, 충돌 전 1.5~1.0초 구간은 등속 운동한 것으로 간주
5. EDR 자료에서 충돌 전 1.0초부터 제동되고, 제동페달은 운전자의 인지반응시간 이후 곧바로 작동된 것으로 간주
6. 계산식의 경우 관계식 및 풀이과정을 단위와 함께 기술하고, 계산과정에서 소수 셋째 자리에서 반올림

〈표 1〉 A차량의 EDR 데이터 정보

시간 (Sec)	자동차 속도 [kph]	엔진 회전수 [rpm]	엔진 스로틀밸브 열림량 [%]	가속페달 변위량 [%]	제동페달 작동여부 [%]	바퀴잠김 방지식 제동장치(ABS) 작동여부 [on/off]	자동차 안정성 제어장치(ESC) 작동여부 [on/off/engaged]	조향핸들 각도 [degree]
-5.0	58	1400	39	39	OFF	OFF	ESC 미작동 (ESC 스위치 on)	0
-4.5	57	1400	44	44	OFF	OFF	ESC 미작동 (ESC 스위치 on)	0
-4.0	59	1500	32	32	OFF	OFF	ESC 미작동 (ESC 스위치 on)	0
-3.5	60	1600	35	35	OFF	OFF	ESC 미작동 (ESC 스위치 on)	0
-3.0	55	1600	31	31	OFF	OFF	ESC 미작동 (ESC 스위치 on)	0
-2.5	50	1700	31	30	OFF	OFF	ESC 미작동 (ESC 스위치 on)	0
-2.0	50	1700	0	0	OFF	OFF	ESC 미작동 (ESC 스위치 on)	0
-1.5	40	1700	0	0	OFF	OFF	ESC 미작동 (ESC 스위치 on)	0
-1.0	40	1700	0	0	on	OFF	ESC 미작동 (ESC 스위치 on)	0
-0.5	38	1600	0	0	on	OFF	ESC 미작동 (ESC 스위치 on)	0
0.0	10	900	0	0	on	on	ESC 미작동 (ESC 스위치 on)	-30

[질문 1] 배점 5점
B차량이 정지선을 통과하여 A차량과 충돌하기까지 진행한 구간의 평균속도를 구하시오.

[질문 2] 배점 15점
A차량과 B차량 중 어느 차량이 먼저 정지선을 통과하였는지 계산을 통해 기술하시오.

[질문 3] 배점 15점
A차량이 정지선을 통과한 시간이 충돌시점 기준으로 몇 초 전인지 구하시오.

[질문 4] 배점 15점
A차량 운전자가 B차량을 최초 발견한 지점이 충돌지점 기준으로 몇 미터 후방에 위치하는지 구하시오.

문제 03 배점 25점 2018년 기출

개요

신호등 없는 4지 교차로에서 트랙스와 싼타페가 직각 충돌한 후 트랙스는 진행방향 기준 좌측으로 30° 틀어져 6m를 이동하여 최종정지 하였고, 싼타페는 진행방향 기준 우측으로 35° 틀어져 9m를 이동하여 최종 정지하였다.

사고 후 트랙스와 싼타페에서 추출한 EDR 데이터(Event Data Recorder) 자료는 아래와 같다.

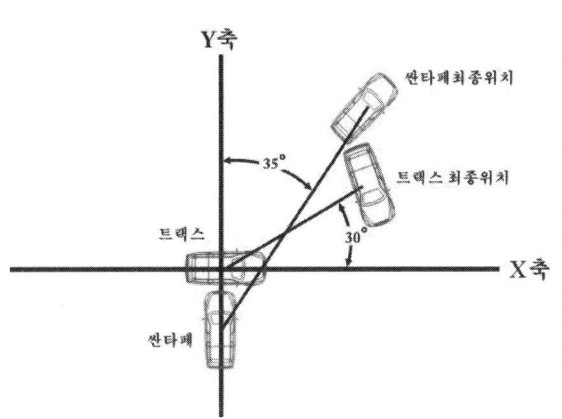

☐ 트랙스 EDR 데이터

Pre-Crash Data -5.0 to -0.5 sec (Event Record 1)

Times (sec)	Accelerator Pedal, %Full (Accelerator Pedal Position)	Service Brake (Brake Switch Circuit State)	Engine RPM (Engine Speed)	Engine Throttle, % Full(Throttle Position)	Speed, Vehicle Indicated (Vehicle Speed) (MPH[km/h])
-5.0	21	Off	1108	23	44 [70]
-4.5	18	Off	1152	23	44 [70]
-4.0	18	Off	1158	21	43 [68]
-3.5	17	Off	1200	21	42 [67]
-3.0	17	Off	1160	20	42 [66]
-2.5	16	Off	1162	19	41 [65]
-2.0	15	Off	1153	19	39 [62]
-1.5	14	Off	1152	18	39 [62]
-1.0	13	Off	1152	17	39 [61]
-0.5	13	Off	1152	17	38 [60]

□ 싼타페 EDR 데이터

<이벤트 1> 사고시점의 EDR 정보

다중사고 횟수 (1 or 2)	1개 이벤트
다중사고 간격 1 to 2[msec]	0
정상기록 완료여부 (Yes or No)	No
충돌기록시 시동 스위치 작동 누적횟수 (cycle)	11655
정보추출시 시동 스위치 작동 누적횟수 (cycle)	11654

조건

1. 트랙스 중량 1,480kgf, 싼타페 중량 2,070kgf

2. 충돌 후 트랙스 이동구간의 견인계수 0.8

3. 충돌 후 싼타페 이동구간의 견인계수 0.6

4. 중력가속도 $9.8m/s^2$

5. 계산식의 경우 관계식 및 풀이과정을 단위와 함께 기술하고, 소수 셋째 자리에서 반올림하시오.

[질문 1] 배점 5점

EDR(Event Data Recorder)에 대해 설명하시오.

[질문 2] 배점 5점

트랙스 EDR 데이터는 신뢰할 수 있으나, 싼타페 EDR 데이터는 신뢰할 수 없는 것으로 조사되었다. 싼타페 EDR 데이터를 신뢰할 수 없는 이유 2가지를 서술하시오.

[질문 3] 배점 5점

각 차량의 충돌직후 속도를 구하시오.

[질문 4] 배점 5점

운동량 보존의 법칙을 이용한 싼타페의 충돌직전 속도를 구하시오.

[질문 5] 배점 5점

운동량 보존의 법칙을 이용한 트랙스의 충돌직전 속도를 구하고, 그 값이 트랙스 EDR 데이터에 부합하는지 여부를 기술하시오.

문제 04 배점 50점 2015년 기출

사고개요 및 현장상황도

신호등이 설치되어 있는 평탄한 직각 교차로에서 A차량은 북→남 방향으로 직진하고 B차량은 동→서 방향으로 직진하던 중 교차로 내에서 직각 충돌하는 사고가 발생했고, 뒤이어 서→동 방향으로 직진하던 C차량이 교차로 내에서 A차량과 충돌했다.

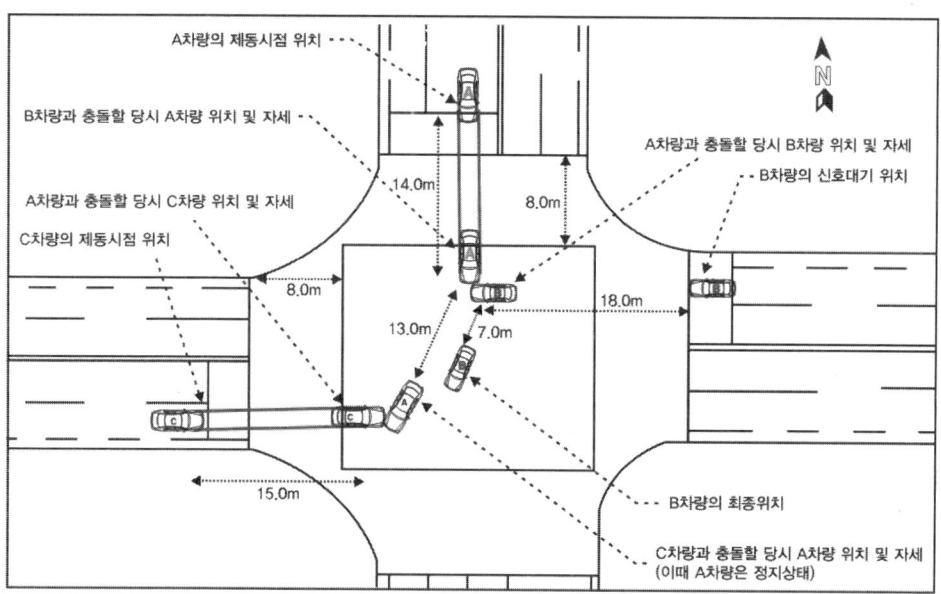

□ 현장자료(현장상황도 참조)

- A차량 제동에 의한 스키드마크는 좌우 동일하게 14.0m로 B차량 충돌지점까지 발생했음.
- C차량 제동에 의한 스키드마크는 좌우 동일하게 15.0m로 A차량 충돌지점까지 발생했음.
- A차량과 B차량이 충돌한 후, A차량은 충돌 전 A차량 진행방향을 기준으로 우측 전방 20도 각도로 13.0m 이동한 지점에 정지해 있던 중 C차량과 충돌했고, B차량은 충돌 전 B차량 진행방향을 기준으로 좌측 전방 80도 각도로 7m 이동한 지점에 최종 정지했음.
- B차량은 위 그림과 같이 신호대기 위치에 신호대기하였다가 출발하였음.

조건

1. 현장상황도는 Non Scale로 비례척이 아니므로, 현장상황도를 근거로 거리 또는 각도를 측정하지 말 것

2. A차량과 B차량 간 충돌은 1회만 발생했고, A차량 질량은 1,200kg이고, B차량 질량은 900kg

3. A차량과 C차량의 제동구간 견인계수는 0.8로 동일하며, A차량과 C차량 모두 제동 전까지는 등속으로 진행

4. A차량과 B차량 간 충돌이 발생한 후 양 차량이 이동한 구간의 견인계수는 0.6으로 동일

5. B차량이 신호대기 후 출발하여 A차량과 충돌하기까지 등가속한 구간은 18.0m

6. A차량과 충돌할 당시 C차량 속도는 25km/h

7. C차량 운전자는 A차량과 B차량이 충돌하는 순간 위험을 인지하고 제동행위를 취했으며, C차량 운전자의 인지반응시간은 1.5초

8. 중력가속도는 $9.8 m/sec^2$

9. 질문에 대해 풀이과정과 단위(속도 단위는 m/sec)를 기술하고, 소수 셋째 자리에서 반올림할 것

[질문 1] 배점 10점

C차량이 제동을 시작할 당시 속도를 구하시오.

[질문 2] 배점 10점

A차량과 B차량 간 충돌에서 A차량과 B차량의 충돌 후 속도를 각각 구하시오.

[질문 3] 배점 10점

B차량과 충돌한 A차량이 정지하고 몇 초 후에 C차량이 A차량과 충돌했는지 구하시오.

[질문 4] 배점 10점

A차량과 B차량 간 충돌에서 A차량과 B차량의 충돌속도를 각각 구하시오.

[질문 5] 배점 10점

B차량이 신호대기 후 출발하여 A차량과 충돌하기까지 소요시간을 구하시오.

문제 05 배점 25점 2014년 기출

개요

차량 A가 동쪽에서 서쪽으로 진행하고, 차량 B는 북서쪽에서 남동쪽으로 진행하다 두 차량이 교차로 안에서 충돌하였다. 충돌 전 차량 A는 10m의 스키드마크를 발생하다 충돌 후 20m 남서쪽으로 이동하여 정지하고, 차량 B는 30m 남서쪽으로 이동하여 정지하였다. 충돌 전·후 이동 각도를 좌표계로 표시하면 아래 그림과 같다.

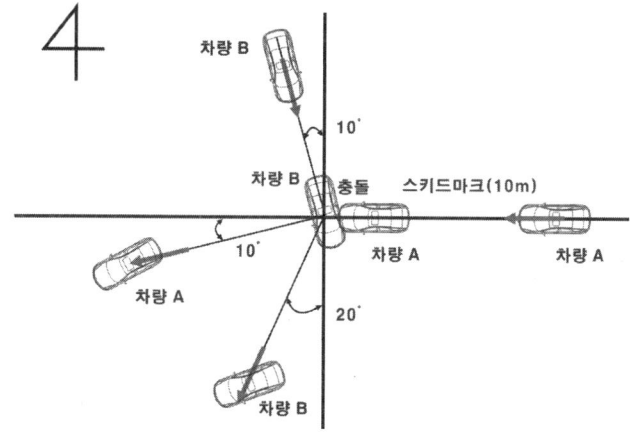

조건

1. 차량 A의 질량은 2,500kg
2. 차량 B의 질량은 3,000kg
3. 차량 A의 제동구간 견인계수는 0.8, 충돌 후 차량 A의 견인계수는 0.4, 충돌 후 차량 B의 견인계수는 0.2
4. 중력가속도는 $9.8 m/s^2$
5. 각 질문에 대한 답의 속도 단위는 m/s로 기술
6. 차량 A는 제동 전 등속운동하였고, 차량 B는 충돌 전 등속운동하였다.
7. 소수 3째 자리에서 반올림하여 계산
8. 풀이 과정을 기술할 것

[질문 1] 배점 10점

차량 A와 차량 B의 충돌 직전 속도를 구하시오.

[질문 2] 배점 5점

차량 A의 제동 직전 속도를 구하시오.

[질문 3] 배점 10점

교차로에 진입하여 충돌하기까지 진행한 거리가 차량 A와 차량 B 모두 20m로 동일하게 측정되었다. 차량 A와 B 중 어느 차량이 시간상 얼마나 먼저 선진입하였는가.

문제 06 배점 50점 2010년 기출

개요

등속 주행하던 두 차량이 아래 그림과 같이 교차로에서 직각 충돌하였다. 아래 조건을 참조하여 질문에 답하시오.

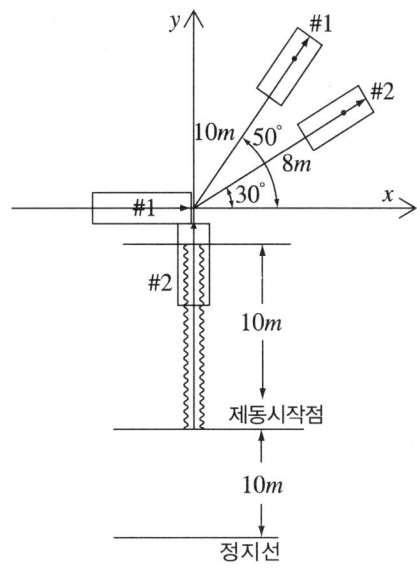

조건

1. 사고 #2차량 충돌 전 발생한 스키드마크 길이 10m이다.

2. 사고 #2차량 정지선에서 제동시작점까지 진행한 직선거리는 10m이다.

3. 충돌 후 사고 #1차량과 사고 #2차량은 각각 10m와 8m 이동하여 정지하였다.

4. 충돌 후 이탈한 각도는 사고 #1차량 50도, 사고 #2차량 30도이다.

5. 사고 #1차량 중량은 1,200kg, 사고 #2차량 중량은 1,500kg이다.

6. 중력가속도는 $9.8m/s^2$이다.

7. 사고 #1, #2차량 충돌 전, 후 견인계수는 0.8이다.

8. 각 질문마다 소수점 둘째 자리에서 반올림할 것

[질문 1] 배점 5점
사고 #1, #2차량 충돌 직후 속도를 구하시오.

[질문 2] 배점 15점
운동량 보존의 법칙을 이용하여 사고 #1, #2차량 충돌시 속도를 구하시오.

[질문 3] 배점 10점
사고 #2차량 제동시작점의 속도를 구하시오.

[질문 4] 배점 10점
사고 #2차량 제동 전 등속주행하였을 경우, 정지선에서 충돌지점까지 이동하는데 소요된 시간을 구하시오.

[질문 5] 배점 10점
사고 #1차량 충돌 전 등속주행하였을 경우, 사고 #2차량 정지선 진입할 당시 사고 #1차량 위치를 충돌지점을 기준으로 산출하시오.

문제 07 배점 25점 2009년 기출

충돌 전 #1차량(중량 2,000kg)은 서에서 동을 향하여 진행하고 #2차량(중량 3,000kg)은 동에서 시계방향으로 45도 각도인 남동방향에서 북서방향으로 주행하다가 충돌하여 북쪽 세로축에서 #1은 서쪽으로 15도, #2는 동쪽으로 10도 방향으로 #1은 8m, #2는 10m로 이동(견인계수 0.5)하여 최종정지한 경우 #1과 #2차량의 충돌속도를 구하시오(모든 산출은 소수 셋째 자리에서 반올림).

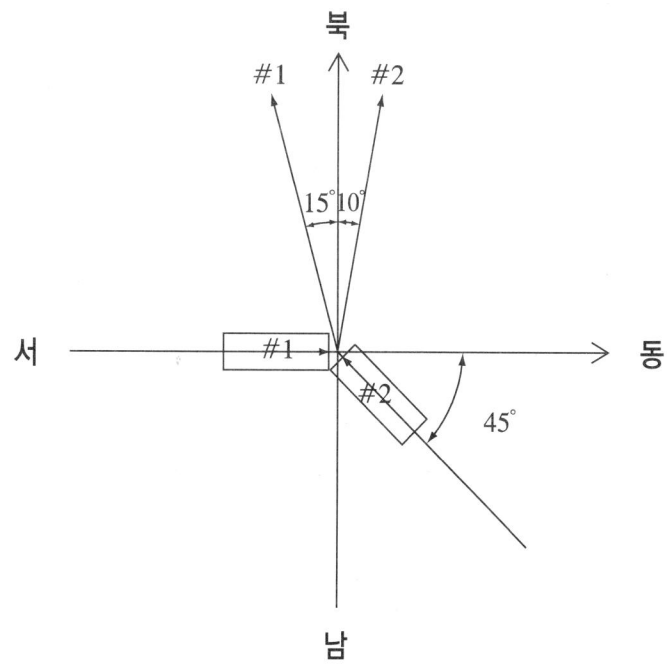

문제 08 배점 25점 2008년 기출

중량 2,500kg인 #1차량은 서에서 동을 향하고 중량 3,000kg인 #2차량은 남에서 북을 향하다가 서로 직각으로 충돌하여 충돌직후 #1차량은 12m/s², #2차량은 14m/s 속도로 아래 그림과 같은 각도로 각각 튕겨나가 정지하였다. 두 차량의 사고 당시 속도를 구하시오(소수 셋째 자리 반올림).

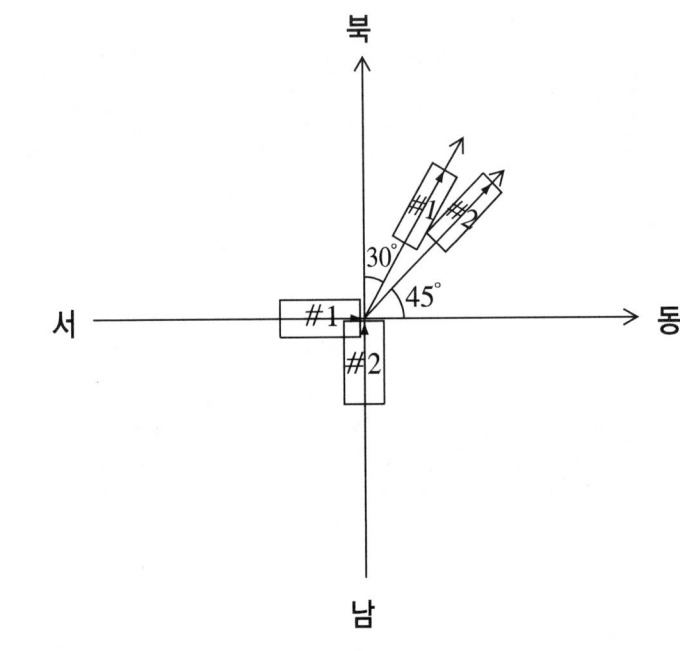

문제 09 · 배점 25점 · 2007년 기출

개요

#1차량은 동에서 서를 향하여, #2차량은 서↔동 가로축과 40도 각도를 이루는 북서 방향에서 진입하여 충돌 후 서↔동 가로축과 20도 각도를 이루는 남서 방향으로 튕겨 나갔다. 충돌 직후 속도는 #1이 10m/s, #2는 15m/s라고 하며, #1의 중량은 2,500kg, #2는 3,500kg이라고 한다.

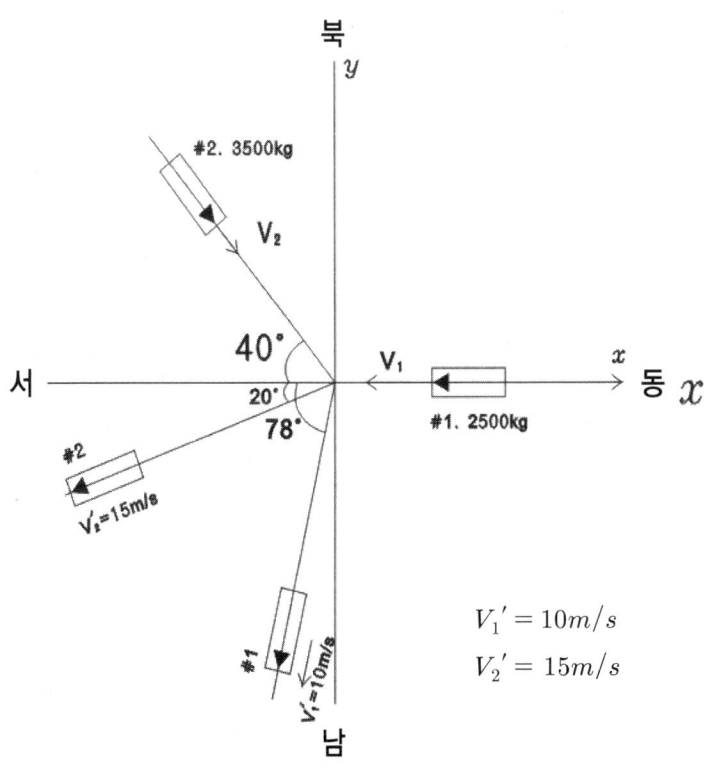

$V_1' = 10 m/s$
$V_2' = 15 m/s$

#1과 #2차량의 충돌속도를 구하시오(소수 셋째 자리 반올림).

1차원 운동량 보존법칙 관련 기출문제

문제 01 배점 50점 2021년 기출

개요

질량 2000kg인 A차량이 서쪽에서 동쪽으로 직진하고, 질량 1800kg인 B차량이 남쪽에서 북쪽으로 직진하다 A차량의 우측면을 B차량의 전면으로 충돌하였다. A차량은 B차량과 충돌한 후 좌측 전방으로 이동하여 맞은편에 정지해 있던 질량 1500kg인 C차량과 2차 충돌하였다. A차량의 블랙박스 영상에서 사고 상황이 확인되고, 영상은 1초당 30프레임(30fps)으로 저장되어 있으며, 영상을 분석한 결과 A차량이 교차로 정지선을 통과한 시점부터 B차량과 충돌한 시점까지 75프레임이 경과되었다.

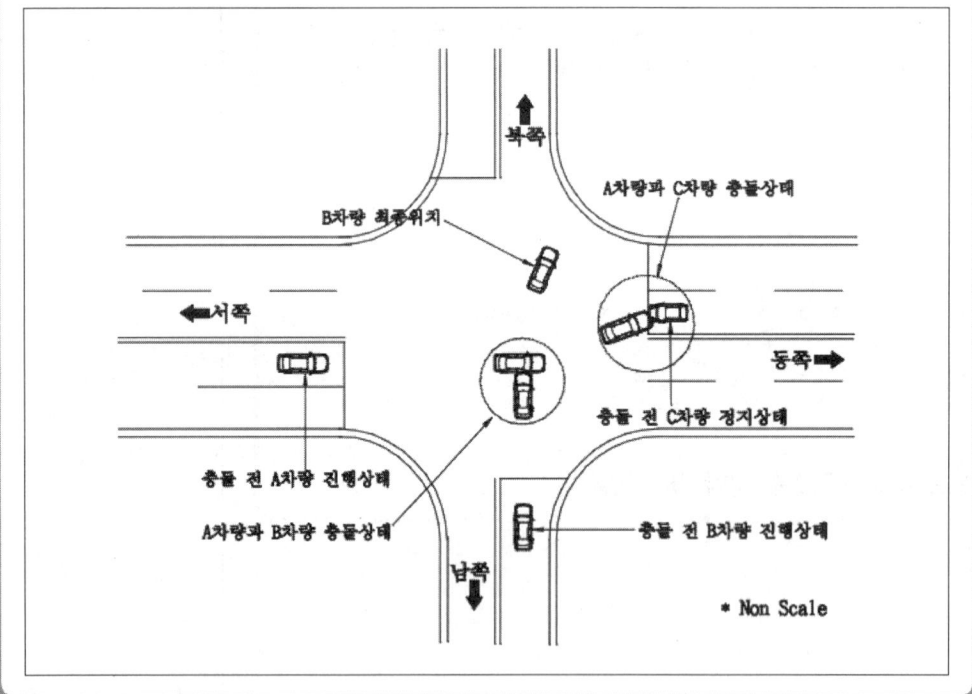

> **조건**
>
> 1. A차량에서 추출한 EDR(Event Data Recorder) 데이터의 이벤트 1(표 2, 3, 4, 5)은 A차량이 B차량과 충돌할 때 저장된 것으로 간주
> 2. A차량에서 추출한 EDR(Event Data Recorder) 데이터의 이벤트 2(표 6, 7, 8, 9)는 A차량이 C차량과 충돌할 때 저장된 것으로 간주
> 3. 각 차량 EDR 정보의 기록 기준시점(0.0초)을 충돌 시점으로 간주
> 4. EDR 자료의 속도 데이터는 0.5초 간격의 순간 속도임
> 5. 계산식의 경우 관계식 및 풀이과정을 단위와 함께 기술하고, 계산과정에서 소수 셋째 자리에서 반올림

아래 주어진 EDR 자료를 참고하여 질문에 답하시오.

[질문 1] 배점 5점
EDR 데이터의 이벤트 1 기록을 근거로 -5.0초부터 0초까지 A차량의 평균 가속도를 구하시오.

[질문 2] 배점 15점
EDR 데이터의 이벤트 1 기록을 근거로 A차량의 정면을 기준(0°, 12시)으로 주충격력 작용방향(Principle Direction of Force) 각도를 구하시오.

[질문 3] 배점 10점
EDR 데이터의 이벤트 1이 A차량과 B차량의 충돌과정에서 저장되었다고 볼 수 있는 근거 3가지를 제시하시오.

[질문 4] 배점 5점
A차량이 교차로 정지선을 통과하는 시점일 때 A차량의 속도를 구하시오.

[질문 5] 배점 15점
EDR 데이터의 이벤트 2를 근거로 정지해 있던 C차량이 A차량에 충돌된 직후 속도를 구하시오.

[표 1] A차량의 EDR 기록정보 방향

기록항목	+ 방향	비고
진행방향 가속도	진행 방향	그림1에서 +X
진행방향 속도변화 누계	진행 방향	그림1에서 +X
측면방향 가속도	좌측에서 우측 방향	그림1에서 +Y
측면방향 속도변화 누계	좌측에서 우측 방향	그림1에서 +Y
수직방향 가속도	상측에서 하측 방향	그림1에서 +Z
조향핸들 각도	반 시계 방향	-

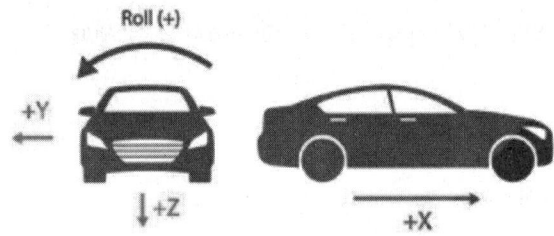

〈그림 1〉 A차량의 EDR 기록정보 방향

[표 2] A차량의 EDR 데이터(이벤트 1) - 사고시점의 EDR 정보

다중사고 횟수(1 or 2)	1개 이벤트
다중사고 간격 1 to 2[msec]	0
정상기록 완료 여부(Yes or No)	YES
충돌기록시 시동 스위치 작동 누적횟수[cycle]	6510
정보추출시 시동 스위치 작동 누적횟수[cycle]	6512

[표 3] A차량의 EDR 데이터(이벤트 1) - 사고 이전 차량 정보

시간 (sec)	속도 (km/h)	엔진회전수 (rpm)	가속페달 변위량(%)	제동페달 작동 여부(ON/OFF)	조향핸들 각도 (degree)
-5.0	62	1800	16	OFF	0
-4.5	62	1800	17	OFF	0
-4.0	60	1700	16	OFF	0
-3.5	60	1700	16	OFF	0
-3.0	60	1700	16	OFF	0
-2.5	59	1600	15	OFF	0
-2.0	58	1600	15	OFF	0
-1.5	58	1600	16	OFF	0

−1.0	58	1600	16	OFF	0
−0.5	58	1500	15	OFF	0
0	56	1500	15	OFF	0

[표 4] A차량의 EDR 데이터(이벤트 1) – 사고 시점의 구속장치의 전개명령 정보

운전석 정면 에어백 전개시간(msec)	에어백 전개되지 않음
조수석 정면 에어백 전개시간(msec)	에어백 전개되지 않음
운전석 측면 에어백 전개시간(msec)	에어백 전개되지 않음
조수석 측면 에어백 전개시간(msec)	48
운전석 커튼 에어백 전개시간(msec)	에어백 전개되지 않음
조수석 커튼 에어백 전개시간(msec)	48
운전석 안전띠 프리로딩 장치 전개시간(msec)	48
조수석 안전띠 프리로딩 장치 전개시간(msec)	48

[표 5] A차량의 EDR 데이터(이벤트 1) – 사고 데이터 속도변화 누계(km/h)

진행방향 최대 속도 변화량(km/h)	−2
진행방향 최대 속도 변화값 시간(msec)	250.0
측면방향 최대 속도 변화량(km/h)	−12
측면방향 최대 속도 변화값 시간(msec)	250.0

[표 6] A차량의 EDR 데이터(이벤트 2) – 사고시점의 EDR 정보

다중사고 횟수(1 or 2)	2개 이벤트
다중사고 간격 1 to 2[msec]	2000
정상기록 완료 여부(Yes or No)	YES
충돌기록시 시동 스위치 작동 누적횟수[cycle]	6510
정보추출시 시동 스위치 작동 누적횟수[cycle]	6512

[표 7] A차량의 EDR 데이터(이벤트 2) - 사고 이전 차량 정보

시간 (sec)	속도 (km/h)	엔진회전수 (rpm)	가속페달 변위량(%)	제동페달 작동 여부(ON/OFF)	조향핸들 각도 (degree)
-5.0	60	1700	16	OFF	0
-4.5	59	1600	15	OFF	0
-4.0	58	1600	15	OFF	0
-3.5	58	1600	16	OFF	0
-3.0	58	1600	16	OFF	0
-2.5	58	1500	15	OFF	0
-2.0	56	1500	15	OFF	0
-1.5	51	1300	0	OFF	0
-1.0	45	1200	0	OFF	0
-0.5	42	1000	0	OFF	0
0	38	800	0	OFF	0

[표 8] A차량의 EDR 데이터(이벤트 2) - 사고 시점의 구속장치의 전개명령 정보

운전석 정면 에어백 전개시간(msec)	54
조수석 정면 에어백 전개시간(msec)	54
운전석 측면 에어백 전개시간(msec)	-
조수석 측면 에어백 전개시간(msec)	-
운전석 커튼 에어백 전개시간(msec)	-
조수석 커튼 에어백 전개시간(msec)	-
운전석 안전띠 프리로딩 장치 전개시간(msec)	-
조수석 안전띠 프리로딩 장치 전개시간(msec)	-

[표 9] A차량의 EDR 데이터(이벤트 2) - 사고 데이터 속도변화 누계(km/h)

진행방향 최대 속도 변화량(km/h)	-16
진행방향 최대 속도 변화값 시간(msec)	200.0
측면방향 최대 속도 변화량(km/h)	0
측면방향 최대 속도 변화값 시간(msec)	0

문제 02 배점 25점 2021년 기출

조건

아래 질문에서 계산식의 경우 관계식 및 풀이과정을 단위와 함께 기술하고, 소수 셋째 자리에서 반올림

[질문 1] 배점 5점

질량 m_1, 속도 v_{10}인 A차량과 질량 m_2, 속도 v_{20}인 B차량이 충돌하여 A차량의 속도가 v_1, B차량의 속도가 v_2가 되었다. 운동량 보존의 법칙에 대해 설명하고 운동량 보존의 법칙 공식을 기술하시오.

[질문 2] 배점 5점

반발계수에 대해 설명하고, 반발계수의 공식을 기술하시오.

[질문 3] 배점 10점

질량 m_1인 A차량이 v_{10}의 속도로 진행하다 전방에 정지해 있는 질량 m_2인 B차량의 후미를 추돌하였을 때 추돌 후 A차량의 속도(v_1)와 B차량의 속도(v_2)를 구하는 공식을 유도하시오. 단, A차량이 B차량의 후미추돌시 반발계수(e)를 적용한다.

[질문 4] 배점 5점

질량 1000kg인 A차량이 50km/h 속도로 진행하다 전방에 정지해 있는 질량 1600kg인 B차량의 후미를 추돌하였다. B차량의 속도변화를 구하시오(A차량이 B차량의 후미추돌시 반발계수는 0.3).

문제 03 배점 50점 2016년 기출

개요 아래 그림은 2대의 차량이 정면충돌하는 3가지 상황을 나타낸 것이다.

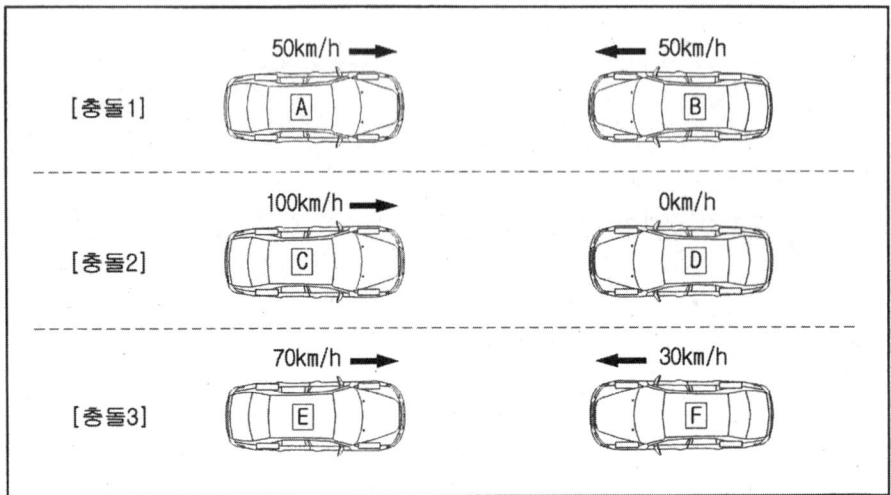

조건

1. 차량 6대는 질량이 각각 1,800kg인 동종(同種)의 차량임.

2. 충돌의 반발계수는 0이며, 충돌차량은 접촉 손상부위가 맞물려 정지함.

3. 계산식의 경우 관계식 및 풀이과정을 단위와 함께 기술하시오.

4. 각 질문마다 소수점 셋째 자리에서 반올림하시오.

[질문 1] 배점 5점

다음에서 설명하는 물리법칙은 무엇인가?

> 충돌하는 두 물체 사이에서 크기는 같고 방향이 반대이며, 직선상에서 동시에 작용하는 서로 다른 힘을 F1, F2라 할 때, $F1 = -F2$의 수식이 성립한다.

[질문 2] 배점 15점

충돌1에서 관계식을 이용하여 A차량의 유효충돌속도를 구하시오.

[질문 3] 배점 5점

충돌2에서 C차량과 D차량의 충돌부위 손상 정도를 비교하여 기술하시오.

[질문 4] 배점 10점

충돌3에서 E차량과 F차량의 충돌 후 공통속도를 구하시오.

[질문 5] 배점 15점

충돌3에서 E차량과 F차량의 충돌과정 중 소실된 에너지양을 구하시오.

문제 04 배점 25점 | 2008년 기출

개요

질량 3,000kg의 화물차가 교차로 정지선에 정지하고 있던 질량 2,000kg의 승용차 뒷부분을 충돌한 후 두 차량은 낀 채 15m 이동하여 최종정지하였다. 충돌 전 화물차의 제동흔적은 10m, 견인계수는 0.8이다.

[질문 1] 배점 5점

화물차의 충돌 직후 속도는?

[질문 2] 배점 15점

화물차의 충돌 직전 속도는?

[질문 3] 배점 5점

화물차의 제동 직전 속도는?

5 일·에너지 관련 기출문제

문제 01 배점 50점 2014년 기출

개요

질량 1,000kg의 승용차가 평탄한 도로를 이탈하여 높이 1미터 아래로 낙하한 후 미끄러지기 시작하여 질량 1,500kg의 바위와 충돌하였다. 이후 승용차는 바위와 접합된 채 2미터를 함께 이동하여 최종 정지하였다. 이를 그림으로 나타내면 다음과 같다.

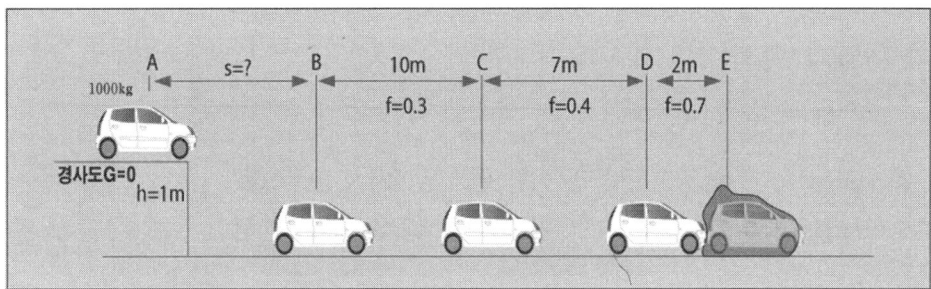

각 구간별 견인계수는 그림에 나타낸 바와 같으며, 승용차가 바위와 접합된 채 이동시에는 공히 견인계수 0.7을 적용한다. 이 사고를 선형운동으로 가정할 때, 다음 질문에 답하시오.

조건

1. 중력가속도 $g = 9.8 m/s^2$ 적용
2. B지점에서 낙하충격에 의한 속도감속은 없는 것으로 간주한다.
3. 풀이과정을 기술하고 속도단위는 m/s로 사용

[질문 1]   배점 15점

승용차가 바위와 충돌하기 직전의 속도, 즉 D위치에서의 속도(V_D)를 계산하시오. 단, 이 충돌은 완전 비탄성 충돌이다. V_D는 소수 둘째 자리에서 반올림하여 나타내시오.

[질문 2]   배점 5점

그림의 C위치에서 승용차 속도(V_C)를 계산하시오. 단, V_C는 소수 둘째 자리에서 반올림하여 나타내시오.

[질문 3]   배점 5점

그림의 B위치에서 승용차 속도(V_B)를 계산하시오. 단, V_B는 소수 둘째 자리에서 반올림하여 나타내시오.

[질문 4]   배점 10점

앞의 결과를 토대로 승용차가 도로를 이탈하여 비행한 거리(s)를 계산하시오. 단, 공기저항은 무시하고, s는 소수 둘째 자리에서 반올림하여 나타내시오.

[질문 5]   배점 15점

B-C, C-D, D-E 구간별 KE(Kinetic Energy)를 구하고, 이를 통해 앞에서 산출된 도로 이탈 작전의 속도를 검증하시오(다음을 산출하시오 : ① 구간별 KE, ② KE에너지의 총합, ③ 도로 이탈 직전 속도 산정).

문제 02 배점 50점 2012년 기출

개요

승용차가 평탄한 도로에서 길이 16.0m의 스키드마크를 발생시키며 도로를 이탈하여 7.2m 높이에서 이탈 각도 없이 떨어져 수평방향으로 15.4m 이동한 후 지면에 착지하였다.

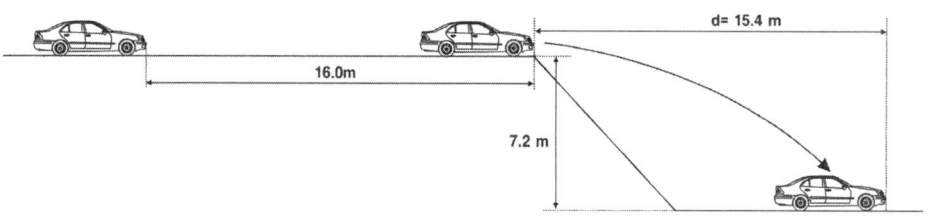

조건

1. 승용차의 질량 1,000kg
2. 타이어와 노면 사이의 마찰계수(μ)는 0.8
3. 중력가속도는 9.8m/s^2
4. 모든 계산은 소수점 둘째 자리에서 반올림할 것

[질문 1] 배점 15점

추락시 속도 방정식을 유도하시오.

[질문 2] 배점 5점

추락시 속도를 산출하시오.

[질문 3] 배점 5점

추락하는데 소요된 시간을 구하시오.

[질문 4] 배점 10점

추락시 위치에너지와 운동에너지의 합을 구하시오.

[질문 5] 배점 15점

에너지의 총량을 사용하여 제동직전 속도를 구하시오.

문제 03 배점 50점 2008년 기출

개요

무게 2,000kg인 차량이 A포장 노면(견인계수 0.8)에서 22m, B포장 노면(견인계수 0.6)에서 15m 미끄러졌다. B포장 노면의 끝 지점에서 3m 언덕 아래로 추락하여 수평거리 10m를 날아가 착지하였다.

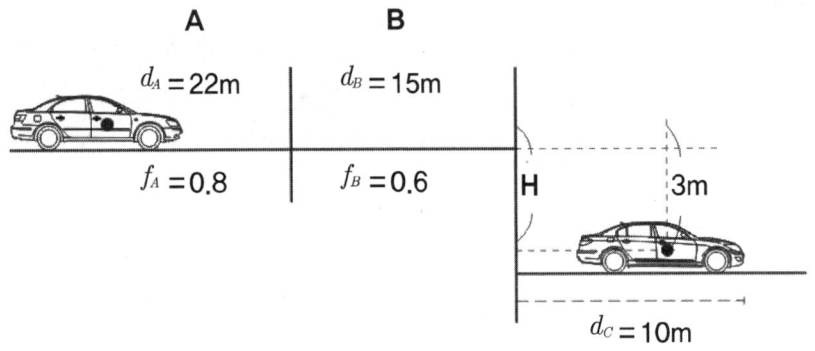

[질문 1] 배점 15점
자동차의 추락시 속도? (공식을 유도하고 계산과정을 기술하시오)

[질문 2] 배점 15점
A, B 노면에서 각각 소모된 에너지와 추락 직전 운동에너지의 합은?

[질문 3] 배점 20점
차량이 A포장 노면 위에서 미끄러지기 시작한 순간의 차량속도는?

문제 04 배점 50점 2007년 기출

개요

무게 2,500kg중인 자동차가 급제동하며 견인계수(f) 값이 서로 다른 두 구간을 미끄러져 이동한 후, 경사(구배)없는 노면을 이탈하여 지면에 착지하였다. 아래 그림을 참조하여 다음에 답하시오.

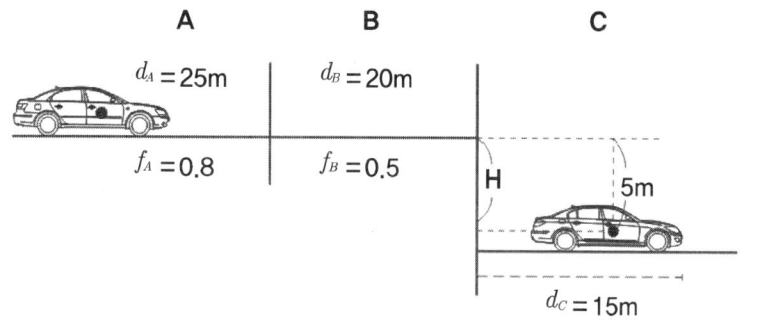

[질문 1] 배점 15점

C지점 이탈 직전 자동차의 속도? (공식 유도 및 계산과정을 기술하시오)

[질문 2] 배점 15점

A-B 구간과 B-C 구간에서 소모된 에너지와 C지점 이탈 직전의 운동에너지의 합은 얼마인가?

[질문 3] 배점 20점

A지점의 자동차 속도를 구하시오.

문제 05 배점 25점 2017년 기출

개요
무게가 980kg인 자동차가 모든 바퀴가 잠긴 상태로 건조한 콘크리트 도로에서 35m를 미끄러지고 기름이 쏟아져있는 도로를 40m 미끄러진 후 15m/s의 속도로 콘크리트 벽을 충격하고 그 자리에 멈추었다.

조건
1. 건조한 콘크리트 도로의 견인계수는 0.85, 기름이 쏟아진 도로의 견인계수는 0.3
2. 중력가속도 9.8m/s^2
3. 계산식의 경우 관계식 및 풀이과정을 단위와 함께 기술하고, 소수 셋째 자리에서 반올림하시오.

[질문 1] 배점 5점
사고자동차가 콘크리트 벽을 충격할 때 갖고 있던 에너지를 구하시오.

[질문 2] 배점 5점
기름이 쏟아져 있는 도로에서 사고자동차가 미끄러지는 동안 소모된 에너지를 구하시오.

[질문 3] 배점 5점
건조한 콘크리트 도로에서 사고자동차가 미끄러지는 동안 소모된 에너지를 구하시오.

[질문 4] 배점 5점
사고자동차가 처음 미끄러지기 시작할 때 가지고 있던 전체에너지를 구하시오.

[질문 5] 배점 5점
사고자동차가 처음 미끄러지기 시작할 때 속도를 구하시오.

6 추락 및 경사면 관련 기출문제

문제 01 배점 25점 2021년 기출

개요

사고차량이 경사도로를 주행하던 중 불상의 이유로 급제동하여 정지하게 되었다. 현장을 측량한 결과 사고차량의 제동시점(Ⓐ지점) 좌표값은 X = 30.132, Y = 1.980, Z = −1.984이며, 제동종점(Ⓑ지점) 좌표값은 X = 10.975, Y = 3.249, Z = −1.164으로 확인되었다. 사고차량을 평탄한 노면(사고현장과 동일한 포장조건)에서 급제동 실험한 결과 100km/h에서 제동거리가 41.4m로 측정되었다.

조건

1. 측량 좌표값은 m 단위임
2. 계산식의 경우 관계식 및 풀이과정을 단위와 함께 기술하고, 소수 셋째 자리에서 반올림

[질문 1] 배점 5점
사고차량의 급제동 실험에 의한 마찰계수는 얼마인가?

[질문 2] 배점 5점
사고차량의 제동시점과 종점간(Ⓐ-Ⓑ구간) 수평거리(m)는 얼마인가?

[질문 3] 배점 5점
사고차량의 제동시점과 종점간(Ⓐ-Ⓑ구간) 경사면 거리(m)는 얼마인가?

[질문 4] 배점 5점
사고차량의 제동구간(Ⓐ → Ⓑ방향) 경사(%)는 얼마인가?

[질문 5] 배점 5점
사고차량의 제동시점(Ⓐ지점) 속도(km/h)는 얼마인가?

문제 02 배점 25점 2020년 기출

개요

오토바이가 충돌 후 노면에 전도된 상태로 8m를 미끄러진 후 정지하였다. 전도된 상태로 미끄러지는 오토바이의 견인계수를 알아보기 위해, 사고현장에서 그림과 같이 매달림 저울(장력저울)로 오토바이를 잡아당기는 실험을 실시하였다.

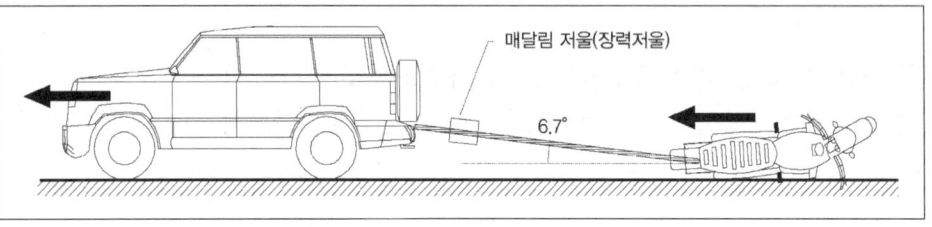

조건

1. 노면은 평면이고, 견인줄은 수평노면과 6.7°의 각도로 측정되었다.

2. 오토바이의 질량은 145kg, 매달림 저울의 측정치는 1,078N으로 측정되었다.

3. 수직상태에서 오토바이의 무게중심 높이는 0.5m이고, 중력가속도는 $9.8m/s^2$이다.

4. 오토바이 측면이 노면에 접촉하기 이전의 상황은 등속운동

5. 오토바이는 충돌 후 곧바로 넘어지고, 소요된 시간은 물체가 오토바이 무게중심 높이에서 자유낙하하여 노면에 도달하는 것과 동일한 것으로 간주

6. 풀이과정 및 단위를 기술하고, 각 질문마다 소수점 셋째 자리에서 반올림할 것

[질문 1] 배점 10점

　일과 운동에너지 관계식을 이용하여 견인계수를 구하는 공식을 유도하시오.

[질문 2] 배점 5점

　유도된 공식을 이용하여 오토바이의 견인계수를 구하시오.

[질문 3] 배점 5점

　오토바이가 충돌 후 노면에 전도되기까지 소요시간을 구하시오.

[질문 4] 배점 5점

　충돌로 인해 오토바이 차체가 기울어져 전도될 때까지 이동한 거리를 구하시오.

문제 03 배점 50점 2019년 기출

개요

고속버스가 2차로 도로를 진행하던 중 진행방향 우에서 좌로 횡단하는 보행자를 발견하고 제동하였으나, 스킵 스키드마크를 발생시키면서 고속버스 전면 중앙부분으로 보행자를 완전 충돌(Full Impact) 후 진행방향 좌측으로 피양하다가 정지하였다. 보행자는 고속버스와의 충격으로 일정구간을 날아가다 떨어져 미끄러진 후에 최종 정지하였다.

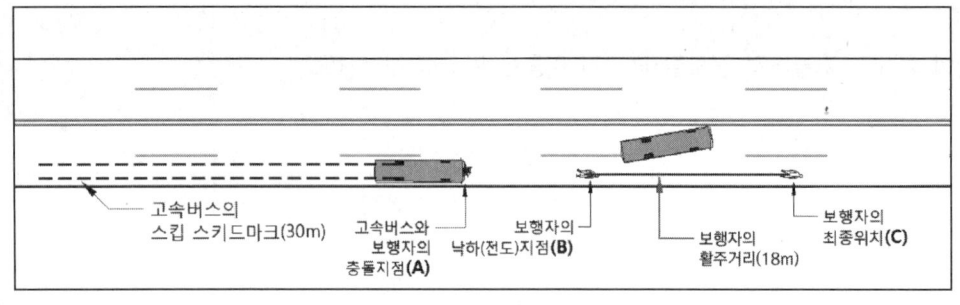

조건

1. 고속버스의 스킵 스키드마크 발생구간의 견인계수는 0.65
2. 보행자와 노면 간 견인계수는 0.6
3. 보행자의 무게중심 높이는 1m
4. 중력가속도 값은 $9.8m/s^2$ 적용
5. 보행자의 비행구간 동안 공기저항 무시
6. 계산식의 경우 관계식 및 풀이과정을 단위와 함께 기술하고, 소수 셋째 자리에서 반올림

[질문 1] 배점 10점
　차대 보행자 사고에서 충돌 후의 보행자 운동 유형 5가지를 나열하고, 위 교통사고시 해당하는 보행자 운동 유형에 대해 상세히 설명하시오.

[질문 2] 배점 10점
　보행자의 낙하(전도)지점(B)에서의 보행자 속도를 구하시오.

[질문 3] 배점 10점
　충돌지점(A)에서 고속버스의 속도를 구하시오.

[질문 4] 배점 10점
　보행자가 충돌지점(A)에서 낙하(전도)지점(B)까지 날아간 거리를 구하시오.

[질문 5] 배점 10점
　보행자가 낙하(전도)지점(B)부터 최종위치(C)까지 이동하는 동안 걸린 시간을 구하시오.

문제 04 배점 25점 2019년 기출

개요

질량 1,500kg인 승용차가 오르막 경사도 10°인 도로에서 불상의 속도로 진행하다 높이 3m 아래 지면에 추락하였다. 승용차가 이륙한 후 지면에 착지한 지점까지 수평거리는 15m로 측정되었다.

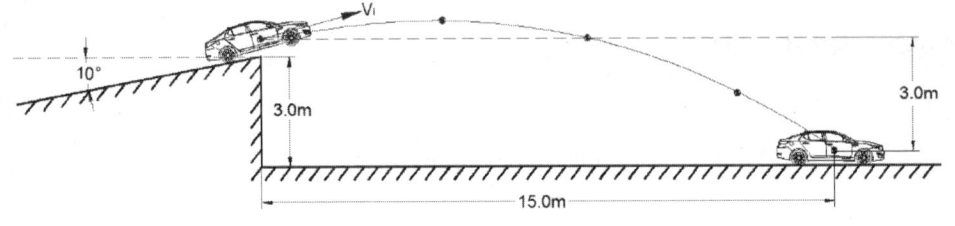

조건

1. 승용차는 도로이탈 전까지 등속주행
2. 중력가속도 값은 9.8m/s² 적용
3. 공기저항 무시
4. 계산식의 경우 관계식 및 풀이과정을 단위와 함께 기술하고, 소수 셋째 자리에서 반올림

[질문 1] 배점 10점
승용차의 도로이탈 속도(V_i)는 얼마인가?

[질문 2] 배점 5점
승용차가 도로를 이탈하여 착지한 시점까지 걸린 시간은 얼마인가?

[질문 3] 배점 10점
승용차의 무게중심이 최고점에 도달하였을 때의 높이는 도로이탈시 무게중심으로부터 얼마인가?

문제 05 배점 25점 2018년 기출

개요
무더운 날씨에 대형트럭이 2km 구간의 가파른 내리막길에서 브레이크를 밟으며 내려오다 정상적으로 제동되지 않은 채 평탄한 좌로 굽은 커브길에 이르러 요 마크(yaw mark)를 발생시키며 장애물과 충돌 없이 54km/h 속도로 우측 4m 낭떠러지로 추락하였다.

조건
1. 대형트럭의 횡미끄럼 마찰계수 0.8
2. 중력가속도 9.8m/s^2
3. 계산식의 경우 관계식 및 풀이과정을 단위와 함께 기술하고, 소수 셋째 자리에서 반올림하시오.

[질문 1] 배점 5점
이처럼 긴 내리막길에서 자동차가 과도한 브레이크 사용으로 인해 정상적으로 제동되지 않는 현상 2가지를 서술하시오.

[질문 2] 배점 5점
대형트럭이 낭떠러지를 추락하는데 걸린 시간은 몇 초인가?

[질문 3] 배점 10점
대형트럭이 낭떠러지를 추락하는 동안 수평으로 이동한 거리는?

[질문 4] 배점 5점
대형트럭이 요 마크(yaw mark)를 발생시키며 좌로 굽은 커브길을 주행하는 동안 대형트럭의 무게중심 회전반경은?

문제 06 배점 25점 2016년 기출

개요

아래 그림은 차량에 충돌된 보행자의 운동 상황을 나타낸 것이다. 차량에 충격된 보행자는 차량의 충돌속도로 수평방향으로 튕겨져 날아가 노면에 낙하한 후 활주하다 정지하였다.

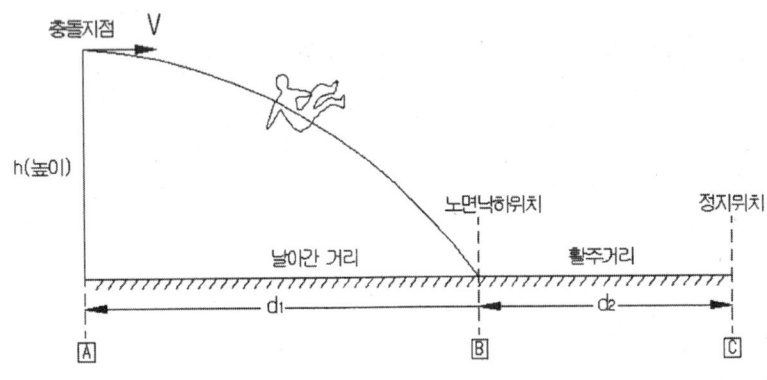

조건

1. d_1 : 보행자가 충돌차량 진행방향으로 튕겨져 날아간 거리

2. d_2 : 보행자가 노면에 낙하되어 활주한 거리 22.4m

3. h : 보행자가 날아가기 시작할 때 지면에서의 높이 1.5m

4. 보행자 활주구간(d_2)에서 인체와 노면 사이의 마찰계수 0.5

5. 충돌 후 보행자 운동구간에서 공기저항은 무시

6. 계산식의 경우 관계식 및 풀이과정을 단위와 함께 기술하시오.

7. 각 질문마다 소수점 셋째 자리에서 반올림하시오.

[질문 1] 배점 5점
다음은 보행자의 운동과 관련된 내용이다. 빈칸에 알맞은 말을 쓰시오.

> 차량에 충돌된 보행자는 충돌지점으로부터 노면에 낙하할 때까지 포물선 운동을 하며, 수평방향으로는 (①)운동, 수직방향으로는 (②)운동을 한다.

[질문 2] 배점 5점
차량이 A지점에서 보행자를 충돌할 때 속도를 구하시오.

[질문 3] 배점 10점
질문 1의 (①)과 (②)를 이용하여, 보행자가 A~B 구간에서 튕겨 날아간 거리(d_1)를 계산할 수 있는 관계식을 유도하시오.

[질문 4] 배점 5점
질문 3에서 유도된 관계식을 이용하여 보행자가 튕겨 날아간 거리(d_1)를 구하시오.

문제 07 배점 25점 2015년 기출

개요

아래 [그림]과 같이 20°경사면에 주차되어 있던 질량 1,800kg인 A차량이 브레이크가 풀리면서 경사면 아래로 진행하여 콘크리트 옹벽을 정면으로 충돌하는 사고가 발생하였다.

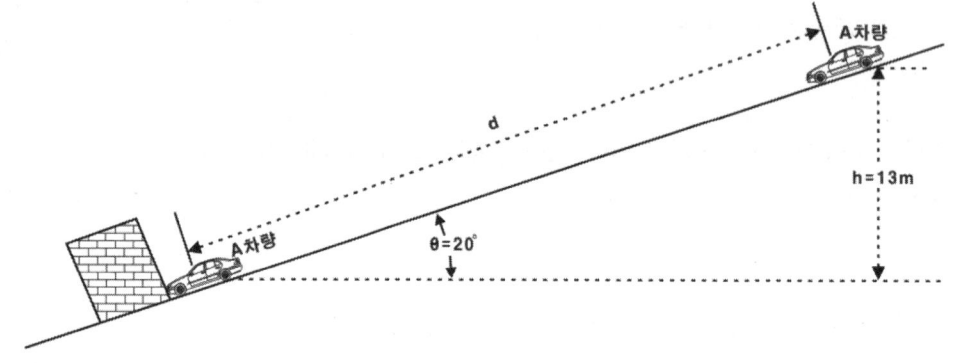

조건

1. A차량이 내려가는 동안 노면 마찰력(저항력)과 공기저항은 없는 것으로 전제함.
2. 계산식의 경우, 관계식 및 풀이과정을 단위와 함께 기술하시오.
3. 각 질문마다 소수점 둘째 자리에서 반올림함.

[질문 1] 배점 5점

13m 높이에 있던 A차량의 위치에너지를 구하시오.

[질문 2] 배점 5점

A차량이 d거리를 내려가는 동안 한 일(work)의 양을 구하시오.

[질문 3] 배점 10점

충돌당시 A차량의 속도를 구하시오.

[질문 4] 배점 5점

A차량이 충격한 콘크리트 옹벽을 질량 무한대인 고정 장벽으로 볼 경우, A차량 전면 손상부위에 작용된 유효충돌속도를 구하시오.

문제 08 배점 25점 2015년 기출

현장상황

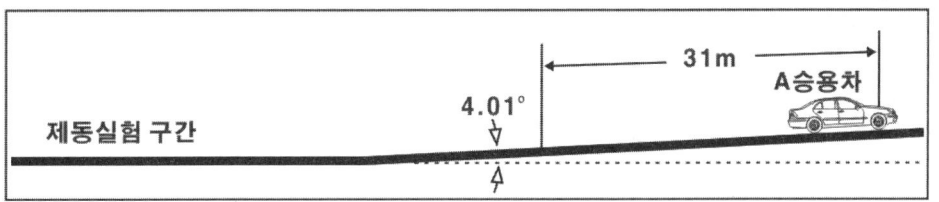

1. 오르막(4.01°) 도로를 진행하던 A승용차가 급제동하며 보행자를 충돌하는 사고가 발생하였다.
2. 급제동 구간의 노면 마찰계수 값을 알아보기 위해 A승용차를 이용하여 제동실험을 2회 실시하였는데, 실험은 사고가 있었던 오르막 구간 이전의 평탄한 구간에서 하였으며 그 결과는 아래와 같음.

	제동시 속도	급제동 구간의 거리	마찰계수
1회	80km/h	30.0m	–
2회	75km/h	27.0m	–

3. 위 그림은 Non Scale로 비례척이 아님.

조건

1. 계산된 속도 값은 소수점 둘째 자리에서 반올림함.
2. 제동실험 구간과 오르막 구간의 노면상태는 동일함.
3. 단, 노면 마찰계수는 2회 제동실험을 통해 산출된 값(소수점 셋째 자리에서 반올림)을 평균 적용하며, 보행자 충돌에 따른 감속은 배제함.
4. 풀이과정 전체를 관계식 및 단위와 함께 기술하시오.

[질문 1] 배점 5점
위 제동실험의 결과로부터 제동실험 구간의 평균 마찰계수를 구하시오.

[질문 2-1] 배점 5점
사고지점인 오르막(4.01°) 구간의 견인계수를 구하시오.

[질문 2-2] 배점 5점
사고 당시 A승용차는 오르막(4.01°) 구간에서 31.0m 급제동 후 정지하였다. A승용차의 급제동 전 진행속도를 구하시오.

[질문 3-1] 배점 5점
아래 차량의 P225/55R17이 각각 의미하는 바를 서술하시오.

[질문 3-2] 배점 5점
아래 차량의 타이어가 한 바퀴 구르는 동안 진행한 거리를 구하시오.
※ 1인치 = 25.4mm, $\pi = 3.14$

[타이어 규격 표시]

문제 09 배점 25점 2010년 기출

개요
평탄한 노면에서 견인줄로 오토바이를 견인하고 있다. 아래의 조건을 참조하여 아래 질문에 답하시오.

조건

1. 견인줄은 노면과 6.7°의 각도로 연결되어 있다.
2. 견인속도는 일정하고 정지 마찰계수는 무시, 운동 마찰계수만 측정됨.
3. 매달림 저울의 측정치는 115kg으로 일정하다.
4. 오토바이 중량은 145kg이다.
5. 정상적 직진 상태에서 오토바이 무게중심 높이는 0.5m이고, 중력가속도는 9.8m/s²임.
6. 오토바이는 사고 직후 곧바로 전도가 개시되었고, 무게중심 높이에서 자유낙하시킬 때와 동일한 시간에 완전히 전도되어 노면 긁힌 흔적이 발생하기 시작함.
7. 오토바이는 전도 개시 후 노면에 완전히 전도되기까지 12m를 가·감속 없이 등속도 운동하였음.
8. 각 질문마다 소수점 셋째 자리 무시하고 적용함.

[질문 1] 배점 10점
오토바이의 견인계수를 오토바이에 작용된 힘, 오토바이 견인각도, 오토바이 중량들 사이의 관계식으로 논하시오.

[질문 2] 배점 5점
유도된 식을 이용 오토바이 견인계수를 구하시오.

[질문 3] 배점 5점
오토바이 전도 개시 후 노면에 완전히 전도되는데 소요되는 시간을 구하시오.

[질문 4] 배점 5점
오토바이는 노면 긁힌 자국으로부터 몇 m 떨어진 지점에서 전도가 개시되었는가?

문제 10 배점 25점 2012년 기출

개요
차량이 곡선반경 53m인 곡선도로를 주행 중 15m의 스키드마크를 발생시킨 후 도로를 이탈하여 종회전으로 날아가 추락하는 사고가 발생하였다. 측정결과 도로 이탈시 직전 노면의 경사각도는 45도, 추락높이는 8m, 날아간 수평거리는 15m이었다.

조건
1. 차량 중량 3,000kg
2. 노면 마찰계수 0.8
3. 윤거 2m
4. 무게중심 높이 1.5m
5. 중력가속도 $9.8m/s^2$

[질문 1] 배점 5점
종회전(vault) 추락 직전의 속도를 구하시오.

[질문 2] 배점 5점
급제동 시작 직전의 속도를 구하시오.

[질문 3] 배점 15점
차량이 곡선도로 선형을 따라 주행할 때 전도 가능한 최저속도는?

문제 11 배점 25점 2013년 기출

개요
오르막 도로에 주차되어 있던 차량이 뒤로 밀려 내려간 후 낭떠러지로 추락하였다. 또한 차량운전자는 바퀴의 고정 돌을 누군가 빼내어 밀려 내려갔다고 주장하는 반면, 목격자는 차량을 후진하다가 추락하였다고 주장한다.

조건 및 현장상황

1. 이 도로의 경사는 10%

2. 추락높이는 10m, 추락하여 날아간 거리는 15m

3. 추락 전 뒤로 밀려 내려간 거리는 20m

4. 질문에 대해 풀이과정(속도 단위는 m/sec)을 기술하고, 소수 셋째 자리에서 반올림할 것

[질문 1] 배점 10점
사고차량의 추락속도를 구하시오.

[질문 2] 배점 10점
사고차량이 밀려 내려갈 때의 가속도를 산출하시오.

[질문 3] 배점 5점
누구의 주장이 맞는지 검증하시오.

문제 12 배점 50점 2011년 기출

개요

버스는 16m의 스키드마크를 생성하고 보행자를 충격하고 진행방향의 좌측으로 일정 구간 피양 후 정차, 보행자는 충돌 후 x_1구간을 튕겨 노면에 낙하한 뒤 x_2구간 18m의 거리를 미끄러져 최종정지, 버스 바퀴타이어의 마찰계수는 0.65, 보행자의 전도 마찰계수는 0.6, 보행자의 무게중심 높이 1m 등을 조건으로 아래 물음에 답하시오(소수점 둘째 자리에서 반올림).

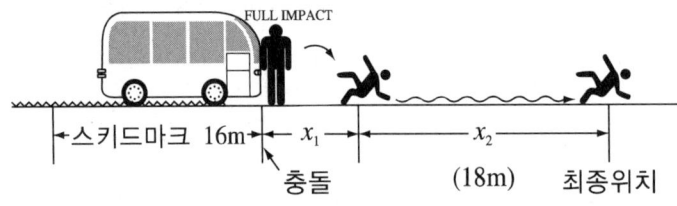

조건

1. 버스는 16m의 스키드마크 후 보행자 충격
2. 보행자는 충돌 후 x_1구간을 튕겨 노면에 낙하한 뒤 x_2구간 18m의 거리를 미끄러져 최종정지
3. 버스 바퀴타이어의 마찰계수는 0.65, 보행자의 전도 마찰계수는 0.6
4. 보행자의 무게중심 높이는 1m
5. 소수점 둘째 자리 반올림

[질문 1] 배점 5점

다음 중 위 사고에 해당되는 보행자사고 유형에 대하여 서술하시오.

ㄱ. Wrap trajectory ㄴ. Forward projection
ㄷ. Fender vault   ㄹ. Roof vault
ㅁ. Somer vault

[질문 2] 배점 10점

보행자의 전도시 속도는?

[질문 3] 배점 10점

버스의 충격시 속도는?

[질문 4] 배점 15점

보행자의 낙하거리는? (포물선 운동 원리를 이용하여 산출)

[질문 5] 배점 10점

버스의 제동시작점 속도는?

7 제동시작 속도 산출 관련 기출문제

문제 01 배점 50점 2020년 기출

개요

A차량이 횡단보도를 횡단하던 보행자를 발견하고 좌측으로 조향하여 요마크(Yaw Mark)를 발생시키며 이동하다 요마크의 끝 지점에서 보행자와 충돌하였다.

A차량은 보행자와 충돌한 후 20m를 더 이동하여 주차된 B차량과 정면으로 충돌하고, 두 차량이 맞물린 상태로 12m를 더 이동하고 정지하였다.

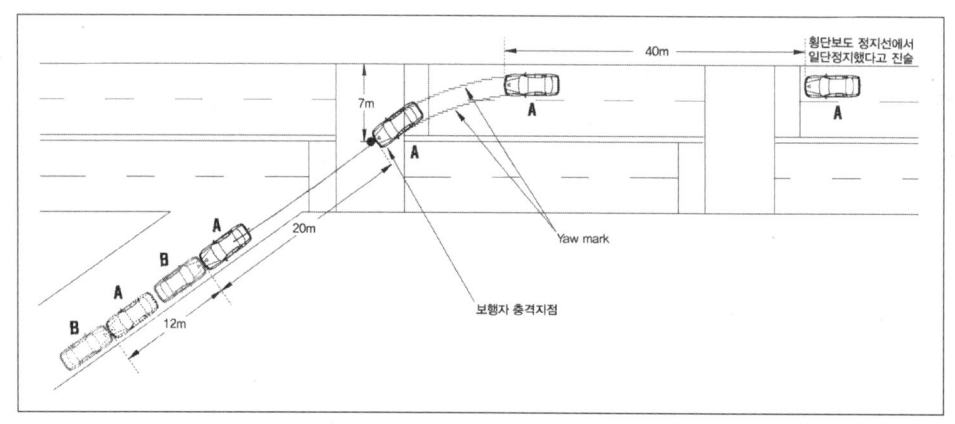

조건

1. 중력가속도는 $9.8m/s^2$

2. 요마크 구간에서 횡방향 견인계수는 0.8이고, 종방향으로는 등속운동

3. A차량 운전자의 인지반응시간은 1.2초이며, 이 시간 동안은 등속운동한 것으로 본다.

4. A차량의 요마크 발생시 무게중심 이동궤적을 측정하였을 때, 현의 길이(C)는 12.5m, 중앙종거(M)는 0.2m로 측정되었다.

5. A차량의 보행자 충돌로 인한 속도변화는 없는 것으로 본다.

6. A차량이 보행자 충돌 후 B차량과 충돌시까지 운동상태는 등감속 혹은 등가속 운동

7. A차량과 B차량은 맞물린 상태로 이동하였으며, 이 때 견인계수는 0.75

8. A차량 질량은 1,500kg, B차량 질량은 1,200kg

9. 보행자는 연석 위에 서 있다가 가속도 $0.47m/s^2$로 충돌위치까지 7m를 뛰어갔다.

10. A차량은 0km/h ~ 110km/h까지 범위에서 최대발진가속도 $3.47m/s^2$를 가진 차량이다.

11. 풀이과정 및 단위를 기술하고, 각 질문마다 소수점 셋째 자리에서 반올림할 것

[질문 1] 배점 10점

요마크 발생구간에서 A차량의 속도를 구하시오.

[질문 2] 배점 15점

A차량과 B차량의 충돌로 인한 차체의 변형량을 장벽충돌 환산속도로 평가한 결과 A차량은 9m/s, B차량은 10m/s였다고 하면 A차량이 B차량과 충돌할 때 가지고 있던 에너지량을 구하시오.

[질문 3] 배점 10점

앞에서 구한 에너지량을 사용하여 A차량이 B차량을 충돌할 때 속도를 구하시오.

[질문 4] 배점 10점

A차량이 보행자 충돌지점에서 B차량 충돌지점까지 이동하는 동안의 가속도와 소요된 시간을 계산하시오.

[질문 5] 배점 5점

A차량 운전자는 사고장소 이전 횡단보도 정지선에서 일단 정지 후 출발하였다고 주장하는데 이에 대한 타당성을 논하시오.

문제 02 배점 25점 [2017년 기출]

개요
승용차량이 주행 중 전방의 우로 굽은 도로선형을 발견하고 급제동하여 스키드마크를 발생시키다가 도로이탈을 우려하여 브레이크 페달에서 발을 떼고 급한 핸들 조향으로 요마크가 발생하다가 도로 가장자리에 설치되어 있는 가로수를 충돌한 사고가 발생했다.

현장자료
1. 승용차량의 제동에 의한 스키드마크는 좌우 동일하게 15.0m로 측정됨.
2. 승용차량의 핸들 조향에 의한 요마크 흔적을 통해 승용차량 무게중심 이동궤적을 측정한 결과 일정한 곡선반경을 가진 호를 이루고 있었으며, 현의 길이 50.0m, 중앙종거 4.0m로 측정됨.
3. 승용차량의 소성변형 정도를 분석한 결과, 가로수 충돌속도는 36km/h로 분석됨.

조건
1. 스키드마크가 끝난 지점과 요마크 시작 지검 사이 구간에서 속도변화는 없음
2. 스키드마크 구간의 종방향 견인계수는 0.8, 요마크 구간의 횡방향 견인계수는 0.7, 중력가속도는 $9.8m/s^2$ 적용함.
3. 계산식의 경우 관계식 및 풀이과정을 단위와 함께 기술하고, 소수 셋째 자리에서 반올림하시오.

[질문 1] 배점 10점
현의 길이와 중앙종거를 바탕으로 곡선반경 산출을 위한 그림과 함께 관계식을 유도하고, 승용차량 무게중심 이동궤적에 대한 곡선반경을 구하시오.

[질문 2] 배점 10점
요마크에 근거한 속도산출 관계식을 유도하고, 요마크 발생지점의 승용차량 속도를 구하시오.

[질문 3] 배점 5점
스키드마크 발생시점의 승용차량 속도를 구하시오.

문제 03 배점 25점 2016년 기출

개요

편도1차로 도로를 진행하던 사고차량이 스키드마크 42m를 발생시키면서 좌측으로 이탈하여, 도로변의 가로수를 충격하는 사고가 발생되었다. 조사 결과 사고차량의 가로수 충돌속도는 30km/h였다. 브레이크 계통의 이상으로 인해 사고시 브레이크는 전혀 작동되지 않았으나, 운전자에 의해 주차브레이크가 작동되었던 것으로 확인되었다. 즉, 사고차량의 스키드마크는 좌·우측 뒷바퀴에 의해 발생된 것이다.

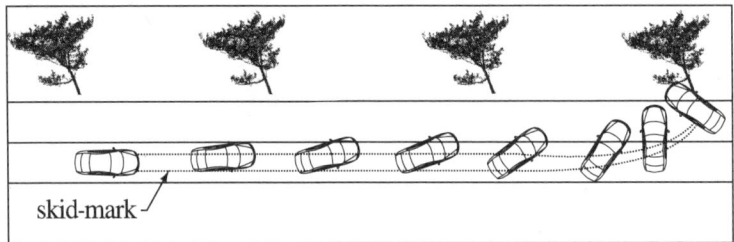

조건

1. 사고차량은 질량이 1,900kg으로, 앞 차축에는 1,100kg(좌우 각각 550kg), 뒤 차축에는 800kg(좌우 각각 400kg)의 하중이 실렸음.

2. 스키드마크 발생 과정에서 사고차량의 각 바퀴가 진행한 거리는 42m로 같음.

3. 흔적 발생 구간에서 사고차량 뒷바퀴는 주차브레이크에 의한 마찰계수 0.75, 앞바퀴는 엔진브레이크에 의한 구름 저항계수 0.1을 각각 적용함.

4. 계산식의 경우 관계식 및 풀이과정을 단위와 함께 기술하시오.

5. 각 질문마다 소수점 셋째 자리에서 반올림하시오.

[질문 1] 배점 5점

빈칸에 공통으로 들어갈 알맞은 용어를 쓰시오.

> 일을 할 수 있는 능력(일의 양)을 ⬚(이)라 하고, 모든 ⬚은(는) 일과 같다. 즉, 일과 ⬚은(는) 그 크기가 같고 단위는 $kg \cdot m^2/s^2$이다.

[질문 2] 배점 10점

사고차량이 스키드마크를 발생시킨 구간에서 각 차륜의 하중분포를 고려한 견인계수와 가속도 값을 구하시오.

[질문 3] 배점 10점

사고차량이 스키드마크를 발생하기 시작할 때의 속도를 구하시오.

문제 04 배점 25점 2013년 기출

개요

승용차에 충돌된 오토바이가 옆으로 전도하면서 최종정지하기까지 노면에 스크래치를 16.7m 발생시켰다.

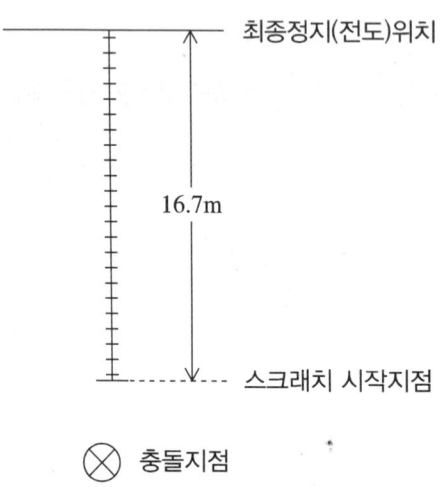

- 최종정지(전도)위치
- 16.7m
- 스크래치 시작지점
- ⊗ 충돌지점

조건

1. 오토바이가 옆으로 넘어져 노면에 스크래치를 발생시킬 때 마찰계수는 0.45
2. 오토바이의 무게중심 높이는 0.5m
3. 오토바이가 넘어진 운동 형태는 단순추락임.
4. 최종 답안은 소수점 둘째 자리에서 반올림

[질문 1] 배점 5점
오토바이 전도거리를 사용할 경우 산출속도는?

[질문 2] 배점 10점
충돌지점과 스크래치 시작점으로부터 떨어진 거리는?

[질문 3] 배점 10점
오토바이의 충돌지점으로부터 최종전도위치까지의 이동시간은?

문제 05 배점 50점 · 2011년 기출

개요

승용차는 등속운동을 하다가 길이 26m의 스키드마크를 발생시키고 곡선 길이 16m의 요마크를 발생시킨 후 12.1m/sec의 속도로 대향차로에서 18.2m/sec의 등속도로 진행 중인 화물차와 충돌하였다. 승용차 운전자 인지반응시간 1초, 요마크 궤적의 측정결과 현 9m, 중앙종거 0.35m, 노면 마찰계수는 0.8로 스키드마크와 요마크 둘 다 적용 등을 조건으로 다음 각 물음에 답하시오(소수점 둘째 자리에서 반올림).

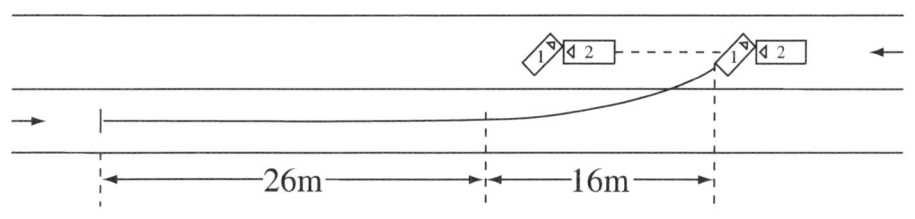

조건

1. 스키드마크 길이 26m, 요마크 길이 16m

2. 요마크의 현(C) 9m, 중앙종거(M) 0.35m

3. 승용차의 충돌속도 $v_c = 12.1 m/s$, 트럭의 충돌속도 $18.2 m/s$

4. 스키드마크, 요마크 공통 마찰계수 0.8

5. 승용차 운전자의 인지반응시간 1초

6. 소수점 둘째 자리 반올림

[질문 1] 배점 5점
승용차의 요마크 발생 시작점의 속도는?

[질문 2] 배점 10점
요마크(길이 16m) 발생하면서 진행하는 동안의 감속도와 소요시간은?

[질문 3] 배점 5점
승용차의 스키드마크 발생 시작점 속도는?

[질문 4] 배점 10점
승용차의 스키드마크 발생 동안 소요시간은?

[질문 5] 배점 10점
승용차 운전자의 위험인지 순간 스키드마크 시작점 후방 몇 미터인가?

[질문 6] 배점 10점
승용차 운전자의 위험인지 순간 두 차량의 상호거리는?

문제 06 배점 25점 2011년 기출

개요

서쪽에서 동쪽 방향으로 등속 진행하던 승용차가 무단횡단하는 보행자를 발견하고 급제동하여 40m의 스키드마크를 발생하며 보행자를 충격 후 27m를 더 진행하여 정지하였다. 노면의 견인계수는 0.85, 보행자 속도 1.2m/s, 도로연석에서 충돌지점까지 보행자의 횡단거리 4.3m, 중력가속도 $9.8m/s^2$를 조건으로 다음 물음에 답하시오(소수점 둘째 자리에서 반올림).

조건

1. 승용차의 스키드마크 충돌 전·후 40m, 27m 발생
2. 노면 견인계수 0.85
3. 보행자의 보행속도 1.2m/s
4. 횡단시작점에서 충돌까지 횡단거리 4.3m
5. 중력가속도 = $9.8m/s^2$
6. 소수점 둘째 자리 반올림

[질문 1] 배점 5점
보행자 충돌시 승용차의 속도는?

[질문 2] 배점 10점
제동시작점에서 승용차의 속도는?

[질문 3] 배점 10점
보행자가 차도로 들어선 순간 승용차 위치와 충돌지점 간의 거리는?

문제 07 배점 25점 2007년 기출

[질문 1] 배점 5점

사고차량의 스키드마크가 40m일 때 사고차량의 속도는? (단, 50km/h의 시험차량으로 동일 노면에서 15m의 스키드마크 발생)

[질문 2] 배점 10점

아래와 같은 조건에서 스키드마크가 40m 발생하였을 때의 속도는?

- 축거 2.7m
- 앞축중심 1.5m
- 뒷견인계수 0.3
- 무게중심 0.5m
- 앞견인계수 0.6

[질문 3] 배점 10점

정지에서 출발하여 6초간 24m 진행하는 가속도로 8초 동안 주행거리는?

8. 곡선반경 관련 기출문제

문제 01 배점 25점 2019년 기출

개요

사고차량이 급격한 선회로 인해 요 마크(Yaw Mark)를 발생시켰다. 사고현장에서 조사한 결과 차량 무게중심 경로의 곡선반경(R), 현의 길이(C), 중앙종거(M)는 아래의 그림과 같다.

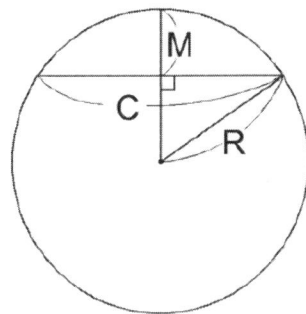

조건

1. R : 차량 무게중심 경로의 곡선반경, C : 현의 길이, M : 중앙종거
2. 계산식의 경우 관계식 및 풀이과정을 단위와 함께 기술하고, 소수 셋째 자리에서 반올림

[질문 1] 배점 10점

피타고라스정리를 이용하여 곡선반경(R)을 구하는 공식을 유도하시오.

[질문 2] 배점 10점

원심력을 이용하여 요 마크 발생시점의 속도를 구하는 공식을 유도하시오.

[질문 3] 배점 5점

현의 길이(C)가 50m, 중앙종거(M)가 2m, 요 마크 발생구간의 횡미끄럼 견인계수가 0.8일 때 차량의 요 마크 발생시점 속도(km/h)를 구하시오.

문제 02 배점 25점 2014년 기출

다음의 질문에 답하시오.

[질문 1] 배점 5점

타이어의 측면에는 한국산업규격(KS), 미연방자동차기준(FMVSS) 등에 의해 여러 가지 항목을 의무적으로 명기하고 있다. 그 중 DOT 끝번호 네자리(밑줄친 부분)가 다음과 같을 때 그것이 의미하는 바를 기술하시오.

> DOT ××××××× <u>0612</u>

[질문 2] 배점 5점

타이어는 트레드(Tread), 카카스(Carcass), 비드(Bead) 등으로 구성되어 있다. 그 중 비드(Bead)의 역할에 대해 기술하시오.

[질문 3] 배점 10점

삼지교차로에서 두 대의 차량이 다음과 같은 스키드마크를 발생시키며 충돌하였다. 아래 그림의 측정치를 감안하여 질문에 답하시오(단, 코사인 제2법칙을 사용하고 계산과정을 기술하시오).

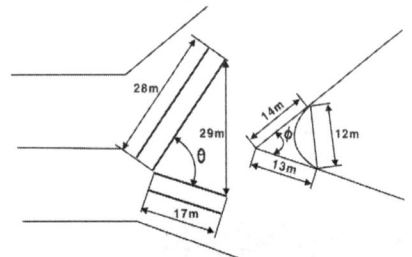

가. 옆의 그림과 같이 두 차량의 스키드마크가 접하게 되고 스키드마크 시작점 간의 거리가 29미터일 때, 두 차량 간의 충돌각 θ를 구하시오(단, θ는 소수 둘째 자리에서 반올림할 것). (5점)

나. 도로 가장자리의 연석선을 따라 가상의 연장선을 그어 만나는 교차점을 기준으로 옆의 그림과 같이 측정하였다. 두 방향의 도로 간에 이루는 각 θ를 구하시오(단, θ는 소수 둘째 자리에서 반올림할 것). (5점)

[질문 4] 배점 5점

커브구간의 곡선반경을 구하기 위해 중앙선을 기준으로 중앙종거(M) 및 현(C)의 길이를 측정하였다. M = 0.5m, C = 25m일 때 이 도로의 곡선반경(R)을 구하시오.

문제 03 배점 25점 2012년 기출

요마크 현의 길이는 30m, 중앙종거는 0.5m, 횡미끄럼 마찰계수 0.85일 때 다음 물음에 답하시오.

[질문 1] 배점 15점

    곡선반경(R)을 구하는 방정식을 유도하시오.

[질문 2] 배점 10점

    승용차의 선회한계속도를 구하시오.

문제 04 배점 25점 2010년 기출

개요

편경사 5%의 노면에서 주행하던 차량이 요마크(현의 길이는 72m, 중앙종거는 5.7m)를 발생하고 높이 5m 아래로 수평거리 27m를 날아가 추락했다(마찰계수 0.8, $g = 9.8m/s^2$).

[질문 1] 배점 10점

곡선반경은?

[질문 2] 배점 5점

요마크 생성시의 속도는?

[질문 3] 배점 10점

추락시 속도는?

9 공식 유도 관련 기출문제

문제 01 배점 25점 2020년 기출

[질문 1] 배점 5점
에너지보존의 법칙을 이용하여 스키드마크 발생시점에서 차량속도를 구하는 공식을 유도하시오.

[질문 2] 배점 5점
원심력과 마찰력의 관계를 이용하여 요마크 발생 시점의 차량속도를 구하는 공식을 유도하시오.

[질문 3] 배점 5점
자유낙하 운동을 이용하여 차량 추락 시점의 속도 산출 공식을 유도하시오(이탈각은 고려하지 않음).

[질문 4] 배점 5점
내륜차의 정의와 내륜차로 인하여 발생되는 사고형태 1가지를 서술하시오.

[질문 5] 배점 5점
아래는 일반적인 승용차의 최소회전반경에 대한 내용이다. (㉠), (㉡)에 알맞은 내용을 쓰시오.

> - 최소회전반경이란 최대 조향각으로 저속회전할 때 (㉠)의 중심선이 그리는 궤적의 반경이다.
> - 최소회전반경을 구하는 공식은 $r = \dfrac{1}{\sin\alpha} + d$ 이다.
>
> 여기서,
> α : 외측 차륜의 최대조향각, d : 킹핀과 타이어 중심간의 거리, L : (㉡)

10 용어 설명 관련 기출문제

문제 01 배점 25점 2019년 기출

[질문 1] 배점 5점
추돌사고시 차량 탑승자에게 대표적으로 발생되는 편타손상(Whiplash Injury)에 대해 설명하시오.

[질문 2] 배점 10점
질량 1,000kg인 A차량과 질량 1,500kg인 B차량이 동일방향으로 진행하다 A차량이 B차량의 후미를 추돌하였고, 사고 후 A차량의 EDR 자료를 추출한 결과 속도변화(ΔV_A)는 -20km/h로 확인되었다. A차량의 속도변화(ΔV_A)를 이용하여 B차량의 속도변화(ΔV_B)를 구하시오.

[질문 3] 배점 5점
충돌속도와 유효충돌속도가 같다고 볼 수 있는 상황에 대하여 예를 들고, 그 이유를 설명하시오.

[질문 4] 배점 5점
차량의 운동형태 6가지(ⓐⓑⓒⓓⓔⓕ) 중 명칭 5개를 선택해 쓰시오.

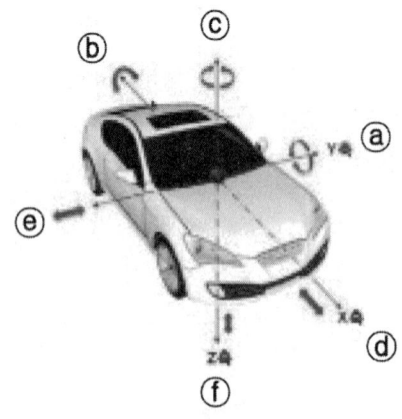

문제 02 배점 25점 2018년 기출

[질문 1] 배점 5점

도로교통법 제2조 제17호 및 제18호에 차마의 개념에 대해 규정하고 있고 이 규정을 도표화하면 아래와 같다. 도표 안의 빈 칸을 다음 중에서 골라 채우시오(순서 틀리면 불안정).

> 트럭기계차, 견인차, 노면파쇄기, 건설기계, 콘크리트믹서트레일러, 도로보수트럭, 콘크리트믹서트럭, 노면측정장비, 덤프트럭, 우마, 수목이식기, 아스팔트콘크리트재생기, 구난차, 이륜자동차, 터널용고소작업자

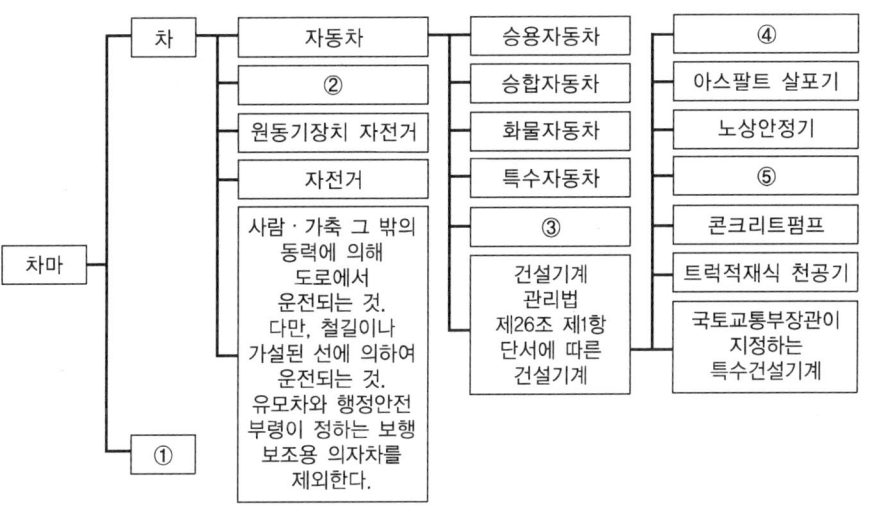

[질문 2] 배점 5점

자동차에 설치된 ADAS(Advanced Driver Assist System) 장치는 사고의 위험을 줄여주는 역할을 한다. 이들 ADAD 장치 중에서 LDWS(Lane Departure Warning System)와 LKAS(Lane Keeping Assit Systme)에 대해 설명하시오.

[질문 3] 배점 5점

타이어 측면에는 타이어 규격이 표기되어 있다. 우측 사진에 표기되어 있는 225/45 R 17(유러피안 메트릭 표기법)의 각 항목이 의미하는 것을 구체적으로 기술하시오.

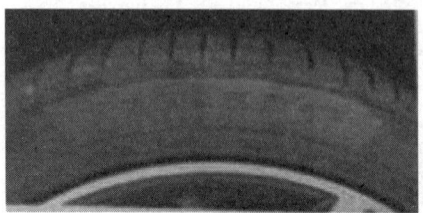

[질문 4] 배점 5점

다음의 설명을 참고하여 운동에너지 방정식을 유도하시오.

> 물체에 힘(Force)이 작용하여 물체가 힘의 방향으로 어떤 거리만큼 이동을 한 경우에 힘은 물체에 일(Work)을 한다고 말한다. 한 물체에서 다른 물체로 옮겨진 에너지의 양은 일과 동일하다고 볼 수 있으며 일을 할 수 있는 능력을 에너지와 같다고 표현할 수 있다.

[질문 5] 배점 5점

최근 과학기술의 발달로 도로교통분야도 많은 변화가 나타났다. 그 중에 대표적인 것이 바로 자율주행자동차이다. 자율주행자동차가 등장하여 사람들의 삶이 크게 달라질 변화는 긍정적인 부분도 많겠지만 새로운 고민거리를 던져주기도 한다.
이와 관련하여 자율주행자동차로 인해 새롭게 등장할 수 있는, 아직 해결하지 못한 법적 윤리적 문제 등 문제점에 대해 5가지를 기술하시오(해결책 제시는 점수와 상관없으며, 5가지 문제점에 대해 간단한 부연설명과 함께 기술 예시문은 정답에서 제외).

> 예시문〉 운전과 관련된 직업을 가진 사람들은 자율주행자동차가 등장하여 직업을 잃을 수 있는데 이러한 사회문제는 어떻게 해결할 것인가

문제 03 배점 25점 2016년 기출

다음의 문항에 대해 기술하시오.

[질문 1] 배점 5점

휠 리프트(Wheel lift)에 대해 기술하시오.

[질문 2] 배점 5점

갭 스키드마크(Gap Skid Mark)와 스킵 스키드마크(Skip Skid Mark)에 대하여 기술하시오.

[질문 3] 배점 5점

공주거리, 제동거리, 정지거리에 대하여 기술하시오.

[질문 4] 배점 5점

벡터와 스칼라에 대하여 기술하시오.

[질문 5] 배점 5점

마찰계수와 견인계수에 대하여 기술하시오.

문제 04 배점 25점 2015년 기출

다음 7개 문항 중 반드시 5개 문항만을 선택하여 답하시오. (각 5점)

※ 선택한 문항의 번호를 쓰고 답을 기술하시오.

[질문 1]
크룩(crook)에 대해 간략히 기술하시오.

[질문 2]
이륜차량 선회주행시 특성과 관련하여 뱅크각(bank angle)에 대해 간략히 기술하시오.

[질문 3]
편타손상(whiplash injury)에 대해 간략히 기술하시오.

[질문 4]
위치 측정방법 중 삼각법에 대해 간략히 기술하시오.

[질문 5]
액체흔적 중 튀김(spatter)에 대해 간략히 기술하시오.

[질문 6]
페이드(fade)에 대해 간략히 기술하시오.

[질문 7]
트랙터-트레일러의 운동 특성 중 잭나이프(jack-knife)에 대해 간략히 기술하시오.

문제 05 배점 25점 2014년 기출

다음의 질문에 답하시오.

[질문 1] 배점 5점

뉴턴(Newton)의 운동법칙 3가지를 설명하시오.

[질문 2] 배점 10점

자동차의 진동 좌표계는 자동차의 무게중심을 원점으로 하여 원점에서 세운 수직축을 z축, 세로방향은 x축, 좌우 방향은 y축으로 표시, 이에 입각하여 자동차의 운동특성 중 피칭(Pitching), 롤링(Rolling), 요잉(Yawing)의 운동방향을 아래 그림의 좌표계를 참고하여 그림으로 표시하고 각각에 대하여 설명하시오.

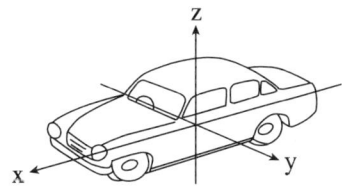

[질문 3] 배점 10점

차 대 보행자 사고에서 보행자 충돌형태에 따른 충돌 후 보행자의 운동유형 5가지를 기술하고 각각의 유형에 대하여 설명하시오.

문제 06 배점 25점 2013년 기출

다음 용어에 대하여 설명하시오.

[질문 1] 배점 5점
반발계수 값에 따른 충돌의 종류를 3가지로 구분하고 서술하시오.

[질문 2] 배점 5점
하이드로플래닝에 대해 설명하시오.

[질문 3] 배점 5점
플립과 볼트에 대해 설명하시오.

[질문 4] 배점 5점
시트벨트(seat belt)의 프리텐셔너(pretensioner) 역할에 대하여 설명하시오.

[질문 5] 배점 5점
내륜차와 외륜차의 차이를 설명하시오.

문제 07 배점 25점 2012년 기출

다음 용어에 관하여 간단히 설명하시오.

[질문 1] 배점 10점
뉴턴의 운동법칙(3가지)

[질문 2] 배점 5점
베이퍼 록 현상

[질문 3] 배점 5점
페이드 현상

[질문 4] 배점 5점
클리프 현상

문제 08 배점 25점 2011년 기출

다음 용어를 간단히 설명하시오.

[질문 1] 배점 5점
　　충돌스크럽, 크룩

[질문 2] 배점 5점
　　공주거리, 제동거리, 정지거리

[질문 3] 배점 5점
　　잭나이프 현상

[질문 4] 배점 5점
　　튀김(spatter), 방울짐(dribble)

[질문 5] 배점 5점
　　스탠딩 웨이브현상, 최소 회전반경, 하이드로플래닝 현상

문제 09 배점 25점 2010년 기출

[질문 1] 배점 10점
마찰력과 원심력 관계식을 이용하여 요마크 속도 공식을 유도하고 임계속도에 대하여 기술하시오.

[질문 2] 배점 5점
가속도에 대하여 기술하고 단위를 쓰시오.

[질문 3] 배점 5점
벡터와 스칼라에 대해 기술하시오.

[질문 4] 배점 5점
Over steering과 Under steering에 대해 기술하시오.

문제 10 배점 25점 2009년 기출

다음 용어에 관하여 간단히 설명하시오. 5가지를 골라 쓰시오.

[질문 1] 배점 5점
　　장벽충돌환산속도(EBS)

[질문 2] 배점 5점
　　반발계수

[질문 3] 배점 5점
　　마찰계수와 견인계수의 차이점

[질문 4] 배점 5점
　　최초접촉(First Contact)과 최대접촉(Maximum Engagement)의 차이

[질문 5] 배점 5점
　　정지거리와 공주거리, 제동거리(Braking Distance)를 설명

문제 11 배점 25점 2008년 기출

다음 용어에 대해 간략하게 설명하시오. 5가지를 골라 쓰시오.

[질문 1] 배점 5점
 전구의 흑화현상

[질문 2] 배점 5점
 요마크

[질문 3] 배점 5점
 충돌스크럽

[질문 4] 배점 5점
 플립과 볼트

[질문 5] 배점 5점
 요잉과 롤링현상

[질문 6] 배점 10점
 원심력과 구심력

문제 12 <small>배점 25점 · 2007년 기출</small>

[질문 1] 배점 15점

다음 용어에 대해 간략하게 설명하시오. 3개를 골라 쓰시오. (각 5점)

① 노즈 다운(Nose down)

② 완화구간

③ 황화현상

④ 타이어의 스탠딩웨이브(standing wave)

⑤ 편타손상(whiplash injury)

[질문 2] 배점 10점

ABS 브레이크와 일반 브레이크의 기능상 차이점을 비교설명하시오.

11 도면 그리기 관련 기출문제

문제 01 배점 25점 2011년 기출

다음 조건에 맞도록 도면을 작성하시오.

축척 1:100(도면상 1cm는 실제거리 1m), 직각 4지 교차로 각 모서리의 반지름은 2m, 남북간 도로 폭 6m, 동서간 도로 폭 5m, RL : 동서간 도로 차도 오른쪽 가장자리선, RP : 남북간 도로 차도 아래쪽 가장자리선, 두 줄 스키드마크 시·종점의 실선 표시 위치 좌표 : a(-1, 1), b(8, 1), c(-2, 3), d(8, 3), 보행자 전도위치(X 표시) : e(10, 3)

문제 02 배점 25점 2009년 기출

편도 5m, 왕복 10m의 남북간 도로와 편도 7.5m, 왕복 15m의 동서간 도로가 직각으로 교차하는 모서리의 반지름이 2.5m인 교차로에서 서에서 동으로 진행하던 승용차가 발생시켜 크룩(crook) 모양으로 교차로 정중앙 지점에서 좌전방으로 꺾인 스키드마크(꺾이기 전 12m, 꺾인 후 3m)가 발생하였고, 후사경 조각(a)과 방향지시등 커버(b)의 낙하물이 북쪽과 동쪽의 교차로 모퉁이 주변에 떨어져 있다고 한다. RL은 남북간 도로의 중앙선, RP는 동서간 도로의 차도 남쪽 끝 가장자리선으로 하여 다음 물음에 따라 축척 1:400 (도면상 1cm는 실제거리 4m)으로 도면을 작성하시오.

1. 스키드마크 c(−12, 4.4), d(0, 4.4), e(4, 7.5), f(−12, 3.1), g(0, 3.1), h(4, 6.2)를 도면에 표시하시오.

2. 후사경 조각 a(4, 14)과 방향지시등 커버 b(6, 11.5)를 도면에 표시하시오.

문제 03 배점 25점 2008년 기출

현의 길이 20m, 중앙종거 2.2m의 곡선반경을 가진 동쪽에서 서쪽으로 향하는 우곡선도로(편도 3.2m, 왕복 6.4m)에서 길가장자리선 위에 설정한 간격 10m의 두 기준점(RP1, RP2)으로부터 두 차량의 최종정지위치상 네 바퀴 위치를 측정한 아래 표를 참조하여 축척 1:400(도면상 1cm는 실제거리 4m)으로 도면을 작성하시오.

구분	A차량				B차량			
	좌전	우전	좌후	우후	좌전	우전	좌후	우후
RP1	5.2m	5.9m	4.5m	5.5m	6.5m	6.0m	7.5m	7.1m
RP2	5.8m	5.1m	5.7m	4.9m	6.8m	7.0m	7.7m	8.0m

문제 04 배점 25점 2007년 기출

동서방향의 직선도로(편도 5m, 왕복 10m)에 북쪽으로 뻗은 직선도로(폭 10m)가 직각으로 교차하고 서쪽과 동쪽 모서리의 반지름이 각각 2m(R4)와 1.5m(R5)인 3지 교차로에서 존재하는 교차로 내 3개 파편물의 위치를 RP1, RP2 기준(북쪽도로 각각 서쪽 끝과 동쪽 끝 연석선 연장선, 단, RL은 동서도로의 중앙선)으로 삼각법을 이용하여 측정한 아래 표를 참조하여 다음 물음에 답하시오.

기준점 \ 파편물	A	B	C
RP1	5m	10m	2m
RP2	10m	4m	9m

1. 1 : 500의 축척으로 도로 기하구조를 작도하시오.

2. 위와 동일한 축척으로 도로상 파편물의 위치도 함께 표시하시오.

교통사고분석서 작성 및 재현실무

PART II 주관식 정답 및 풀이

도로교통사고감정사 2차

1 속도·가속도 관련 정답 및 풀이

문제 01 배점 50점 · 2021년 기출

개요

A차량은 동쪽에서 서쪽으로 진행하다 북쪽에서 남쪽으로 진행하던 B차량과 1차 충돌하였고, 이후 A차량은 서쪽에서 동쪽으로 진행하던 C차량과 2차 충돌하였다.

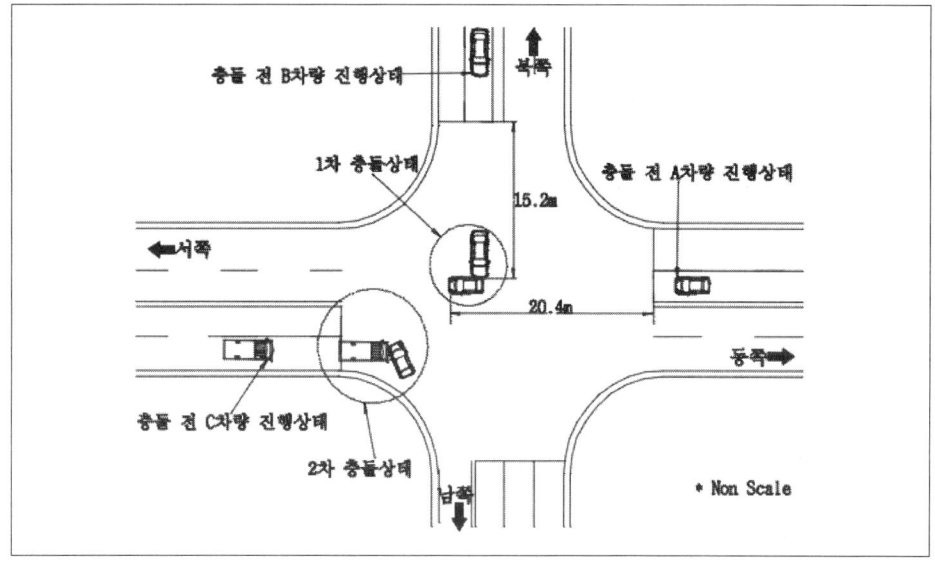

조건

1. 사고차량들에서 추출한 EDR(Event Data Recorder) 자료는 [표 1~4]와 같음
2. EDR 자료의 속도 데이터는 0.5초 간격의 순간 속도임
3. 각 차량 EDR 정보의 기록 기준시점(0.0초)을 충돌시점으로 간주
4. 운전자 인지반응시간은 0.7초, 중력가속도는 $9.8m/s^2$
5. C차량 급제동시 견인계수는 0.7
6. 계산식의 경우 관계식 및 풀이과정을 단위와 함께 기술하고, 소수 셋째 자리에서 반올림

아래 주어진 EDR 자료를 참고하여 질문에 답하시오.

[질문 1] 배점 5점

A차량의 전면이 정지선을 지날 때는 1차 충돌하기 몇 초 전인가?

[질문 2] 배점 15점

A차량의 전면이 정지선을 지날 때 B차량의 위치를 1차 충돌지점 기준으로 구하시오.

[질문 3] 배점 15점

A차량의 전면이 정지선을 지날 때 C차량의 위치를 2차 충돌지점 기준으로 구하시오.

[질문 4] 배점 15점

C차량 운전자가 A차량과 B차량 충돌 시 위험을 인지하고 급제동하여 정지하였을 경우 C차량의 정지위치를 2차 충돌지점 기준으로 구하고, A차량과의 충돌 여부를 기술하시오.

[표 1] A차량의 EDR 정보(이벤트 1, 일부분 발췌)
〈이벤트 1〉
사고시점의 EDR 정보

다중사고 횟수(1 or 2)	1개 이벤트
다중사고 간격 1 to 2[msec]	0
정상기록 완료 여부(Yes or No)	YES
충돌기록시 시동 스위치 작동 누적횟수[cycle]	9119
정보추출시 시동 스위치 작동 누적횟수[cycle]	9123

사고 이전 차량 정보(-5~0 sec)

시간 (sec)	자동차 속도 [kph]	엔진 회전수 [rpm]	엔진 스로틀밸브 열림량[%]	가속페달 변위량 [%]	제동페달 작동여부 [on/off]	조향핸들 각도 [degree]
-5.0	49	1600	6	0	off	0
-4.5	49	1600	6	0	off	0
-4.0	49	1600	6	0	off	0
-3.5	49	1600	6	0	off	0
-3.0	50	1700	7	2	off	0
-2.5	50	1700	7	0	off	0
-2.0	50	1700	7	0	off	0
-1.5	49	1600	6	0	off	0
-1.0	49	1600	6	0	off	0
-0.5	49	1600	6	0	off	0
0.0	49	1600	6	0	off	0

[표 2] A차량의 EDR 정보(이벤트 2, 일부분 발췌)
〈이벤트 2〉
사고시점의 EDR 정보

다중사고 횟수(1 or 2)	2개 이벤트
다중사고 간격 1 to 2[msec]	2000
정상기록 완료 여부(Yes or No)	YES
충돌기록시 시동 스위치 작동 누적횟수[cycle]	9119
정보추출시 시동 스위치 작동 누적횟수[cycle]	9123

사고 이전 차량 정보(-5~0 sec)

시간 (sec)	자동차 속도 [kph]	엔진 회전수 [rpm]	엔진 스로틀밸브 열림량[%]	가속페달 변위량 [%]	제동페달 작동여부 [on/off]	조향핸들 각도 [degree]
-5.0	50	1700	7	2	off	0
-4.5	50	1700	7	0	off	0
-4.0	50	1700	7	0	off	0
-3.5	49	1600	6	0	off	0
-3.0	49	1600	6	0	off	0
-2.5	49	1600	6	0	off	0
-2.0	49	1600	6	0	off	0
-1.5	42	1200	5	0	on	0
-1.0	35	1100	4	0	on	0
-0.5	28	1000	4	0	on	0
0.0	21	1000	4	0	on	0

[표 3] B차량의 EDR 정보(이벤트 1, 일부분 발췌)

〈이벤트 1〉

사고시점의 EDR 정보

다중사고 횟수(1 or 2)	1개 이벤트
다중사고 간격 1 to 2[msec]	0
정상기록 완료 여부(Yes or No)	YES
충돌기록시 시동 스위치 작동 누적횟수[cycle]	13124
정보추출시 시동 스위치 작동 누적횟수[cycle]	13159

사고 이전 차량 정보(-5~0 sec)

시간 (sec)	자동차 속도 [kph]	엔진 회전수 [rpm]	엔진 스로틀밸브 열림량[%]	가속페달 변위량 [%]	제동페달 작동여부 [on/off]	조향핸들 각도 [degree]
-5.0	64	1600	10	0	off	0
-4.5	64	1600	10	0	off	0
-4.0	64	1600	10	0	off	0
-3.5	64	1600	12	0	off	0
-3.0	65	1700	13	2	off	0
-2.5	66	1700	13	0	off	0
-2.0	66	1700	13	0	off	0
-1.5	68	1800	15	2	off	0
-1.0	68	1800	15	5	off	0
-0.5	68	1800	16	7	off	0
0.0	72	1900	18	15	off	0

[표 4] C차량의 EDR 정보(이벤트 1, 일부분 발췌)
〈이벤트 1〉
사고시점의 EDR 정보

다중사고 횟수(1 or 2)	1개 이벤트
다중사고 간격 1 to 2[msec]	0
정상기록 완료 여부(Yes or No)	YES
충돌기록시 시동 스위치 작동 누적횟수[cycle]	15126
정보추출시 시동 스위치 작동 누적횟수[cycle]	15154

사고 이전 차량 정보(-5~0 sec)

시간 (sec)	자동차 속도 [kph]	엔진 회전수 [rpm]	엔진 스로틀밸브 열림량[%]	가속페달 변위량 [%]	제동페달 작동여부 [on/off]	조향핸들 각도 [degree]
-5.0	36	1400	6	0	off	0
-4.5	36	1400	6	0	off	0
-4.0	36	1400	6	0	off	0
-3.5	36	1400	6	0	off	0
-3.0	36	1400	6	0	off	0
-2.5	36	1500	7	0	off	0
-2.0	37	1500	7	2	off	0
-1.5	37	1600	8	2	off	0
-1.0	40	1700	8	1	off	0
-0.5	40	1700	8	3	off	0
0.0	40	1700	10	0	off	0

풀이

질문1 A차량의 EDR 정보를 읽어보면,

㉠ 정지선에서 1차 충돌지점까지의 진행거리(d_A)는 20.4m, 충돌 전 속도는 1.5초 전, 1.0초 전, 0.5초 전, 충돌시 속도 모두 49km/h이다.

㉡ 정지선에서 1차 충돌지점까지 등속으로 진행하였는데 속도(v_A)는 49km/h이었다.

㉢ 따라서 위 2가지 d_A와 v_A를 주어진 조건(Given)으로 하여 정지선에서 1차 충돌지점까지의 진행 소요시간(t_A)를 산출하면, $t_A = \dfrac{d_A}{v_A} = \dfrac{20.4}{(49/3.6)} ≒ 1.50$sec가 된다.

질문2 ㉠ A차량의 전면이 정지선을 지날 때 B차량의 위치는 위 **질문1** 에서 산출한 1.5초 동안 B차량이 진행한 거리만큼 1차 충돌지점으로부터 후방지점이므로 B차량이 1.5초 동안 진행한 거리를 산출하여야 한다.

㉡ B차량의 EDR 정보를 읽어보면, 1차 충돌 직전 1.5초 동안의 속도는 아래 표와 정리된다.

-1.5초	-1.0초	-0.5초	1차 충돌
68km/h	68km/h	68km/h	72km/h

ⓒ 위 표에서 알 수 있는 것처럼 1차 충돌 1.5초 전~0.5초 전까지 1초 동안은 68km/h의 등속도로 주행하였고, 1차 충돌 0.5초 전 68km/h로부터 속도는 증가하여 1차 충돌시 72km/h가 되었으므로 0.5초 동안 결과적으로 68km/h에서 72km/h로 (+)가속한 것이다. 따라서 0.5초 동안의 가속도를 산출하면

$$a_{-0.5} = \frac{(72/3.6) - (68/3.6)}{0.5} ≒ 2.22 m/s^2$$

ⓓ B차량이 1.5초 동안 진행한 거리는 68km/h의 등속도로 1.0초 동안 진행한 거리($d_{B(1.0)}$)와 0.5초 동안 68km/h에서 72km/h로 가속한 거리($d_{B(0.5)}$)의 합이다.

$$D = d_{B(1.0)} + d_{B(0.5)} = \frac{68}{3.6} \times 1.0 + \frac{(72/3.6)^2 - (68/3.6)^2}{2 \times 2.22} ≒ 18.89 + 9.73 = 28.62m$$ 임.

ⓔ A차량의 전면이 정지선을 지날 때부터 1차 충돌지점까지 진행하는 동안 B차량의 진행거리는 28.62m이었다.

질문3 ㉠ A차량의 EDR 이벤트 1(1차 충돌) 정보를 보면 시간별 자동차 속도는 아래 표와 같다.

시간(sec)	-2.0	-1.5	-1.0	-0.5	-0.0 (1차 충돌 순간)
자동차 속도[kph]	50	49	49	49	49

㉡ A차량의 EDR 이벤트 2(2차 충돌) 정보를 보면 시간별 자동차 속도는 아래 표와 같다.

시간(sec)	-4.0	-3.5	-3.0	-2.5	-2.0
자동차 속도[kph]	50	49	49	49	49

㉢ 동일차량인 위 A차량의 두 정보에서 속도가 같은 각 시각을 맞추어 나열하면 아래 표와 같다.

1차 충돌 직전시간(sec)	-2.0	-1.5	-1.0	-0.5	0.0
자동차 속도[kph]	50	49	49	49	49
2차 충돌 직전시간(sec)	-4.0	-3.5	-3.0	-2.5	-2.0

㉣ 위 ㉢항의 표에서 A차량의 1차 충돌 직전시간과 2차 충돌 직전시간은 2.0초의 차이가 있으므로 결국 2차 충돌은 1차 충돌 후 2.0초 후에 발생한 결과가 된다.

㉤ 따라서 A차량이 정지선 통과순간부터 1차 충돌을 거쳐 2차 충돌하기까지는 3.5초(=1.5초+2.0초)이므로 C차량의 충돌 직전 3.5초 동안의 진행거리 만큼이 2차 충돌지점으로부터 후방 지점이 통과위치가 된다.

㉥ C차량의 EDR 이벤트 정보를 읽으면 충돌 3.5초 전부터 충돌시까지의 각 시각별 속도는 아래 표와 같다.

충돌직전 시간(sec)	-3.5	-3.0	-2.5	-2.0	-1.5	-1.0	-0.5	0.0
속도[kph]	36	36	36	37	37	40	40	40
등속·가속 여부	–	36kph로 등속	36→37 가속	37 등속	37→40 가속	40 등속		–
진행거리	–	d_1	d_2	d_3	d_4	d_5		–

ⓢ C차량의 충돌 3.5초 전부터 충돌시까지 진행거리($D_T = d_1 + d_2 + d_3 + d_4 + d_5$)를 산출한다.

항목	산출내역	결과
d_1	$\frac{36}{3.6} \times 1.0$	10m
d_2	$\frac{0.5(\frac{36+37}{3.6})}{2}$	5.07m
d_3	$\frac{37}{3.6} \times 1.0$	5.14m
d_4	$\frac{0.5(\frac{37+40}{3.6})}{2}$	5.35m
d_5	$\frac{40}{3.6} \times 1.0$	11.11m
D_T	—	36.67m

ⓞ A차량이 정지선을 통과한 순간부터 1차 충돌지점까지 진행하는 동안 C차량이 진행한 거리는 $d_1 + d_2 = 10 + 5.07 = 15.07m$이고, A차량이 1차 충돌지점부터 C차량과 충돌지점인 A차량의 2차 충돌지점까지 진행하는 동안 C차량의 진행거리는 $d_3 + d_4 + d_5 = 21.60m$이다.

ⓩ 또한 C차량의 충돌 직전 3.5초 동안 진행거리(D_T)는 36.67m이므로 A차량이 정지선을 통과하는 순간 C차량은 2차 충돌지점으로부터 후방 36.67m지점을 통과하고 있었다.

질문4
㉠ A차량과 B차량 충돌시 C차량의 통과위치는 2차 충돌지점으로부터 후방 21.60m이었다.

㉡ C차량이 A차량과 충돌한 2차 충돌과 A차량이 B차량이 충돌한 1차 충돌의 시간차는 2.0초라는 것은 앞 질문3의 풀이에서 밝혀진 바 있다.

㉢ C차량의 EDR 이벤트 정보에서 C차량의 충돌 2.0초 전 C차량은 37km/h로 주행하고 있었으므로 A차량과 B차량의 충돌 발생 위험을 인지하고 조치를 취할 경우 주어진 조건인 '운전자 인지반응시간' 0.7초, C차량의 급제동시 견인계수는 0.7을 대입하여 정지거리를 산출하면 아래와 같다.

$$D = \frac{V_C}{3.6} \times t_1 + \frac{V^2}{254 \times f} = \frac{37}{3.6} \times 0.7 + \frac{37^2}{254 \times 0.7} \fallingdotseq 7.19 + 7.70 = 14.89m$$

㉣ 위 ㉠항과 ㉢항을 고려하면 C차량이 여유거리 21.60m, 필요한 정지거리는 14.89m이므로 $6.71m(-21.60m - 14.89m)$의 여유를 두고 충돌 없는 안전한 정지가 가능하다.

정답

질문1 1.5초 전

질문2 1차 충돌지점으로부터 후방 28.62m 지점을 통과

질문3 2차 충돌지점 직전 36.67m 지점

질문4 2차 충돌지점으로부터 후방 6.71m로서 충돌하지 않고 정지가능

문제 02 배점 50점 2020년 기출

개요

신호등이 설치된 삼거리 교차로에서 A차량은 직진 주행을 하다가 횡단보도를 건너는 보행자를 발견하고 급제동을 하여 15m의 스키드마크를 발생시키고 최종 정지하였다.

스키드마크는 차량전면이 정지선에서 18m 떨어진 지점부터 전륜에 의해 최종위치까지 2줄이 생성되어 있었으며, A차량은 5m 동안 제동이 이루어진 이후 보행자를 충돌하였다.

사고 장소에 설치되어 있는 CCTV 영상에 보행자 횡단보도 신호등과 충돌장면이 녹화되어 있었으며, CCTV 영상은 1초당 25프레임으로 저장되어 있고, 분석한 결과 보행자 진행방향 횡단보도 신호등에 녹색등이 점등된 후 A차량과 보행자가 충돌한 시점까지 50개 프레임이 경과되었다.

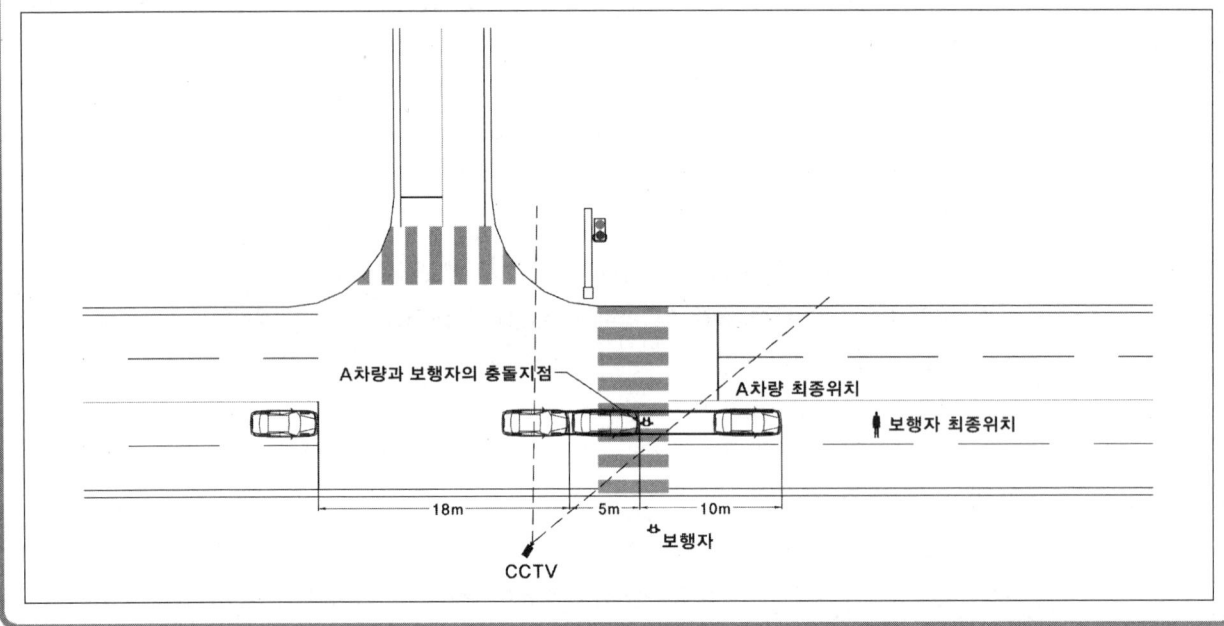

> **조건**
> 1. A차량이 급제동하는 구간에서 노면경사 오르막 3%, 마찰계수는 0.8, 중력가속도는 9.8m/s²
> 2. A차량 진행방향 차량 신호등의 적색등이 점등됨과 동시에 사고발생 횡단보도의 보행자 신호등은 녹색등이 점등된다.
> 3. 보행자 충돌로 인해 A차량의 속도 감속은 없는 것으로 간주
> 4. 제동 전 인지반응시간은 없는 것으로 간주(등가속으로 진행하다 스키드마크 바로 발생)
> 5. A차량 진행방향 차량 신호등의 황색등 점등시간은 3초
> 6. 스키드마크 시작지점까지 등가속 운동, 등가속 운동 구간에서 가속견인계수는 0.25
> 7. 모든 계산은 A차량 전면 중앙을 기준으로 한다.
> 8. 풀이과정 및 단위를 기술하고, 각 질문마다 소수점 셋째 자리에서 반올림할 것

[질문 1] **배점** 10점

A차량의 보행자 충돌 순간 속도를 구하시오.

[질문 2] **배점** 10점

A차량의 스키드마크 발생 시점 속도를 구하시오.

[질문 3] **배점** 10점

A차량이 정지선을 통과하는 시점의 속도를 구하시오.

[질문 4] **배점** 10점

A차량이 정지선을 통과하는 순간부터 보행자를 충돌하는 순간까지 이동시간을 구하시오.

[질문 5] **배점** 10점

A차량이 정지선을 통과하는 순간 A차량 진행방향 차량 신호등에 점등된 등화는 무엇인가?

풀이

[질문1] 보행자 충돌지점으로부터 10m를 미끄러진 후 정지한 점을 토대로 산출한다.

$$v_c = \sqrt{2(\mu+i)gd_c} = \sqrt{2\times(0.8+0.03)\times9.8\times10} \fallingdotseq 12.75 m/s$$

[질문2] $v_b = \sqrt{2(\mu+i)gd_b} = \sqrt{2\times(0.8+0.03)\times9.8\times15} \fallingdotseq 15.62 m/s$

[질문3] ㄱ. A차량의 정지선 통과 시점의 속도를 v_s, 스키드마크 발생 시점 속도 v_b라 하면, 주어진 가속형태는 등가속 운동, 가속 견인계수는 0.25, 가속도는 $a = 0.25g$, 가속거리는 $d_a = 18m$이므로 정지선 통과 시점 속도는 $v_s = \sqrt{(v_b)^2 - 2ad_a}$ 가 된다.

ㄴ. 따라서 $v_s = \sqrt{(v_b)^2 - 2ad_a} = \sqrt{(15.62)^2 - 2(0.25\times9.8)\times18} \fallingdotseq 12.48 m/s$

[질문4] ㄱ. A차량이 정지선을 통과하는 순간부터 보행자를 충돌하는 순간까지 이동 구간은 가속도가 다른 두 구간이 존재한다. 첫째는 정지선에서 스키드마크 발생 시점까지의 구간이고, 둘째는 스키드마크 발생 시점부터 보행자의 충돌 순간까지의 구간이다.

ㄴ. 첫째 구간의 가속도는 $a = 0.25g$이고, 두 번째 구간의 가속도는 $-(0.8+0.03)g$이다.

ㄷ. 그러므로 첫 번째 구간의 이동 소요시간을 t_1, A차량이 정지선을 통과하는 순간의 속도 v_s, 보행자를 충돌하는 순간의 속도 v_c, 두 번째 구간의 이동 소요시간을 t_2, 구해야 할 이동시간을 T라 하면 아래 산출내역과 같다.

$$T = t_1 + t_2$$
$$= \frac{v_b - v_s}{0.25g} + \frac{v_c - v_b}{-(0.8+0.03)g}$$
$$= \frac{15.62 - 12.48}{0.25 \times 9.8} + \frac{12.75 - 15.62}{-0.83 \times 9.8}$$
$$= 1.28 + 0.35$$
$$= 1.63 \text{sec}$$

질문5
ㄱ. 횡단보도 보행자 녹색 신호등의 점등과 A차량 진행방향 차량 신호등의 적색등은 동시에 점등된다.

ㄴ. 보행자는 횡단보도 보행신호등의 녹색등이 점등되고 2초 경과(CCTV 영상은 초당 25프레임인데, 횡단보도 보행신호등의 녹색등이 점등되고 50프레임 경과) 후에 A차량과 보행자가 충돌하였다.

ㄷ. A차량이 정지선을 통과하고 보행자를 충돌하기까지 소요시간은 1.63초이었다.

ㄹ. 그러므로 A차량은 적색등이 점등되고 0.37초(= 2.0초-1.63초) 지난 시점에 정지선을 통과한 결과로 귀결된다. 즉, 신호위반이다.

ㅁ. A차량이 정지선을 통과하는 순간 A차량 진행방향 차량 신호등에 점등된 등화는 적색등이다.

정답
- 질문1: $12.75 m/s$
- 질문2: $15.62 m/s$
- 질문3: $12.48 m/s$
- 질문4: 1.63sec
- 질문5: 적색등

문제 03 배점 25점 2020년 기출

개요
제한속도 70km/h의 도로에서 승용차가 앞서 진행하는 트럭과 같은 속도인 55km/h로 트럭의 10.5m 뒤에서 따라가고 있다. 이후 승용차가 트럭을 앞지르기하여 10.5m 간격을 유지한 채 진입하였다.

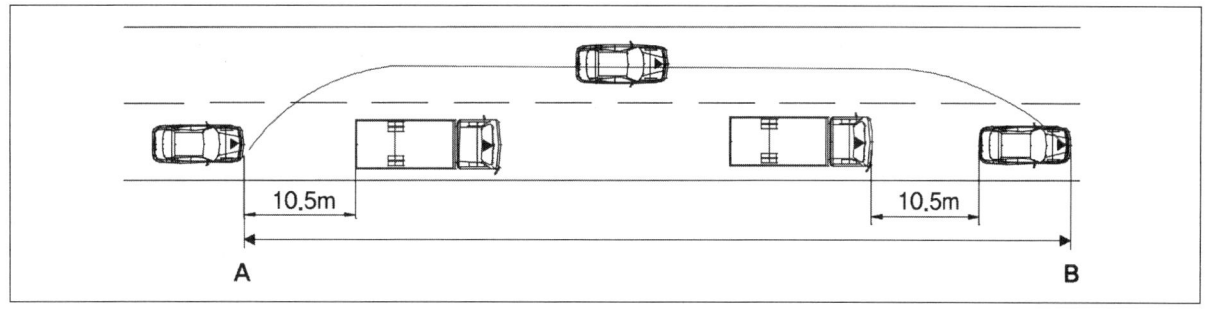

조건
1. 도로는 경사가 없는 평탄한 노면
2. 트럭은 전 과정에서 등속운동
3. 승용차는 70km/h까지 등가속운동, 70km/h 도달 이후는 등속운동
4. 승용차는 앞지르기할 때 도로의 제한속도를 초과하지 않는다.
5. 승용차 등가속운동시 가속도는 $1.3 m/s^2$ 적용
6. 승용차의 길이는 4.6m이고 트럭의 길이는 12m이다.
7. 풀이과정 및 단위를 기술하고, 각 질문마다 소수점 셋째 자리에서 반올림할 것

[질문 1] 배점 5점
승용차가 등가속하여 70km/h에 도달하기까지 소요되는 시간을 구하시오.

[질문 2] 배점 20점
승용차가 A에서 B까지 이동하는데 걸린 시간(10점)과 거리(10점)를 구하시오.
(단, 차로변경으로 인한 횡방향 이동에 걸린 시간 및 거리는 무시하고 종방향 운동성분만 고려함)

[풀이]

[질문1] A차가 추월 전 주행속도, 즉 가속 시작속도(v_i=55km/h)에서 가속 완료 후 속도(v_e = 70km/h)까지 가속하는 데 소요된 시간을 t_1, 가속도를 a(문제에서 $1.3 m/s^2$라고 주어졌음), 가속하는 동안 진행 거리를 d_1이라 하고, 질문에 답하기 위해 먼저 t_1(질문 1의 답)과 d_1을 산출하면 아래와 같음.

가속 소요 시간(t_1)을 구할 방정식은 $t_1 = \dfrac{v_e - v_i}{a}$ 임.

$$t_1 = \dfrac{(70/3.6) - (55/3.6)}{1.3} \fallingdotseq 3.21 \sec \cdots\cdots (1)$$

[질문2] ㄱ. 위 (질문 1)의 가속시간 동안 진행거리(d_1)는

$$d_1 = \dfrac{v_1}{3.6} t_1 + \dfrac{1}{2} a t_1^2 = \dfrac{55}{3.6} \times 3.21 + \dfrac{1}{2} \times 1.3 \times 3.21^2 \fallingdotseq 55.74 m \cdots\cdots (2)$$

ㄴ. A차의 추월시작으로부터 추월완료까지의 진행거리와 소요시간을 각각 D와 T, A차의 추월 완료 동안 B차의 진행거리를 d_2라 하면 아래 각각의 방정식이 성립

A차의 총진행거리 : $D = d_1 + \dfrac{70}{3.6}(T - t_1) \cdots\cdots (3)$

B차의 총진행거리 : $d_2 = \dfrac{55}{3.6} \times T + 12 \cdots\cdots (4)$

A차와 B차의 진행거리의 관계 : $D = d_2 + 25.6 \cdots\cdots (5)$

(∵ (5)방정식의 $25.6 = A$와 B의 차간거리 $+ B$와 A의 차간거리 $+ A$차의 길이 $= 10.5 + 10.5 + 4.6$)

ㄷ. (1), (2)를 (3)에 대입하면 $D = 55.74 + \dfrac{70}{3.6}(T - 3.21) \cdots\cdots (3-1)$

(4)를 (5)에 대입하면 $D = \dfrac{55}{3.6} T + 12 + 25.6 \cdots\cdots (5-1)$

(3-1) = (5-1)이므로 $55.74 + \dfrac{70}{3.6}(T - 3.21) = \dfrac{55}{3.6} \times T + 37.6 \cdots\cdots (6)$

(6)에서 T를 풀면 $\left(\dfrac{70}{3.6} - \dfrac{55}{3.6}\right) T = \dfrac{70}{3.6} \times 3.21 - 55.74 + 37.6$

$\dfrac{15}{3.6} T = 62.42 - 55.74 + 37.6$

$T \fallingdotseq 10.63 \sec$

ㄹ. (3-1)로부터 $D = 55.74 + \dfrac{70}{3.6}(T - 3.21) = 55.74 + \dfrac{70}{3.6}(10.63 - 3.21) \fallingdotseq 200.02 m$

[정답]
[질문1] 승용차가 등가속하여 70km/h에 도달하기까지 소요되는 시간은 약 3.21초
[질문2] 승용차가 A에서 B까지 이동하는데 소요된 시간 약 10.63sec, 승용차가 A에서 B까지 이동한 거리 약 $200.02 m$

문제 04 배점 50점 [2018년 기출]

개요

아래 〈그림〉과 같이 신호등 없는 교차로에서 승용차와 오토바이가 충돌하였다. 오토바이는 정지 상태에서 출발하여 충돌지점까지 가속상태로 15.0m를 진행하였고, 승용차는 등속으로 진행하였으며, 교차로 정지선으로부터 오토바이는 5.0m, 승용차는 6.3m 지점에서 충돌한 것으로 조사되었다.

승용차 블랙박스 영상은 1초당 30프레임(프레임/초)으로 저장되어 있고, 영상의 시간은 표출되지 않았다. 블랙박스 영상에는 오토바이와 충돌하는 모습은 확인되지만 오토바이가 출발하는 모습은 확인되지 않았다. 블랙박스 영상을 분석한 결과 영상의 56번째 프레임에서 승용차와 오토바이가 충돌하였으며, 영상의 11번째 프레임부터 56번째 프레임까지 승용차가 이동한 거리는 21.0m로 측정되었다. 한편, 블랙박스 영상에서 오토바이와 충돌한 시점(56번째 프레임)으로부터 7.4초 후(222프레임 경과)에 주변 상가건물의 유리창에 승용차 비상등이 켜지기 시작하는 모습이 비춰졌다.

또한, 사고현장 주변에 설치된 회전형 CCTV 영상에는 오토바이가 승용차와 충돌한 상황은 확인되지 않지만 CCTV 영상시간 기준 1분 10.9초에 오토바이가 충돌지점으로부터 15.0m 후방(Ⓐ지점)에 정지해 있다가 출발하는 모습이 확인되었고, 이후 CCTV 카메라가 회전하여 승용차가 정지한 사고현장을 촬영한 영상에는 CCTV 영상시간 기준 1분 21.8초에 승용차 비상등이 켜지기 시작하는 모습이 확인되었다.

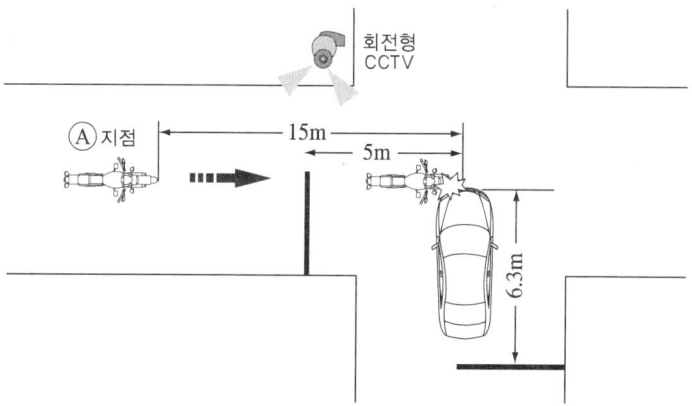

조건

1. 승용차 운전자 인지반응시간 1.0초, 승용자 견인계수 0.8, 중력가속도 9.8m/s² 적용함.
2. 양 차량 운전자 입장에서 사고 장소 주변의 시야장애는 없는 것으로 간주함.
3. 계산식의 경우 관계식 및 풀이과정을 단위와 함께 기술하고, 소수 셋째 자리에서 반올림하시오.

[질문 1] **배점** 5점
블랙박스 영상의 11번째 프레임에서 56번째 프레임 구간까지의 시간을 계산한 후 승용차가 진행한 구간의 평균속도를 구하시오.

[질문 2] **배점** 5점
승용차가 정지선에서 충돌지점까지 이동하는데 걸린 시간을 구하시오.

[질문 3] **배점** 20점
오토바이가 Ⓐ지점에서 출발하여 충돌지점에 도달한 때의 속도를 구하시오.

[질문 4] **배점** 10점
오토바이가 정지선에서 충돌지점까지 이동하는데 걸린 시간을 구하시오.

[질문 5] **배점** 5점
승용차와 오토바이 중에 어느 차량이 선진입하였는지 기술하시오.

[질문 6] **배점** 5점
만일 승용차가 오토바이와 충돌을 회피하기 위해서는 승용차 운전자가 충돌지점 후방 어느 지점에서 오토바이를 발견하고 급제동하여야 하는지 기술하시오.

질문1 $v_1 = \dfrac{d_1}{t_1} = \dfrac{21.0}{\left(\dfrac{56-11}{30}\right)} = 14m/s = 50.4km/h$

질문2 $t_1' = \dfrac{d_1'}{v_1'} = \dfrac{6.3}{14} = 0.45\text{sec}$

질문3 ㄱ. t_2 = (승용차의 최종 정지순간부터 오토바이 출발순간) − (충돌순간부터 승용차의 최종 정지순간)
= 10.9 − 7.4 = 3.5sec

ㄴ. 오토바이의 가속도(a_2)

$$a_2 = \frac{2d-2v_i t}{t^2} = \frac{2d_2 - 2v_{i2}t_{i2}}{t_{i2}^2} = \frac{2(15)-2(0)(3.5)}{3.5^2} = 2.45 m/s^2$$

ㄷ. 오토바이의 충돌시 속도(v_{2e})
$v_{2e} = v_{2i} + a_2 t_{2i} = 0 + (2.45)(3.5) = 8.58 m/s = 30.89 km/h$

[질문4] ㄱ. 오토바이의 정지선 통과시 속도(v_{2s})

$$v_{2s} = \sqrt{(v_{2i})^2 + 2a_2 d_s} = \sqrt{0^2 + 2(2.45)(10)} = 7m/s$$

ㄴ. 오토바이의 정지선에서 충돌시까지 이동시간(t_{2s})

$$t_{2s} = \frac{v_{2e} - v_{2i}}{a_2} = \frac{8.58 - 7}{2.45} = 0.64\sec$$

[질문5]
- 오토바이 교차로 내부 진입 소요시간 : 0.64sec
- 승용차 교차로 내부 진입 소요시간 : 0.45sec
- 오토바이가 0.64 − 0.45 = 0.19초 선진입

[질문6] 승용차의 정지거리 D = 인지반응거리 + 제동거리

$$= vt + \frac{v^2}{2a}$$

$$= v_1 t + \frac{v_1}{2a_1}$$

$$= (14)(1.0) + \frac{14^2}{2(0.8)(9.8)}$$

$$= 14 + 12.5$$

$$= 26.5m$$

정답

[질문1] $50.4km/h$

[질문2] $0.45\sec$

[질문3] $30.89km/h$

[질문4] $0.45\sec$

[질문5] 오토바이가 0.19초 선진입

[질문6] 승용차 운전자는 충돌지점 후방 $26.5m$에서 급제동

문제 05 배점 50점 2018년 기출

개요

세종 방면에서 대전 방향으로 진행하던 승용차가 보행자와 충돌한 사고이다. 사고현장에는 아래 〈그림〉과 같이 스키드마크(skid mark)가 발생되어 있었고, 승용차는 교차로 내에 최종 위치하였으며 보행자는 승용차 전방에 최종 위치하였다. 승용차 운전자는 전방의 위험을 최초 인지(보행자 발견)하고 급제동하여 스키드마크Ⓐ를 8m 발생시킨 후 제동을 일시 해제하였다가 재차 급제동하여 스키드마크Ⓑ를 11m 발생시키며 보행자를 충격하였고, 이후 완만한 제동상태로 진행하여 최종 정지한 것으로 조사되었다.

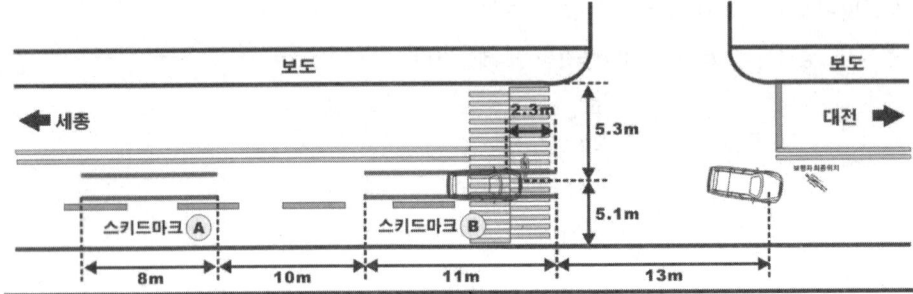

□ 승용차 운전자 주장

세종 방면에서 대전 방향으로 진행하다 진행방향 우측 보도에 있던 보행자가 갑자기 차도로 들어오는 것을 보고 급제동하였다고 주장하고 있다.

□ 보행자 상해부위(병원 진료기록에 의함)

- 우측 다리 경골 및 비골의 골절
- 안면 우측부위 열상
- 우측 대퇴골두 골절
- 신체 좌측부위 찰과상

조건

1. 사고 도로의 견인계수 0.8
2. 중력가속도 9.8m/s²
3. 보행자 보행속도 1.0m/s
4. 승용차 운전자 인지반응시간 1.0초
5. 승용차 앞 오버행 1.0m
6. 보행자 충격으로 인한 승용차의 속도 감속은 없었던 것으로 가정한다.
7. 스키드마크Ⓐ와 스키드마크Ⓑ 사이에서는 속도 감속이 없었던 것으로 가정한다.
8. 승용차가 스키드마크Ⓑ를 발생시킨 후 최종 위치까지 이동하는 동안 견인계수는 0.2로 조사되었다.
9. 승용차는 스키드마크Ⓑ의 끝지점에서 2.3m의 이전 지점에 전륜이 위치한 상태로 보행자와 충돌한 것으로 조사되었다.
10. 계산식의 경우 관계식 및 풀이과정을 단위와 함께 기술하고, 소수 셋째 자리에서 반올림하시오.

[질문 1] **배점** 5점
승용차가 보행자를 충격할 당시의 속도를 구하시오.

[질문 2] **배점** 5점
승용차가 보행자를 최초 발견하고 급제동하여 발생시킨 스키드마크Ⓐ의 시점에서의 속도를 구하시오.

[질문 3] **배점** 10점
승용차가 보행자를 최초 발견한 시점(인지반응시간 포함)부터 보행자와 충돌한 지점까지 진행하는 동안 경과된 시간을 구하시오.

[질문 4] **배점** 10점
만일 승용차 운전자가 보행자를 최초 발견하고 급제동한 후 스키드마크Ⓐ를 발생시키며 제동을 해제하지 않고 계속 급제동 상태를 유지하였다면 보행자와 충돌을 회피할 수 있었는지 논하시오.

[질문 5] **배점** 10점
승용차 운전자는 우측 보도에 있던 보행자가 갑자기 승용차 진행방향 기준 우측에서 좌측으로 도로를 횡단하였다고 주장하고 있다. 승용차 운전자의 주장이 타당한지 논하시오.

[질문 6] **배점** 10점
사고현장에 발생된 스키드마크, 보행자 상해부위, 승용차 최종 위치 등을 근거로 사고 당시 보행자가 도로를 횡단하는 구체적 상황을 추정하여 기술하시오.

풀이

[질문1] ㄱ. $v_3 = \sqrt{(v_{3e})^2 - 2a_3 d_3} = \sqrt{0^2 - 2\{-(0.2g)\}(13)} = \sqrt{50.96} = 7.14 m/s$

ㄴ. $v_c = \sqrt{(v_3)^2 - 2a_c d_c} = \sqrt{7.14^2 - 2\{-(0.8g)(2.3)\}} = \sqrt{87.0436} = 9.33 m/s$

[질문2] ㄱ. 스키드마크Ⓑ의 시점에서의 속도

$$v_2 = \sqrt{(v_3)^2 - 2a_2 d_2} = \sqrt{7.14^2 - 2\{-(0.8g)(11)\}} = \sqrt{223.4596} = 14.95 m/s$$

ㄴ. $v_p = \sqrt{(v_2)^2 - 2a_b d_b} = \sqrt{(14.95)^2 - 2\{-(0.8g)\}(8)} = \sqrt{348.9425} = 18.68 m/s$

[질문3] ㄱ. 인지반응시간 $t_p - 1.0$초

ㄴ. 스키드마크Ⓐ 발생 동안 소요시간(t_A)

$$t_A = \frac{v_2 - v_b}{a_A} = \frac{14.95 - 18.68}{-(0.8)(9.8)} = 0.48 \sec$$

ㄷ. 스키드마크 미발생(중간) 구간 소요시간

$$t_{b-2} = \frac{d_{b-2}}{v_2} = \frac{10}{14.95} = 0.67 \sec$$

ㄹ. 스키드마크ⓑ 시작지점부터 충돌지점까지 발생 동안 소요시간(t_B)

$$t_B = \frac{v_c - v_2}{a_B} = \frac{9.33 - 14.95}{-(0.8)(9.8)} = 0.72 \sec$$

ㅁ. 총시간(T)

$$T = t_p + t_A + t_{b-2} + t_B = 2.87 \sec$$

질문4 ㄱ. 스키드마크ⓐ 시작지점부터 충돌지점까지의 거리(D) = 스키드마크ⓐ 길이 + 스키드마크 미발생(중간) 구간 + 스키드마크ⓑ 시작지점부터 충돌지점까지의 거리

$$D = 8 + 10 + (11 - 2.3) = 26.7m$$

ㄴ. 승용차의 제동거리(=정지거리 - 인지반응거리) l_2

$$l_2 = \frac{(v_e)^2 - (v_b)^2}{2a} = \frac{0^2 - 18.68^2}{2\{-(0.8)(9.8)\}} = 22.25m$$

ㄷ. 승용차의 제동거리는 22.25m인데, 제동시작지점(스키드마크ⓐ 시작지점)부터 충돌지점까지의 여유거리는 26.7m이므로 충돌을 회피하는 것이 가능함.

질문5 보행자의 상해부위를 살펴보면 우측 다리부위(우측 경골 및 비골, 우측 대퇴골두)의 골절 및 안면 우측부위 열상의 상처로 보아 승용차 진행방향 기준 좌측에서 우측으로 건너가다 신체 우측부위를 충격 당한 것으로 볼 수 있어 승용차 운전자의 주장은 타당하지 못함.

질문6 ㄱ. 보행자의 차도 횡단 보행시간

$$t_p = \frac{보행자의\ 횡단거리}{보행자의\ 보행속도} = \frac{d_p}{v_p} = \frac{5.3}{1.0} = 5.3 \sec$$

ㄴ. 승용차 운전자가 보행자를 최초 발견한 시점(인지반응시간 포함)부터 보행자와 충돌한 지점까지 진행하는 동안 경과된 시간은 2.87초임.

ㄷ. 차도 횡단시작부터 보행자를 인지 순간까지의 시간 5.3초 - 2.87초 = 2.43초

ㄹ. 승용차 운전자가 보행자를 인지한 순간 이미 차도를 횡단한 거리

$$d' = vt = (1.0)(2.43) = 2.43m$$

ㄹ. 승용차 운전자는 보행자가 좌측에서 우측으로 건너기 시작하여 2.43m를 2.43초 후에 건넌 시점에서 보행자를 최초 발견하여 위험을 인지하고 급제동을 하였다가 제동을 풀고 10m 해제하였다가 다시 급제동하였으나 보행자가 횡단거리 5.3m를 진행한 순간 충돌 발생한 사고임.

정답
- 질문1 $9.33 km/h$
- 질문2 $18.68 m/s$
- 질문3 $2.87 \sec$
- 질문4 충돌을 회피하는 것이 가능(풀이 참조)
- 질문5 승용차 운전자의 주장은 타당하지 않음(풀이 참조)
- 질문6 보행자가 횡단거리 5.3m를 진행한 순간 충돌 발생한 사고(풀이 참조)

문제 06 배점 50점 2017년 기출

개요

승용차가 편도 1차로 도로를 진행하던 중, 도로 우측에 주차된 차량 앞에서 보행자를 발견하고 급제동하였으나, 보행자를 충돌하고 스키드마크 끝지점에 정지하였다. 사고 당시 주차차량1의 영상기록장치(블랙박스)에 사고장면은 촬영되지 않았으나, 영상기록장치(블랙박스) 음성 자료를 통해 승용차의 급제동에 따른 제동음 발생시간이 2.0초로 분석되었고, 승용차의 앞유리 파손 상태 등으로 보아 보행자 충돌속도가 40km/h 이상일 것으로 분석되었다.

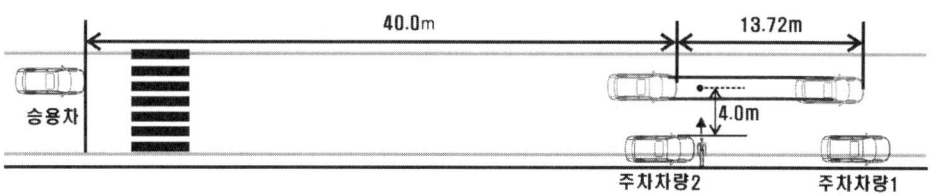

조건

1. 승용차의 스키드마크 길이 13.72m, 발진가속도 0.2g
2. 제동음 발생 및 종료시점은 스키드마크 발생 및 종료시점과 동일함.
3. 보행자가 주차차량2로부터 벗어나 승용차에 충돌되기까지 직각 횡단한 거리 4.0m
4. 보행자의 횡단속도 1.8m/s, 승용차 운전자의 인지반응시간 1.0초, 중력가속도 9.8m/s^2
5. 보행자 충돌로 인한 속도변화는 없음
6. 계산식의 경우 관계식 및 풀이과정을 단위와 함께 기술하고, 소수 셋째 자리에서 반올림하시오.

[질문 1] 배점 20점
승용차의 급제동시 견인계수를 구하시오.

[질문 2] 배점 5점
승용차의 제동직전 속도를 구하시오.

[질문 3] 배점 5점
승용차 운전자의 사고인지 지점을 스키드마크 시작점 기준으로 구하시오.

[질문 4] 배점 10점
승용차 운전자는 보행자가 주차차량2를 벗어나는 순간 보행자를 발견하고 지체없이 급제동하였으나 충돌하게 되었다고 주장한다. 보행자 충돌속도가 40km/h 이상인 점을 이용하여 이 주장의 타당성을 논하고, 그 근거를 기술하시오.

[질문 5] **배점** 10점

승용차 운전자는 제동 시작점 40m 후방의 정지선에서 신호대기한 뒤 출발하여 등가속하다 위험을 인지하였다고 주장하고 있다. 이 주장의 타당성을 논하고, 그 근거를 기술하시오.

풀이

(1) $d = \dfrac{v_e^2 - v_b^2}{2a} = \dfrac{0^2 - v_b^2}{2fg}$ (단, v_e : 제동종료속도, v_b : 제동시간속도)에서 f에 대하여 정리하면

$$f = \dfrac{-v_b^2}{2gd} = \dfrac{-v_b^2}{2 \cdot 13.72g}$$

$$f = \dfrac{-v_b^2}{2g \cdot 13.72} \quad \cdots \cdots (1)$$

(2) $a = \dfrac{v_e - v_b}{t} = \dfrac{0 - v_b}{2.0} = \dfrac{-v_b}{2}$, $a = fg$이므로 $fg = \dfrac{-v_b}{2}$

$$f = \left| \dfrac{-v_b}{2g} \right| \quad \cdots \cdots (2)$$

(1)과 (2)를 연립하면, $\dfrac{-(v_b)^2}{2g \cdot 13.72} = \dfrac{-v_b}{2g}$, 정리하면 $(v_b)^2 - 13.72 v_b = 0$

$v_b(v_b - 13.72) = 0$, $\therefore v_b = 13.72 m/s ≒ 49.39 km/h$, $f = \left| \dfrac{-13.72}{2 \cdot 9.8} \right| = 0.7$

질문1 위에서 산출한 바와 같이 급제동시 견인계수는 0.7

질문2 위에서 산출한 바와 같이 승용차의 제동직전 속도는 49.39km/h

질문3 인지반응거리는 $d_i = v_b \cdot t = 13.72 \cdot 1.0 = 13.72 m$, 사고인지 지점은 스키드마크 시작점 직전 13.72m 지점임

질문4 ⓐ 보행자 횡단시간 $t_p = \dfrac{d_p}{v_p} = \dfrac{4.0}{1.8} ≒ 2.2 \sec$

ⓑ 승용차 운전자가 보행자를 발견 가능한 순간인 보행자가 주차차량2를 벗어난 순간부터 충돌하기까지의 소요시간은 2.2초이고, 이를 승용차 운전자의 인지반응시간 1.0초 + 제동시작으로부터 충돌까지의 시간 α를 비교하면 승용차 운전자는 1.2초 $-\alpha$ 늦은 인지반응임(단, α는 제동시작지점~보행자 충돌지점까지의 거리임)

ⓒ 승용차가 2.2초 동안 진행한 거리는 $d_{2.2} = v_b \cdot t_{2.2} = 13.72 \cdot 2.2 ≒ 30.18 m$ 임

ⓓ 보행자가 주차차량2를 벗어나는 순간 승용차는 스키드마크 시작점으로부터 후방 30.18미터 + 시간 α 동안 스키드마크 진행거리를 통과하고 있었음.

ⓔ 위와 같은 점을 고려하면 승용차 운전자의 변명에도 불구하고 당시 승용차 운전자는 전방주시에 소홀함이 있었다고 판단됨.

질문5 ⓐ 정지선에서 출발하여 주행하다가 위험을 느낀 위치는 스키드마크 시작지점으로부터 인지반응거리 만큼 후퇴한 거리로서 스키드마크 시작점 후방 13.72m임

ⓑ 위 위치를 고려하면 운전자 주장과 같이 정지상태로부터 가속하여 주행 가능한 거리는 출발점으로부터 26.28m(= 40m − 13.72m)까지임

ⓒ 따라서 0.2g로 26.28m의 주행거리를 가속하여 도달 가능한 속도는 아래 산출내역과 같이 36.54km/h가 됨.

$$v_b = \sqrt{(v_i)^2 + 2ad} = \sqrt{(0)^2 + 2 \cdot 0.2g \cdot (40 - d_i)} = \sqrt{2 \cdot 0.2 \cdot 9.8 \cdot 26.28}$$
$$= \sqrt{103.0176} ≒ 10.15 m/s ≒ 36.54 km/h$$

ⓓ 결과적으로 정지상태로부터 사고지점까지 도달 가능한 속도는 36.54km/h인데, 실제 발생한 속도는 앞에서 산출한 바와 같이 49.39km/h인 점으로 보아 정지상태로부터 출발하였다는 승용차 운전자의 주장은 신뢰하기 어려운 것으로 판단됨.

정답

질문1 0.7

질문2 $49.39 m/s$

질문3 스키드마크 시작점 직전 $13.72 m$

질문4 승용차 운전자는 전방주시에 소홀함이 있었다고 판단

질문5 정지상태로 출발하였다는 승용차 운전자의 주장은 신뢰하기 어려울 것으로 판단

문제 07 배점 50점 2017년 기출

개요

#1차량이 평탄한 편도2차로의 2차로를 따라 일정한 속도로 직진하다 전방에 차량고장으로 5m/s의 등속도로 서행 중인 #2차량을 발견하고 급제동하여 스키드마크 15m 발생시킨 후 #2차량과 정추돌하여 붙은 상태로 함께 이동하여 정지하였다. #1차량과 #2차량에는 영상기록장치(블랙박스)가 설치되어 있지 않았고, 사고현장 주변을 살펴보니 횡단보도 이전 건물에 도로쪽을 비추는 cctv가 설치되어 있어 확인하여 보니 충돌장면은 녹화되어 있지 않았으나, #1차량이 40m를 주행하는 장면 및 Ⓐ정지선으로 진입하는 모습은 확인할 수 있었다.

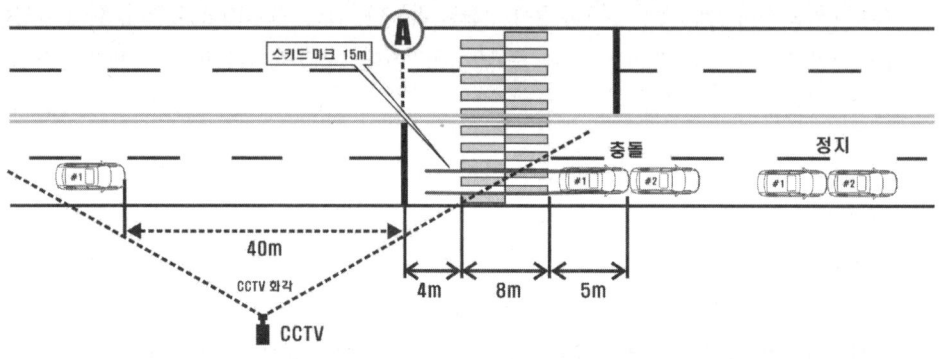

조건

1. #1차량의 질량 2,000kg, #2차량의 질량 1,500kg
2. #1차량의 스키드마크 길이 15m
3. cctv는 1초당 정지영상 25개의 균일한 프레임(frame)으로 구성되어 있음.
4. #1차량이 Ⓐ정지선으로부터 40m 이전 위치에서 Ⓐ정지선에 도달할 때까지 cctv 정지영상 개수는 40개(frame)
5. #1차량의 스키드마크 발생시 견인계수 0.7, 충돌 후 함께 이동시 각도 없이 수평이동하고, 동 구간 견인계수는 0.4
6. #1차량은 제동전 등속도 운동
7. #1차량 운전자의 인지반응시간 1.0초 중력가속도 9.8m/s^2
8. 계산식의 경우 관계식 및 풀이과정을 단위와 함께 기술하고, 소수 셋째 자리에서 반올림하시오.

[질문 1] 배점 10점
    #1차량이 스키드마크를 발생하기 전 주행속도를 구하시오.

[질문 2] 배점 10점
    #1차량이 #2차량을 충돌할 당시 속도를 구하시오.

[질문 3] 배점 10점
#1차량이 #2차량을 충돌한 후 함께 이동하기 시작할 때의 속도와 정지하기까지 함께 이동한 거리를 구하시오.

[질문 4] 배점 10점
#1차량 운전자가 위험인지한 지점부터 충돌위치까지 거리를 구하시오.

[질문 5] 배점 10점
#1차량 운전자가 위험을 인지하였을 때 #2차량의 진행위치를 충돌지점 기준으로 구하시오.

풀이

질문1 $v_1 = \dfrac{진행거리}{영상상\ 진행\ 소요시간} = \dfrac{40}{\left(\dfrac{진행\ 프레임\ 수}{초당\ 프레임\ 수}\right)} = \dfrac{40}{\left(\dfrac{40}{25}\right)} = 25m/s = 90km/h$

질문2 $v_c = \sqrt{v_1^2 + 2\mu_c g d_c} = \sqrt{25^2 + 2\{-(0.7) \cdot 9.8\} \cdot 15} = \sqrt{25^2 - 205.8}$
$= \sqrt{419.2} \fallingdotseq 20.47m/s \fallingdotseq 73.71km/h$

질문3 $w_1 v_c + w_2 v_2 = (w_1 + w_2) V_a$
$2,000 \cdot 20.47 + 1,500 \cdot 5 = (2,000 + 1,500) V_a$

$V_a = \dfrac{48,440}{3,500} \fallingdotseq 13.84m/s \fallingdotseq 49.82km/h$

$d_a = \dfrac{V_a^2}{2\mu g} = \dfrac{(13.84)^2}{2 \cdot 0.4 \cdot 9.8} \fallingdotseq 24.43m$

질문4 인지반응거리 $d_b = v_1 t_1 = 25 \cdot 1.0 = 25.0m$

충돌지점까지 급제동거리(스키드마크 발생거리) 15m

위험인지지점 : 충돌지점 = 25.0m + 15m = 40m

질문5 인지반응시간 1.0초

급제동 시간 = $t_b = \dfrac{v_a - v_c}{a_b} = \dfrac{20.47 - 25}{-\{0.7 \cdot 9.8\}} \fallingdotseq 0.66\sec$

#1차량의 위험인지 순간부터 충돌시까지 소요시간 = 1.0초 + 0.66초 = 1.66초

#2차량의 1.66초 동안 진행거리 = $d_2 = v_2 t_2 = 5 \cdot 1.66 = 8.3m$

충돌지점 후방 8.3m를 통과 중임

정답

질문1 $90km/h$

질문2 약 $73.71km/h$

질문3 약 $24.43m$

질문4 $40m$

질문5 충돌지점 후방 $8.3m$를 통과 중

문제 08 배점 50점 2016년 기출

개요

승용차가 5% 내리막 경사의 아스팔트 포장 도로를 주행하다 급제동하여 30m의 스키드마크를 발생시킨 뒤, 도로를 이탈하여 수평으로 10m, 수직으로 3m 지점의 언덕 아래로 떨어져 정지하였다.

조건

1. 스키드마크 발생 구간의 노면 마찰계수 0.85
2. 중력가속도 $9.8 m/s^2$
3. 계산식의 경우 관계식 및 풀이과정을 단위와 함께 기술하시오.
4. 각 질문마다 소수점 셋째 자리에서 반올림하시오.

[질문 1] 배점 15점
  승용차가 도로를 이탈하기 직전 속도를 구하시오.

[질문 2] 배점 5점
  승용차가 아스팔트 노면에서 미끄러지기 직전 속도를 구하시오.

[질문 3] 배점 5점
  승용차가 아스팔트 노면에서 30m를 미끄러지는데 소요된 시간을 구하시오.

[질문 4] 배점 5점
  승용차가 아스팔트 노면에서 미끄러지기 시작한 후 20m 지점에서의 속도를 구하시오.

[질문 5] 배점 5점
  승용차가 아스팔트 노면에서 미끄러지기 시작한 후 1초 동안 이동한 거리를 구하시오.

[질문 6] 배점 15점
  만약, 위 상황과 달리 승용차가 평탄한 도로를 이탈하여 수평으로 10m, 수직으로 3m 지점의 언덕 아래로 떨어져 정지하였다면, 이때 승용차가 도로를 이탈하기 직전 속도를 구하시오.

풀이

질문1 추락속도 산출 방정식은 $v = d\sqrt{\dfrac{g}{2(dG-h)}}$ (단, v : 추락속도, d : 수평이동거리, h : 수직이동거리, G : 경사도, g : 중력가속도)인데, 여기서는 추락속도를 v_h, 제동시작속도를 v_b라 하면 $v_h = d\sqrt{\dfrac{g}{2(dG-h)}}$ 임.

대입하면 $v_h = 10 \cdot \sqrt{\dfrac{9.8}{2\{10 \cdot (-0.05) - (-3)\}}} = 14 m/s$

질문2 처음속도, 나중속도의 관계방정식을 활용하면 $v_b = \sqrt{(v_h)^2 - 2ad_b}$ 에서

$v_b = \sqrt{(v_h)^2 - 2\{-(\mu - i) \cdot g\} \cdot d_b} = \sqrt{(14)^2 - 2\{-(0.85-0.05) \cdot 9.8\} \cdot 30}$

$v_b = \sqrt{666.4} \fallingdotseq 25.81 m/s$

질문3 시간 산출 공식 $t = \dfrac{v_h - v_b}{a} = \dfrac{v_h - v_b}{-(\mu - i)g} = \dfrac{14 - 25.81}{-(0.85 - 0.05) \cdot 9.8} \fallingdotseq 1.51 \sec$

질문4 나중속도 산출 공식 $v_{20} = \sqrt{(v_b)^2 + 2ad_{20}} = \sqrt{(v_b)^2 + 2\{-(\mu - i)g\} \cdot d_{20}}$

$v_{20} = \sqrt{(25.81)^2 + 2\{-(0.85 - 0.05) \cdot 9.8\} \cdot 20} \fallingdotseq \sqrt{352.5561} \fallingdotseq 18.78 m/s$

질문5 시간, 가속도, 처음속도를 대입하는 경우의 거리 산출 방정식 $d = v_i t + \dfrac{1}{2}at^2$ 에서

$d_{1s} = v_b t_1 + \dfrac{1}{2}a(t_1)^2 = (25.81)(1) + \dfrac{1}{2}\{-(0.85 - 0.05) \cdot 9.8\} \cdot 1^2 \fallingdotseq 21.89 m$

질문6 $v = d\sqrt{\dfrac{g}{2(dG-h)}}$ 에서 평탄도로라 하므로 G에 0을 대입하면 됨.

$v = d\sqrt{\dfrac{g}{2(dG-h)}} = 10\sqrt{\dfrac{9.8}{2\{(10 \cdot 0) - (-3)\}}} = 10\sqrt{\dfrac{9.8}{2(0+3)}} = 10\sqrt{\dfrac{9.8}{6}} \fallingdotseq 12.78 m/s$

정답

질문1 $14 m/s$

질문2 약 $25.81 m/s$

질문3 약 $1.51 \sec$

질문4 약 $18.78 m/s$

질문5 약 $21.89 m$

질문6 약 $12.78 m/s$

문제 09 배점 50점 2014년 기출

개요

A, B 두 대의 차량이 왕복2차로 도로에서 50km/h 속도로 나란히 주행하고 있다. 이때 A차의 앞부분은 B차의 뒷부분과 10미터 간격을 갖는다. A차가 B차를 추월하기 위해 0.2g로 가속하여 80km/h에 도달하였다.
이후 등속 주행하여 A차가 B차를 추월 완료한 때에 A차의 뒷부분은 B차의 앞부분보다 20미터 앞쪽에 위치하였다.

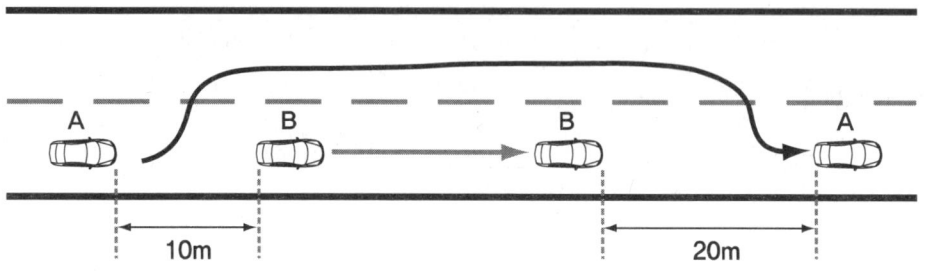

조건

1. 두 차량의 길이는 각각 6.0m 적용
2. 중력가속도 값은 9.8m/s² 적용
3. 사고지점은 평탄한 노면으로 경사도는 없음.
4. 맞은 편 도로에서 80km/h 속도로 다가오는 C차는 등속도운동을 하고 있었음.
5. B차는 전과정에서 등속도운동한 것으로 적용
6. 차로변경으로 인한 횡방향 이동에 소요되는 거리 및 시간은 무시하고 종방향 운동성분만 고려할 것
7. 풀이과정 및 단위를 기술하고 각 질문마다 소수 3째 자리에서 반올림할 것

[질문 1] 배점 20점
　　A차가 추월을 완료하기 위한 시간은 얼마인가?

[질문 2] 배점 10점
　　A차가 추월을 완료하기 위한 거리는 얼마인가?

[질문 3] 배점 5점
　　A차가 추월하는 동안 B차가 진행한 거리는 얼마인가?

[질문 4] 배점 15점
　　A차가 추월하는 시작점과 맞은 편에서 다가오는 C차 사이에 필요한 최소 이격거리는?

[풀이] A차가 50km/h에서 80km/h까지 가속하는데 소요된 시간을 t_1, 추월 전 주행속도(가속 시작속도)를 V, 가속 완료 후 속도를 v_1, 가속도를 a, 가속하는 동안 진행거리를 d_1이라 하고, 먼저 t_1과 d_1을 산출하면 아래와 같음.

$$t_1 = \frac{v_1 - V}{a} = \frac{(80/3.6) - (50/3.6)}{0.2 \cdot 9.8} \fallingdotseq 4.25 \sec \cdots\cdots (\lnot)$$

$$d_1 = Vt_1 + \frac{1}{2}at_1^2 = \frac{50}{3.6} \cdot 4.25 + \frac{1}{2} \cdot 0.2 \cdot 9.8 \cdot 4.25^2 \fallingdotseq 76.73m \cdots\cdots (\llcorner)$$

[질문1] A차의 추월시작으로부터 추월완료까지의 진행거리와 소요시간을 각각 D와 T라 하고, A차의 추월 동안 B차의 진행거리를 d_2라 하면 아래 각각의 방정식이 성립

A차의 총진행거리 : $D = d_1 + \frac{80}{3.6}(T - t_1) \cdots\cdots (\sqsubset)$

B차의 총진행거리 : $d_2 = \frac{50}{3.6} \cdot T \cdots\cdots (\sqsupset)$

A차와 B차의 진행거리의 관계 : $D = d_2 + 42 \cdots\cdots (\Box)$

($\because 42 = $ A와 B의 차간거리 + B차의 길이 + B와 A의 차간거리 + A차의 길이 $= 10 + 6 + 20 + 6$)

(ㄱ), (ㄴ)을 (ㄷ)에 대입하면 $D = 76.73 + \frac{80}{3.6}(T - 4.25) \cdots\cdots (\sqsubset')$

(ㄹ)을 (ㅁ)에 대입하면 $D = \frac{50}{3.6}T + 42 \cdots\cdots (\Box')$

(ㄷ′)=(ㅁ′)이므로 $76.73 + \frac{80}{3.6}(T - 4.25) = \frac{50}{3.6} \cdot T + 42 \cdots\cdots (\boxminus)$

(ㅂ)에서 T를 풀면 $(\frac{80}{3.6} - \frac{50}{3.6})T = \frac{80}{3.6} \cdot 4.25 - 76.73 + 42$

$T \fallingdotseq 7.17\sec$

[질문2] (ㄷ′)로부터 $D = 76.73 + \frac{80}{3.6}(T - 4.25) = 76.73 + \frac{80}{3.6}(7.17 - 4.25) \fallingdotseq 141.62m$

[질문3] (ㄹ)로부터 $d_2 = \frac{50}{3.6} \cdot 7.17 \fallingdotseq 99.58m$

[질문4] C차의 진행거리는 $\frac{80}{3.6} \cdot 7.17 \fallingdotseq 159.33m$이므로 A차의 추월 시작시 A차와 다가오는 C차 사이의 이격거리는 (A차의 추월 중 진행거리 + A차의 추월 중 C차의 접근거리)이므로, $141.62 + 159.33 = 300.95m$ 임.

[정답]
- [질문1] 약 $7.17\sec$
- [질문2] 약 $141.62m$
- [질문3] 약 $99.58m$
- [질문4] $300.95m$

문제 10 배점 25점 2017년 기출

개요

아래 그림에서 #1차량은 1차로를 진행하면서 P_2지점까지 54km/h의 속도로 직진하다가 P_2지점에 이르러 0.4g로 감속하여 P_3지점에 이르렀을 때 교통사고가 발생하였다. #2차량은 정차하였다가 0.15g의 가속도로 출발하여 10m를 진행한 후 사고지점에 도착하였다. P_2에서 P_3까지 곡선 이동한 거리는 10m이다.

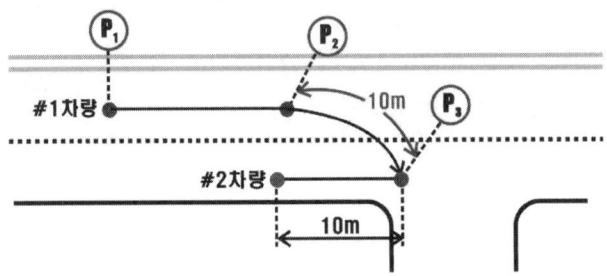

조건

1. 중력가속도 9.8m/s²
2. #1차량은 P_1에서 P_2까지 등속운동
3. 계산식의 경우 관계식 및 풀이과정을 단위와 함께 기술하고, 소수 셋째 자리에서 반올림하시오.

[질문 1] 배점 5점

#2차량이 정지한 상태에서 0.15g의 가속도로 출발하여 10m를 진행하였을 때 속도를 구하시오.

[질문 2] 배점 5점

#2차량이 10m를 진행하는데 소요된 시간을 구하시오.

[질문 3] 배점 5점

#1차량의 충돌속도를 구하시오.

[질문 4] 배점 5점

#1차량이 충돌지점 후방 10m 구간을 0.4g의 감속도로 진행하는데 소요되는 시간을 구하시오.

[질문 5] 배점 5점

#2차량이 정지하였다가 출발하여 사고지점에 이르는 시간 동안 #1차량이 이동한 거리를 구하시오.

풀이

질문1 $v_{2c} = \sqrt{(v_{2i})^2 + 2a_2d_2} = \sqrt{0^2 + 2 \cdot 0.15g \cdot 10} = \sqrt{29.4} ≒ 5.42 m/s ≒ 19.52 km/h$

질문2 $t_2 = \dfrac{v_{2c} - v_{1i}}{a_2} = \dfrac{5.42 - 0}{0.15g} ≒ 3.69 \sec$

질문3 $v_{1c} = \sqrt{(v_{1i})^2 + 2a_1d_1} = \sqrt{(54/3.6)^2 + 2(-0.4g) \cdot 10} ≒ 12.11 m/s ≒ 43.59 km/h$

질문4 $t_1 = \dfrac{v_{1c} - v_{1i}}{a_1} = \dfrac{12.11 - (54/3.6)}{-0.4g} ≒ 0.74 \sec$

질문5 $\Delta t_1 = t_2 - t_1 = 3.69 - 0.74 = 2.95 \sec$

$\Delta d_1 = v_{1i} \cdot \Delta t_1 = (54/3.6) \cdot 2.95 = 44.25 m$

$D = \Delta d_1 + 10 = 44.25 + 10 = 54.25 m$

정답

질문1 약 $19.52 km/h$

질문2 약 $3.69 \sec$

질문3 약 $43.59 km/h$

질문4 약 $0.74 \sec$

질문5 $54.25 m$

문제 11 배점 25점 2009년 기출

개요
#1차량이 견인계수 0.7인 도로에서 주행 중 전방에 신호 대기 중인 #2차량을 뒤늦게 발견하고 급제동을 하였으나 충돌하여 10m를 더 이동 후 최종 정지하였는데, 두 차량의 질량은 모두 1,500kg으로 동일하고 중력가속도는 9.8m/s² 라고 한다. 다음 질문에 소수점 2째 자리에서 반올림하여 답하시오.

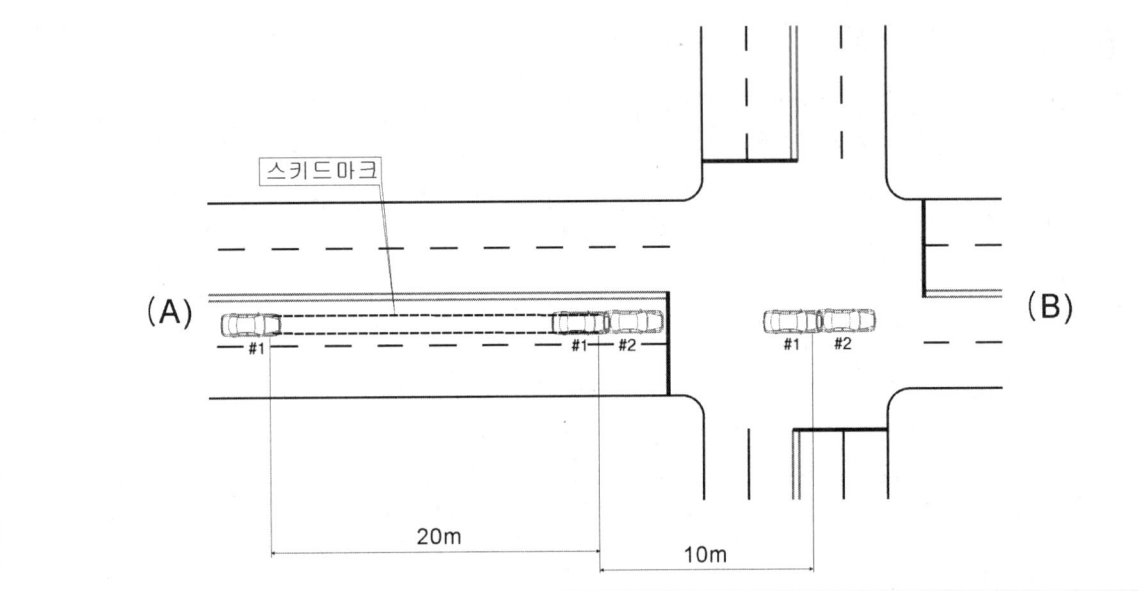

[질문 1] 배점 5점
두 차량의 충돌직후 속도는 얼마인가?

[질문 2] 배점 5점
#1차량의 충돌직전 속도는 얼마인가?

[질문 3] 배점 5점
#1차량의 제동직전 속도는 얼마인가?

[질문 4] 배점 10점
#1차량이 #2차량과 충돌을 피하려면 최소한 스키드마크 시작지점에서 바퀴가 잠길(locked) 정도의 제동이 되어야 하는가?

[풀이]

[질문1] $V = \sqrt{2fgd_2} = \sqrt{2 \cdot 0.7 \cdot 9.8 \cdot 10} \fallingdotseq 11.7 m/s \fallingdotseq 42.2 km/h$

[질문2] $w_1 v_{10} + w_2 v_{20} = (w_1 + w_2)V$

$1,500 v_{10} + 1,500 \cdot 0 = (1,500 + 1,500) \cdot (11.7)$

$1,500 v_{10} = 35,100$

$\therefore v_{10} = 23.4 m/s \fallingdotseq 84.2 km/h$

[질문3] $v_i = \sqrt{(v_{10})^2 - 2ad_2} = \sqrt{(23.4)^2 - 2\{-(0.7)(9.8)\} \cdot (20)}$

$= \sqrt{821.96} \fallingdotseq 28.7 m/s \fallingdotseq 103.2 km/h$

[질문4] $d = \dfrac{v^2}{2fg} = \dfrac{28.7^2}{2 \cdot 0.7 \cdot 9.8} \fallingdotseq 60.0m$, 스키드마크 시작지점 후방 $60.0 - 20 = 40m$ 지점에서 제동되어야 함.

[정답]

[질문1] 약 $42.2 km/h$

[질문2] 약 $84.2 km/h$

[질문3] 약 $103.2 km/h$

[질문4] 스키드마크 시작지점 후방 40m 지점에서 제동되어야 함.

신호위반 관련 정답 및 풀이

문제 01 배점 50점 2015년 기출

사고개요

- 아래 [도면]과 같이 A교차로에서 신호 대기하던 승용차가 진행방향 신호(1현시)가 점등됨과 동시에 출발하여 진행하다, B교차로에서 우회전하던 오토바이와 충돌한 사고임.
- 승용차 진행방향으로 A와 B교차로의 정지선 간 거리는 241m이며 A와 B교차로 신호현시 관계를 도면에 함께 나타냄.

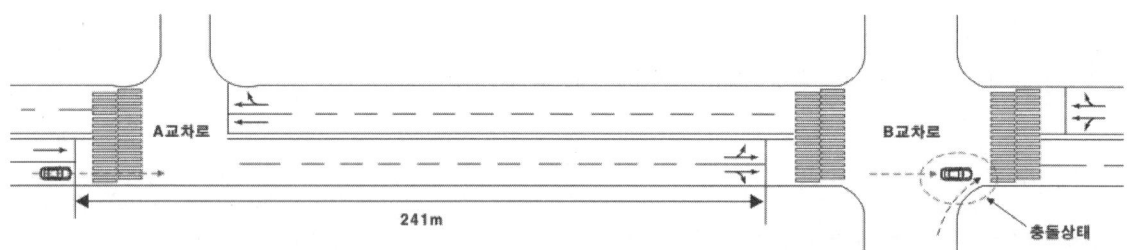

A교차로 약도		1현시(주현시)	2현시
	차량진행 방향표시	⇌	↓↳
	Split (시간분할)	70초 (황색 3초 포함)	30초 (황색 3초 포함)
	Cycle(주기)	100초	
	Offset(옵셋)	30초	

B교차로 약도		1현시(주현시)	2현시	3현시	4현시
	차량진행 방향표시	↱	↲	↑↓	↰↱
	Split (시간분할)	30초 (황색 3초 포함)	30초 (황색 3초 포함)	20초 (황색 3초 포함)	20초 (황색 3초 포함)
	Cycle(주기)	100초			
	Offset(옵셋)	15초			

❑ **승용차 운전자의 진술**
- A교차로에서 진행방향 신호(1현시)가 점등됨과 동시에 출발하여 B교차로에 진입 전 자신의 진행방향 신호기에 녹색등화를 보았고, 교차로를 진입한 후에도 계속된 녹색등화였다고 함.
- 정지상태에서 60km/h까지 연속적으로 가속하여 이후 60km/h로 등속주행하였다고 함.

조건

1. 승용차 운전자로 하여금 사고차량을 이용, 정지상태에서 60km/h까지 연속적인 가속테스트를 실시하였으며, 그 결과는 아래 [표1]과 같음.

   [표1] 사고 승용차를 이용한 가속테스트 결과

속도	가속도
0 → 30km/h	0.3G
30 → 60km/h	0.15G

2. 승용차는 60km/h 도달 후 충돌시까지 등속주행함.
3. 계산식의 경우, 관계식 및 풀이과정을 단위와 함께 기술하시오.
4. 각 질문마다 소수점 둘째 자리에서 반올림함.

[질문 1] **배점** 10점

가속테스트 값을 근거로, 사고 승용차가 A교차로 정지선에서 출발하여 60km/h까지 가속하는데 소요된 시간과 거리를 각각 구하시오.

[질문 2] **배점** 10점

가속테스트 값을 근거로, 승용차가 A교차로 정지선에서 출발하여 B교차로 정지선까지 241m를 진행하는데 소요되는 시간을 구하시오.

[질문 3] **배점** 5점

아래에서 설명한 신호관련 용어를 쓰시오.

> 어떤 기준 값으로부터 녹색등화가 켜질 때까지의 시간차를 초 또는 %로 나타낸 값으로 연동 신호 교차로 간의 녹색등화가 켜지기까지의 시차

[질문 4] **배점** 10점

A교차로와 B교차로의 사고 승용차 진행방향 녹색등화가 점등되는 순서와 시간차를 구하고 그 이유에 대해서 설명하시오.

[질문 5] 배점 15점

[질문 1~4] 내용을 종합하여, 사고 승용차가 B교차로 정지선에 도달할 당시 신호관계를 규명하여 승용차 운전자 진술의 타당성을 검증하시오.

풀이

질문1 ㄱ. $t_1 = \dfrac{v_1 - v_0}{a_1} = \dfrac{(30/3.6) - 0}{0.3 \cdot 9.8} ≒ 2.8\,\text{sec}$,

$t_2 = \dfrac{v_2 - v_1}{a_2} = \dfrac{(60/3.6) - (30/3.6)}{0.15 \cdot 9.8} ≒ 5.7\,\text{sec}$

소요시간(T) = $t_1 + t_2$ = 2.8 + 5.7 = 8.5sec

ㄴ. $d_1 = \dfrac{(v_1)^2 - (v_0)^2}{2a_1} = \dfrac{(30/3.6)^2 - 0^2}{2 \cdot (0.3 \cdot 9.8)} ≒ 11.8m$,

$d_2 = \dfrac{(v_2)^2 - (v_1)^2}{2a_2} = \dfrac{(60/3.6)^2 - (30/3.6)^2}{2 \cdot (0.15 \cdot 9.8)} ≒ 70.9m$

가속 소요거리 $D = d_1 + d_2$ = 11.8 + 70.9 = 82.7m

질문2 60km/h에 도달한 순간으로부터 등속도로 B교차로 정지선까지 남은 거리

$d_3 = 241 - D = 241 - 82.7 = 158.3m$

등속주행 소요시간 $t_3 = \dfrac{d_3}{v_2} = \dfrac{158.3}{60/3.6} ≒ 9.5\,\text{sec}$

241m 진행하는 동안 소요되는 총소요시간(T') = $t_1 + t_2 + t_3$ = 2.8 + 5.7 + 9.5 = 18.0sec

질문3 Offset(옵셋)

질문4 A교차로와 B교차로의 옵셋은 신호주기표에서 각각 30초와 15초라고 되어 있으므로 A교차로의 녹색신호가 B교차로의 직좌신호보다 15초 늦게 점등됨.

질문5 B교차로의 1현시인 직좌신호는 30초이므로 A교차로 정지선을 출발한 승용차는 12초(황색신호 3초 감안) 이내에 B교차로에 도착하여야 신호위반하지 않고 B교차로를 통과할 수 있는데, 승용차가 A교차로 정지선을 출발하여 B교차로의 정지선까지 주행하는데 소요된 시간이 위 질문2 에서 산출된 바와 같이 18.0초이므로 승용차는 B교차로의 정지선에 도달하기 3.0초 전에 B교차로의 직좌신호가 끝난 결과가 되어 승용차 운전자는 신호위반한 것으로 진술은 거짓임.

정답
질문1 8.5sec, 82.7m
질문2 18.0sec
질문3 offset(옵셋)
질문4 A교차로의 녹색신호가 B교차로의 직좌신호보다 15초 늦게 점등
질문5 승용차 운전자는 신호위반한 것으로 진술은 거짓

문제 02 배점 50점 2010년 기출

개요

사고 차량은 신호등 있는 사거리 교차로를 남쪽에서 북쪽을 향해 진행하다가 북쪽 횡단보도를 통과 중 위 횡단보도를 서쪽에서 동쪽으로 횡단하는 보행자를 발견하고 급제동하였으나 사고차량의 전면으로 보행자를 충돌하였다. 사고차량이 보행자를 충돌할 당시 전방(진행방향) 신호기에 직좌신호(2현시)가 점등되어 있었고, 충돌 후 25초 뒤에 위 2현시가 종료되면서 황색신호가 개시되었으며, 사고 장소인 북쪽 횡단보도는 녹색신호가 끝나고 5초 후에 사고 차량의 진행방향인 2현시가 시작되는 것으로 조사됨(각 현시마다 30초 → 27+3, 3초는 황색, 보행자신호는 23초로서 마지막 18초는 점멸신호, 황색신호 시작 전 횡단보도의 녹색신호는 이미 적색으로 변함).

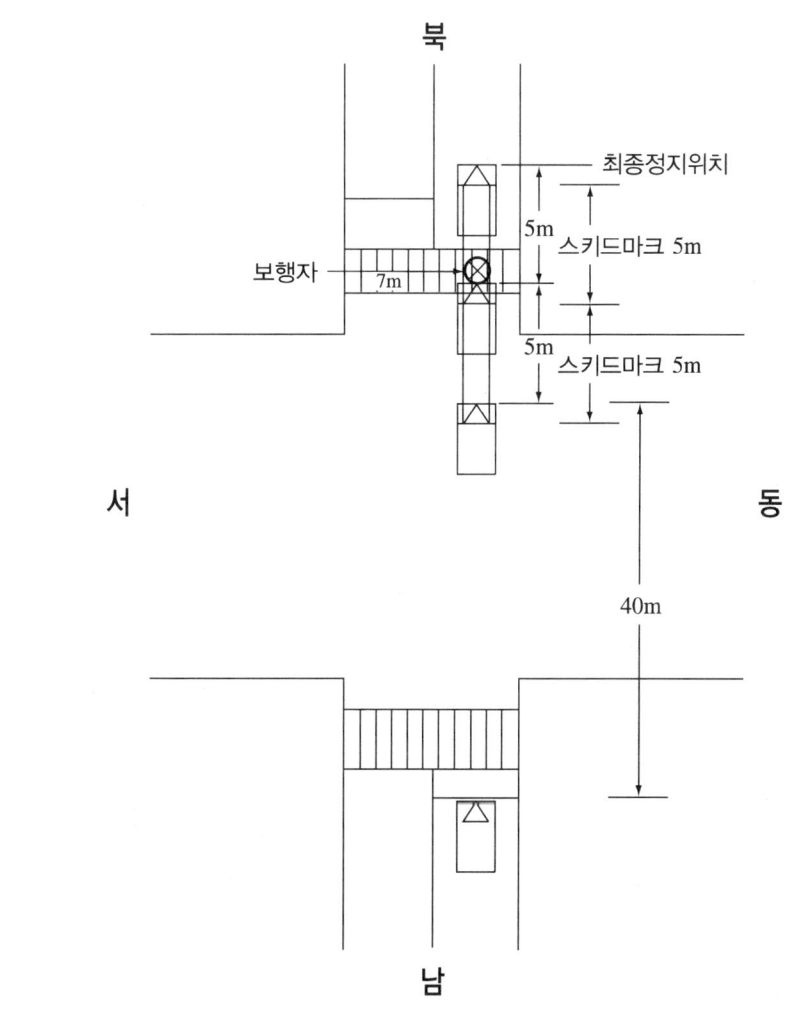

조건

1. 사고차량 스키드마크의 총길이 10m, 스키드마크는 시작점부터 보행자 충돌위치까지 5m, 이후 최종정지위치까지 5m 각각 발생
2. 정지선으로부터 스키드마크 시작점까지의 거리는 40m
3. 사고차량의 발진가속도는 0.2g
4. 중력가속도는 9.8m/s²
5. 급제동시 마찰계수는 0.8
6. 보행자가 횡단보도에 진입하여 충돌하기까지 횡단한 직선거리 7m
7. 보행자의 횡단속도는 1m/s
8. 사고차량 운전자의 인지반응시간과 보행자 충돌로 인한 운동량의 손실 고려하지 않음
9. 각 질문마다 소수점 둘째 자리에서 반올림할 것

[질문 1] 배점 10점
사고차량의 제동시작점 속도 및 보행자 충돌시 속도를 구하시오.

[질문 2] 배점 10점
사고차량 운전자가 정지선에서 신호대기 후 출발하였다고 주장할 경우, 주어진 발진가속도를 적용하여 제동시작점의 도달 속도를 산출하고 역학적 타당성을 논하시오.

[질문 3] 배점 10점
정지선에서 정차하였다는 사고차량 운전자의 주장을 토대로 사고차량이 정지선에서 충돌위치까지 진행하는데 소요되는 시간을 구하시오.

[질문 4] 배점 10점
보행자가 횡단보도에 진입하여 사고차량과 충돌하기까지 횡단하는데 소요되는 시간을 구하시오.

[질문 5] 배점 10점
앞의 분석 내용을 중심으로 보행자 횡단보도 진입시점에서 신호상황 및 사고차량의 교차로 진입시점에서 신호상황에 대하여 각각 논하시오.

예) 보행자는 ○현시 ○○신호 종료 ○○초 전에 횡단보도에 진입

풀이 [질문1] 제동시작점 속도를 v_b, 최종정지지점에서의 속도를 v_e, 제동 중의 감속도를 a, 급제동시 견인계수를 f, 중력가속도를 g, 스키드마크 총길이를 d, 보행자 충돌시 사고차량의 속도를 v_c, 보행자 충돌 후 스키드마크 발생 길이를 d_2라 하면, 제동시작점 속도 방정식 $v_b = \sqrt{v_e^2 - 2ad}$ 와 보행자 충돌시의 속도 방정식 $v_c =$

$\sqrt{v_e^2 - 2ad_2}$ 가 성립하고, 감속도 a는 다시 $a = fg$로 쓸 수 있으므로

$v_b = \sqrt{v_e^2 - 2ad} = \sqrt{v_e^2 - 2 \cdot fg \cdot d}$ 와 $v_c = \sqrt{v_e^2 - 2 \cdot fg \cdot d_2}$ 가 성립한다. 그리하여 위 두 방정식에 따라 제동시작점 속도와 보행자 충돌시의 속도를 각각 산출하면 아래와 같다.

$v_b = \sqrt{v_e^2 - 2 \cdot fg \cdot d} = \sqrt{0^2 - 2(-0.8) \cdot 9.8 \cdot 10} = \sqrt{156.8} ≒ 12.5 m/s ≒ 45.1 km/h$

$v_c = \sqrt{v_e^2 - 2 \cdot fg \cdot d_2} = \sqrt{0^2 - 2(-0.8) \cdot 9.8 \cdot 5} = \sqrt{78.4} ≒ 8.9 m/s ≒ 31.9 km/h$

질문2 ㉠ 신호대기상태에서의 속도를 v_i, 발진가속도를 a_s, 발진거리(= 일시정지선에서 제동시작점까지의 거리)를 d_s라 하면 방정식 $v_b = \sqrt{v_i^2 + 2a_s d_s}$ 가 성립하므로 위 방정식에 따라 제동시작점에 도달한 순간의 속도를 산출하면 약 45.1km/h가 된다.

$v_b = \sqrt{v_i^2 + 2 \cdot fg \cdot d} = \sqrt{0^2 + 2 \cdot 0.2 \cdot 9.8 \cdot 40} = \sqrt{156.8} ≒ 12.5219 m/s ≒ 45.1 km/h$

㉡ 위와 같이 정지상태에서 40m를 가속한 후의 속도로 산출된 45.1km/h는 스키드마크 발생 직전의 공주거리를 발진가속거리에서 빼면 위의 가속거리는 40m보다 짧게 되지만, 문제의 주어진 조건에서 인지반응시간을 고려하지 않는다고 하였으므로 위의 발진가속거리 40m에 의해 산출된 속도 45.1km/h와 스키드마크 발생 길이 10m에 의해 산출된 속도 45.1km/h가 거의 같기 때문에 운전자가 정지선에서 정차한 상태로부터 출발하였다는 주장은 모순된다고 할 수는 없다.

㉢ 스키드마크 길이에 의해 산출한 제동시작점 속도와 발진가속거리에 의해 산출한 속도가 똑같으므로 정지선에서 대기상태로부터 출발하였다는 사고차량운전자 주장은 인지반응시간을 감안하지 않는 조건에서 하자 있는 것은 아니다.

질문3 $T = t_1 + t_2 = \dfrac{v_b - v_i}{a_s} + \dfrac{v_c - v_b}{a_b} = \dfrac{12.5 - 0}{0.2 \cdot 9.8} + \dfrac{8.9 - 12.5}{(-0.8) \cdot 9.8} ≒ 6.4 + 0.5 ≒ 6.9 \sec$

질문4 $t_p = \dfrac{d_p}{v_p} = \dfrac{7}{1.0} = 7.0 \sec$

질문5 ㉠ 사고차량이 제동시작지점으로부터 5m를 진행한 후 보행자를 충돌하였으므로 5m를 미끄러지는 동안 소요시간을 산출하면 아래 산출내역과 같이 약 0.5초가 된다.

$t = \dfrac{v_b - v_c}{a} = \dfrac{8.8543 - 12.5219}{(-0.8) \cdot 9.8} ≒ 0.4681 ≒ 0.5 \sec$

㉡ 사고차량은 정지선에서 대기상태로부터 출발하여 제동시작점까지의 소요시간이 약 6.4초이었고, 제동이 시작되어 보행자를 충돌하기까지 약 0.5초가 소요되었으므로 정지선에서 대기상태로부터 보행자를 충돌하기까지는 총 약 6.9초가 소요되었다. 또한 보행자는 횡단을 시작하여 차량에 충돌되기까지 7.0초가 소요되었다.

㉢ 충돌 후 25초 뒤에 2현시(직좌신호)가 종료되었고 2현시는 27초 계속된다고 하므로 충돌은 2현시의 시작으로부터 2초 후에 발생한 결과가 되는데, 사고차량이 정지선에서 출발하여 충돌위치까지의 소요시간은 6.9초이므로 사고차량은 2현시가 시작되기 4.9초(= 6.9초 − 2초) 전 적색신호에 출발하였다.

㉣ 사고장소 횡단보도의 녹색신호는 23초(점멸신호는 마지막 18초)로서 사고차량 진행방향 직좌신호인 2현시가 시작되기 5초 전(충돌순간으로부터 7초 전)에 끝나는데, 보행자가 횡단을 시작하여 충돌하기까지의 소요시간은 7.0초이므로 보행자는 횡단보도의 녹색신호가 끝나는 순간(= 7초 − 7초)에 횡단을 시작한 것이다.

정답

질문1 사고차량의 제동시작점 속도 : 약 45.1km/h, 보행자 충돌시 속도 : 약 31.9km/h

질문2 약 45.1km/h

질문3 약 6.9초

질문4 7.0초

질문5 사고차량은 적색신호(2현시 시작 4.9초 전)에 출발, 보행자는 횡단보도 녹색신호 끝나는 순간에 횡단 시작

문제 03 배점 50점 2009년 기출

개요

A방향에서 B방향으로 직진주행하던 #1차량이 C방향에서 D방향으로 직진하는 #2차량과 교차로 내에서 직각 충돌하였다. #1차량은 사고 교차로 직전 교차로에서 정지신호에 신호대기 상태로부터 녹색신호가 켜지자 출발 1.5m/s²으로 등가속하여 55km/h에 도달한 이후 같은 속도로 주행하였고 #2차량은 정지신호에 일시정지선에 신호대기하고 있다가 녹색신호가 들어오는 것을 보고 출발하였다고 각각 주장한다. 충돌시 #1차량, #2차량은 각각 55km/h, 20km/h이고, 현장에서 신호주기 측정 결과 #1차량이 사고 이전 통과하였던 직전 교차로에서 #1진행방향으로 직진 녹색신호가 시작되고 난 후 13초 후에 사고지점 교차로의 #1진행방향의 녹색신호가 시작됨과 동시에 #2차량 진행방향은 황색신호가 끝나고 적색신호가 시작되는 것으로 조사되었다(산출결과는 소수점 2자리에서 반올림함).

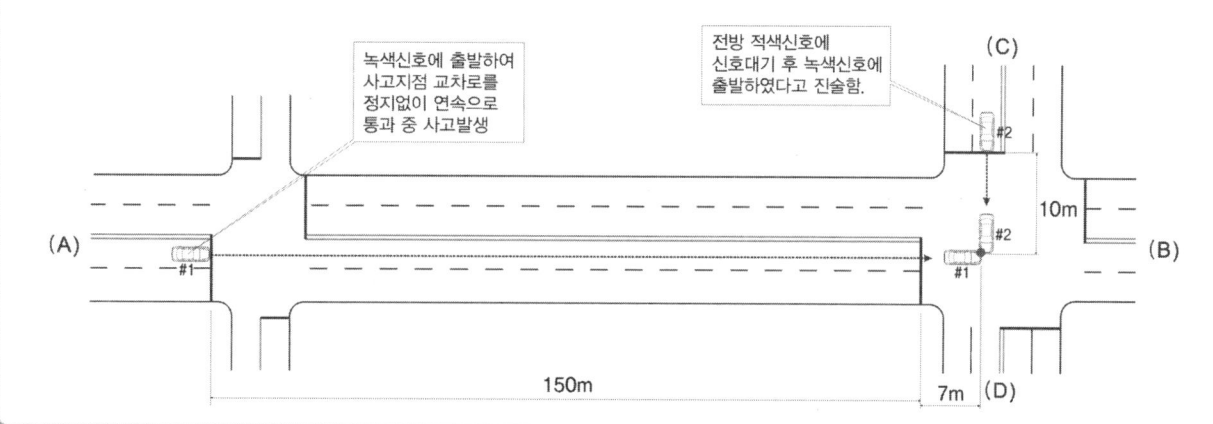

[질문 1] 배점 10점
#1차량이 출발하여 사고교차로 정지선을 통과하기까지 소요시간은?

[질문 2] 배점 10점
#2차량의 가속도는 얼마인가?

[질문 3] 배점 10점
정지선 출발로부터 충돌시까지 #2차량의 주행시간은?

[질문 4] 배점 10점
#2차량의 출발 당시 정지선 기준으로 #1차량의 통과위치는?

[질문 5] 배점 10점
#1, #2차량의 신호위반 여부는?

풀이

질문1 #1차량이 출발하여 사고교차로 정지선을 통과하기까지 소요시간

① 정지상태에서 55km/h까지 가속하는데 걸린 시간과 이동거리 산출

가속 소요시간 : $t = \dfrac{V_e - V_i}{a} = \dfrac{(55/3.6) - 0}{1.5} ≒ 10.2\sec$

가속거리 : $d = \dfrac{V_e^2 - V_i^2}{2a} = \dfrac{(55/3.6)^2 - 0^2}{2 \cdot 1.5} ≒ 77.8m$

② 55km/h 도달 위치로부터 사고교차로 정지선까지의 주행소요시간

ㄱ. 직전 교차로 정지선에서 사고교차로 정지선까지의 거리 = 150m

ㄴ. 55km/h 도달 위치로부터 사고교차로 정지선까지의 거리
150m – 77.8m = 72.2m

③ 55km/h 도달 위치로부터 교차로 정지선까지의 주행소요시간

$t = \dfrac{d}{v} = \dfrac{72.2}{(55/3.6)} ≒ 4.7\sec$

④ #1차량의 출발로부터 사고교차로 정지선까지 이동시간

정지상태에서 55km/h까지 가속하는데 걸린 시간 + 55km/h 도달 위치로부터 교차로 정지선까지 55km/h의 등속도로 주행소요시간 ≒ 10.2sec + 4.7sec = 14.9sec

질문2 #2차량의 가속도

$a = \dfrac{V_e^2 - V_i^2}{2d} = \dfrac{(20/3.6)^2 - 0^2}{2 \cdot 10} ≒ 1.5 m/s^2$

질문3 정지상태로부터 충돌시까지 #2차량의 주행시간

$t = \dfrac{V_e - V_i}{a} = \dfrac{(20/3.6) - 0}{1.5} ≒ 3.7\sec$

질문4 #2차량의 출발 당시 사고교차로의 정지선 기준 #1차량의 통과위치

① #2차량의 출발로부터 충돌시까지의 소요시간은 3.7초이므로 #1차량의 3.7초 동안 55km/h 등속도 주행거리는 56.6m이므로 충돌지점 후방 56.6m 지점이 된다.

$d = \dfrac{v}{3.6} \cdot t = \dfrac{55}{3.6} \cdot 3.7 ≒ 56.6m$

② 그런데 정지선에서 충돌지점까지의 거리 7m를 감안하여야 하므로 위의 56.6m에서 빼면 사고교차로의 정지선 후방 49.4m(= 56.6m – 7m) 지점이다.

질문5 #1, #2차량의 신호위반 여부

① #1차량이 통과하였던 사고 직전 교차로의 #1차량 진행방향의 녹색신호가 처음 들어오고 13초 후에 사고교차로의 #1진행방향의 신호가 점등된다.

② #1차량이 최초 녹색신호에 출발하여 다음 사고교차로의 정지선까지 이동하는데 걸린 시간은 정지상태로부터 55km/h까지 가속하는데 소요된 시간 10.2초와 55km/h로 등속주행하여 사고교차로의 정지선까지 이동하는데 걸린 시간은 4.7초가 되어 총 14.9초(= 10.2초 + 4.7초)가 된다.

③ 그런데 사고교차로의 신호는 #1차량이 정지선에 도달하기 1.9초 전(= 14.9초 – 13초)에 이미 녹색으로 바뀌어 있기 때문에 #1차량은 정지선을 녹색에 통과한 결과가 되어 신호를 준수하였다고 할 수 있다. 반면에 #2차량은 #1차량이 교차로 입구인 정지선에 도달하기 4.9초(= 1.9초 + 황색 3초) 전에 이미 녹색신호가 끝나고 황색신호로 바뀌었기 때문에 #2차량은 신호를 위반하였다고 할 수 있다.

정답

질문1	14.9초
질문2	약 $1.5 m/s^2$
질문3	약 $3.7 \sec$
질문4	약 $49.4 m$
질문5	#1차량은 신호 준수, #2차량은 신호 위반

문제 04 배점 50점 2013년 기출

사고개요 및 현장상황도

신호기가 설치된 교차로에서 #1차량은 남에서 북으로, #2차량은 서에서 동으로, 각각 주행하다가 충돌하였다. 신호체계는 #1차량의 진행방향이 1현시, #2차량의 진행방향이 2현시이었다.

- #1차량의 충돌시 속도 20km/h
- #1차량의 충돌 전 스키드마크의 길이 12.4m
- #1차량이 발생시킨 스키드마크의 시작지점은 정지선에서 7.5m
- #2차량은 정지선 앞 정지상태로부터 출발하여 교차로 내부로 13.8m 진입한 지점에서 충돌
- 1현시와 2현시는 각각 총 30초와 총 20초로서 황색점등 3초 포함
- 충돌시점은 2현시로 변경 약 1.7초 후

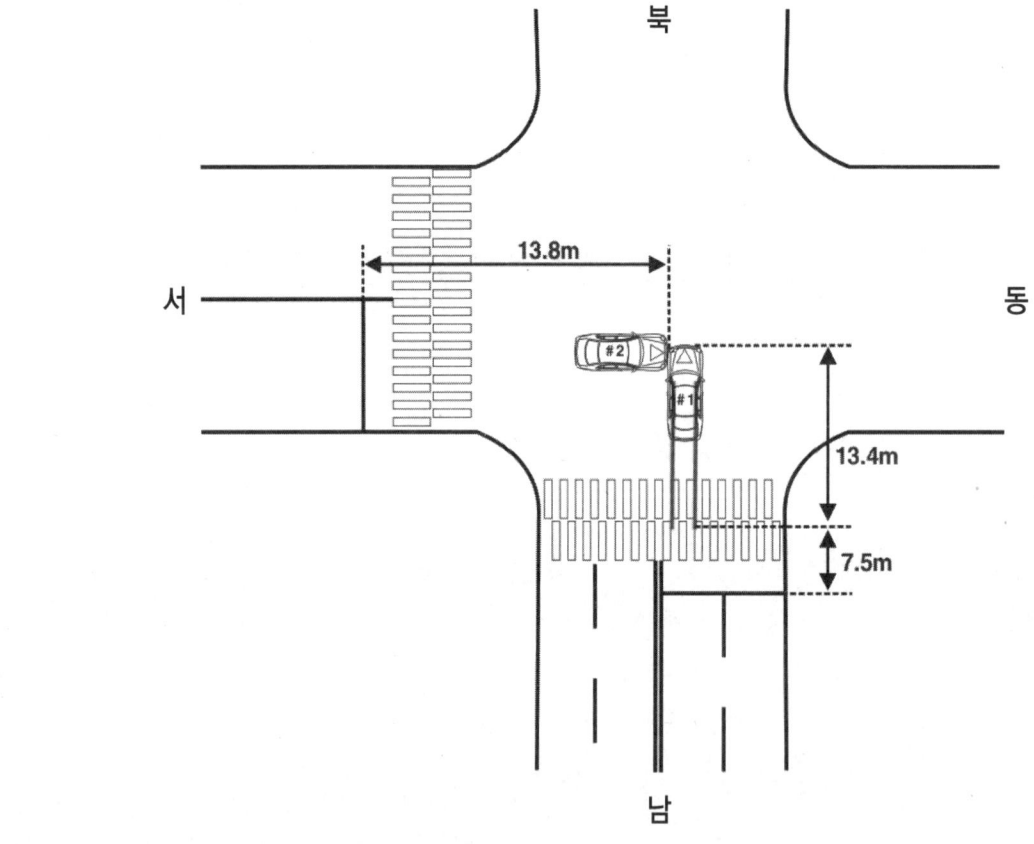

> **조건**
>
> 1. #1차량의 스키드마크 발생시 노면 견인계수 0.8
> 2. #1차량 앞 오버행 길이 1m
> 3. #1차량의 인지반응시간은 1.0sec
> 4. #2차량의 발진가속도 0.1g
> 5. 질문에 대해 풀이과정과 단위(m/sec)를 기술하고, 소수 셋째 자리에서 반올림할 것

[질문 1] 배점 5점

#1차량의 제동시작 속도를 구하시오.

[질문 2] 배점 5점

#2차량의 충돌속도를 구하시오.

[질문 3] 배점 10점

정지선을 기준으로 #1차량의 위험 인지지점 위치를 구하시오.

[질문 4] 배점 15점

#1, #2차량 각각 정지선에서 충돌지점까지 시간을 구하시오.

[질문 5] 배점 15점

신호현시 조건을 바탕으로 신호위반 차량을 구분하시오.

풀이

질문1 $V_b = \sqrt{V_{1c} - 2a_b d_b} = \sqrt{(20/3.6)^2 - 2\{-(0.8 \cdot 9.8) \cdot 12.4\}} ≒ 15.01 m/s$

질문2 $V_{2c} = \sqrt{V_{2i}^2 + 2a_2 d_2} = \sqrt{0^2 + 2 \cdot (0.1 \cdot 9.8) \cdot 13.8} ≒ 5.20 m/s$

질문3 $d_{ir} = V_b \cdot t_{ir} = 15.01 \cdot 1.0 = 15.01m$, 정지선으로부터 제동시작지점까지 7.5m이지만 오버행 길이 1m를 감안하면 정지선으로부터 제동시작시까지 이동한 거리는 8.5m가 됨. 따라서 위험 인지는 정지선 후방 15.01m - 8.5m = 6.51m 지점임.

질문4 $t_b = \dfrac{V_{1c} - V_b}{a_b} = \dfrac{(20/3.6) - 15.01}{-(0.8 \cdot 9.8)} ≒ 1.21 \sec$, $t_1 = \dfrac{d_1}{V_b} = \dfrac{8.5}{15.01} ≒ 0.57 \sec$

$T = t_b + t_1 = 1.21 + 0.57 = 1.78 \sec$

$t_2 = \dfrac{V_{2c} - V_{2i}}{a_2} = \dfrac{5.20 - 0}{0.1 \cdot 9.8} ≒ 5.31 \sec$

질문5 (ㄱ) #1차량과 #2차량의 정지선에서 충돌지점까지 소요시간은 1.78초와 5.31초인데, 충돌시점은 2현시로 변경 약 1.7초 후이므로 위 소요시간으로부터 1.7초를 뺀 시간만큼 2현시 변경시점의 이전 시각이 됨.
1.78 − 1.7 = 0.08초, 5.31초 − 1.7초 = 3.61초
(ㄴ) #1차량과 #2차량의 2현시로 변경되기 전 시간은 각각 0.08초와 3.61초인데, #1차량은 황색신호 3초 중 거의 끝날 무렵인 2.92초(= 3초 − 0.08초) 경과시에 정지선을 통과하였고, #2차량은 자기 신호인 녹색이 점등되기 3.61초인 적색에 정지선 앞에서 출발한 것임.
(ㄷ) 결국 #1은 황색, #2는 적색, 두 차량 모두 신호위반임.

정답
질문1 약 $15.01 m/s$
질문2 약 $5.20 m/s$
질문3 정지선 후방 $6.51 m$
질문4 #1차량 약 $0.57\sec$, #2차량 약 $5.31\sec$
질문5 #1차량은 황색, #2차량은 적색, 두 차량 모두 신호위반

문제 05 배점 50점 2013년 기출

사고개요 및 현장상황도

A차량은 주행 중인 B차량의 후미를 추돌하고 두 차량이 일체로 된 상태에서 미끄러지면서 이동한 후 정지하였다. A차량은 B차량을 추돌하기 직전 스키드마크를 발생시켰다.

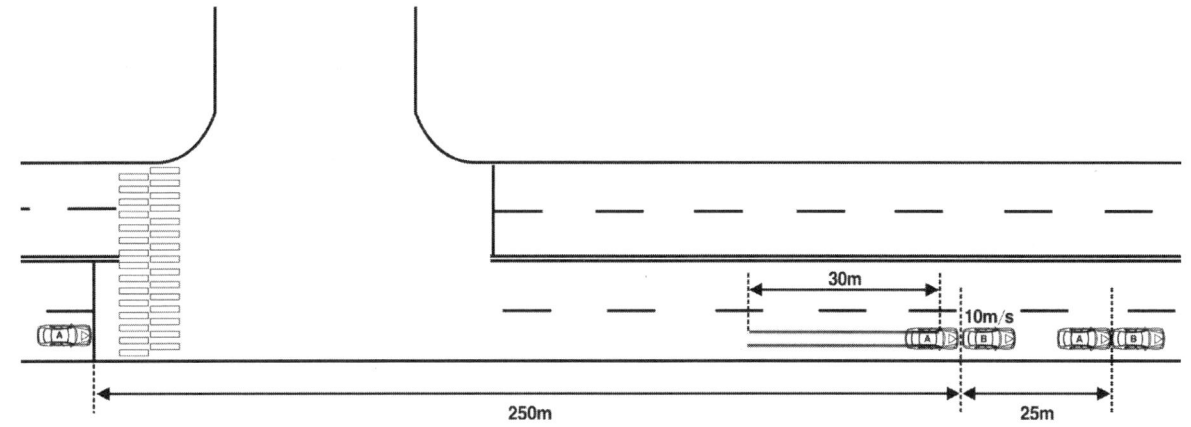

□ 현장상황도 참조
- A차량이 횡단보도 앞 정지선으로부터 추돌지점까지 진행한 거리는 250m임.
- 추돌시 B차량의 주행속도는 10m/s임.
- 두 차량이 추돌 후 정지하기까지 이동한 거리는 25m임.
- 추돌하기 직전 길이 A차량이 발생시킨 스키드마크의 길이는 30m임.

조건

1. 추돌 직전 스키드마크 발생시의 마찰계수는 0.7
2. 두 차량은 추돌 후 이동시 A차량의 앞바퀴와 B차량의 뒷바퀴는 잠긴 상태로 두 차량이 미끄러질 때의 마찰계수는 0.35로 간주
3. A차량과 B차량의 무게는 각각 1,300kg과 1,000kg
4. A차량에는 1명 승차, B차량에는 2명이 승차했으며, 1명의 무게는 70kg으로 간주
5. A차량의 운전자는 정지선에서 정지상태로부터 출발했다고 주장함.
6. 질문에 대해 풀이과정과 단위(속도 단위는 m/sec)를 기술하고, 소수 셋째 자리에서 반올림할 것

[질문 1] **배점** 10점

A, B차량의 충돌 후 속도를 구하시오.

[질문 2] **배점** 10점

A차량의 충돌시 속도를 구하시오.

[질문 3] **배점** 10점

A차량의 제동 전 속도를 구하시오.

[질문 4] **배점** 10점

A차량의 공차시 최대가속도는 0.13g라면 한 사람 승차의 경우 최대가속도를 구하시오.

[질문 5] **배점** 10점

A차량이 C지점(횡단보도 앞 정지선)에서 정차 후 출발하였다는 A차량 운전자의 진술에 대해 검증하시오.

풀이

질문1 $V_{ab} = \sqrt{2 \cdot \mu_{ab} \cdot g \cdot d_{ab}} = \sqrt{2 \cdot 0.35 \cdot 9.8 \cdot 25} ≒ 13.10 m/s$

질문2 $W_a V_a + W_b V_b = (W_a + W_b) V_{ab}$

$1,370 V_a + 1,140 \cdot 10 = (1,370 + 1,140) \cdot 13.10$

$V_a ≒ 15.68 m/s$

질문3 $V_b = \sqrt{V_a^2 - 2(\mu_{ab}) \cdot d_a} = \sqrt{(15.68)^2 - 2\{-(0.7 \cdot 9.8) \cdot 30\}} ≒ 25.64 m/s$

질문4 $F = m_e a_e = (\frac{1,300}{9.8}) \cdot 0.13g = 169N$, $a_p = \frac{F}{m_p} = \frac{169}{(\frac{1,370}{9.8})} ≒ 1.21 m/s^2 ≒ 0.12g$

질문5 $v = \sqrt{v_i^2 + 2ad} = \sqrt{(0)^2 + 2(0.12 \cdot 9.8)(250 - 30 - 25.64)} ≒ 15.12 m/s$

A차량이 정차로부터 출발하여 스키드시작점까지 최대발진가속도로 가속하여 도달할 수 있는 속도가 실제 급제동 타이어흔적인 스키드마크에 의해 산출된 속도에 미치지 못하므로 A차량 운전자의 진술은 거짓임.

정답

질문1 약 $13.10 m/s$

질문2 약 $15.68 m/s$

질문3 약 $25.64 sec$

질문4 약 $0.12g$

질문5 A차량 운전자의 진술은 거짓

문제 06 배점 50점 2012년 기출

개요

신호기가 미설치된 직각 교차로에서 서에서 동으로 진행하던 #1차량과 남에서 북으로 진행하던 #2차량이 교차로 안에서 직각 충돌한 후 #1차량은 북동방향으로 튕겨나가 동에서 서를 향하던 #3차량과 북동방향 교차로 안에서 다시 충돌하였다.

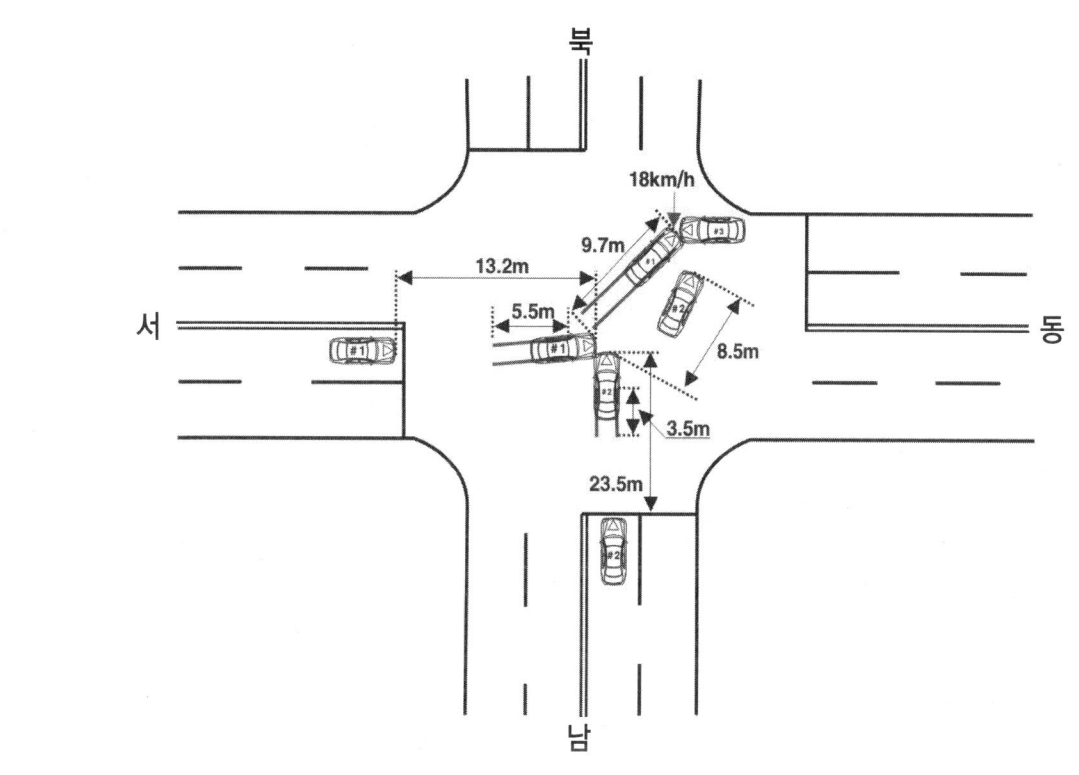

조건

1. #1의 충돌 전 발생한 스키드마크 길이 5.5m
2. #1의 1차 충돌 후 #3과 2차 충돌시까지 발생한 스키드마크 길이 9.7m
3. #1의 #3과 2차 충돌시 속도는 18km/h
4. #1의 교차로 정지선에서 충돌지점까지 진입한 거리 13.2m
5. #2의 충돌 직전 발생한 스키드마크 길이 3.5m
6. #2의 충돌지점에서 최종정지위치까지 이동거리 8.5m
7. #2의 교차로 정지선에서 충돌지점까지 진입한 거리 23.5m

8. #1, #2 차량 모두 앞 오버행은 1.0m
9. #1의 충돌 전, 후 및 #2의 충돌 전 스키드마크 발생 구간에서의 견인계수 0.8
10. #2의 충돌 후 최종정지위치까지의 견인계수 0.4
11. #1, #2의 중량(w_1, w_2)은 2,000kg중, 1,500kg중
12. #1, #2의 충돌 후 방출각은 정동쪽으로부터 반시계방향으로 각각 30도, 20도
13. 중력가속도는 9.8m/s²
14. 질문에 대해 풀이 과정과 단위(m/s)를 기술하고, 소수 셋째 자리에서 반올림할 것

[질문 1] 배점 10점
#1차량과 #2차량의 충돌 직후 속도를 구하시오.

[질문 2] 배점 10점
운동량 보존법칙으로 #1, #2차량의 충돌시 속도를 구하시오.

[질문 3] 배점 10점
#1, #2차량의 제동시 속도를 구하시오.

[질문 4] 배점 10점
#1, #2차량의 스키드마크 시작지점에서 충돌지점까지 각각 미끄러지는 동안 소요시간을 구하시오.

[질문 5] 배점 10점
스키드마크 시작지점 이전에는 계속적으로 등속주행한 것으로 간주할 때, 교차로 정지선으로부터 #1, #2차량의 충돌지점까지 진행하는데 소요된 시간을 산출하고 선진입 차량을 규명하시오.

풀이

질문1
$$v_1' = \sqrt{(v_{1e})^2 - 2a_1'd_1'} = \sqrt{(18/3.6)^2 - 2\{-(0.8 \cdot 9.8)\} \cdot 9.7} ≒ 13.31 m/s$$

$$v_2' = \sqrt{(v_{2e})^2 - 2a_2'd_2'} = \sqrt{0^2 - 2\{-(0.4 \cdot 9.8)\} \cdot 8.5} ≒ 8.16 m/s$$

질문2
$$V_2 = \frac{2,000 \cdot 13.31 \cdot \sin 30° + 1,500 \cdot 8.16 \cdot \sin 20°}{1,500 \cdot \sin 90°} ≒ 11.66 m/s$$

$$V_1 = \frac{2,000 \cdot 13.31 \cdot \cos 30° + 1,500 \cdot 8.16 \cdot \cos 20° - 1,500 \cdot 11.66 \cdot \cos 90°}{2,000 \cdot \cos 0°} ≒ 17.28 m/s$$

질문3
#1의 제동시작속도 $V_{1b} = \sqrt{(V_1)^2 - 2a_b \cdot d_{1b}} = \sqrt{(17.28)^2 - 2\{-(0.8 \cdot 9.8)\} \cdot 5.5} ≒ 19.62 m/s$

#2의 제동시작속도 $V_{2b} = \sqrt{(V_2)^2 - 2a_b \cdot d_{2b}} = \sqrt{(11.66)^2 - 2\{-(0.8 \cdot 9.8)\} \cdot 3.5} ≒ 13.81 m/s$

질문4 $t_{1b} = \dfrac{V_1 - v_{1b}}{a_b} = \dfrac{17.28 - 19.62}{-(0.8 \cdot 9.8)} \fallingdotseq 0.30 \text{sec}$

$t_{2b} = \dfrac{V_2 - v_{2b}}{a_b} = \dfrac{11.66 - 13.81}{-(0.8 \cdot 9.8)} \fallingdotseq 0.27 \text{sec}$

질문5 $t_1 = \dfrac{d_1}{v_{1b}} = \dfrac{13.2 - 5.5}{19.62} \fallingdotseq 0.39 \text{sec}, \quad t_2 = \dfrac{d_2}{v_{2b}} = \dfrac{23.5 - 3.5}{13.81} \fallingdotseq 1.45 \text{sec}$

$T_1 = t_1 + t_{1b} = 0.39 + 0.30 = 0.69 \text{sec}, \quad T_2 = t_2 + t_{2b} = 1.45 + 0.27 = 1.72 \text{sec}$

따라서 #2차량이 #1차량보다 1.03초(= 1.72초 − 0.69초) 선진입하였음.

정답

질문1 약 $13.31 m/s$, 약 $8.16 m/s$

질문2 약 $17.28 m/s$, 약 $11.66 m/s$

질문3 약 $19.62 m/s$, 약 $13.81 m/s$

질문4 약 0.3sec, 약 0.27sec

질문5 #2차량이 #1차량보다 1.03초 선진입

3 2차원 운동량 보존법칙 관련 정답 및 풀이

문제 01 배점 25점 2021년 기출

개요

A차량은 북쪽에서 남쪽으로 진행하다 서쪽에서 동쪽으로 진행하던 B차량과 직각으로 충돌하고 교차로 내에 최종 정지하였다. 주변에 설치된 CCTV 영상에서 두 차량 충돌 모습은 보이지 않으나, 충돌 이전 B차량의 진행상황이 일부 확인되었다. 영상을 프레임 분석한 결과 사고 시간대에는 30fps로 균일하였으며, B차량의 ㉮위치(차체 후미가 정지선에 위치)는 121번째 프레임으로 확인되고, ㉯위치(차체 전면이 정지선에 위치)는 188번째 프레임으로 확인되며, B차량 진행방향의 사고 이전 교차로 정지선에서 사고 교차로의 정지선까지 거리는 26.8m로 확인되었다.

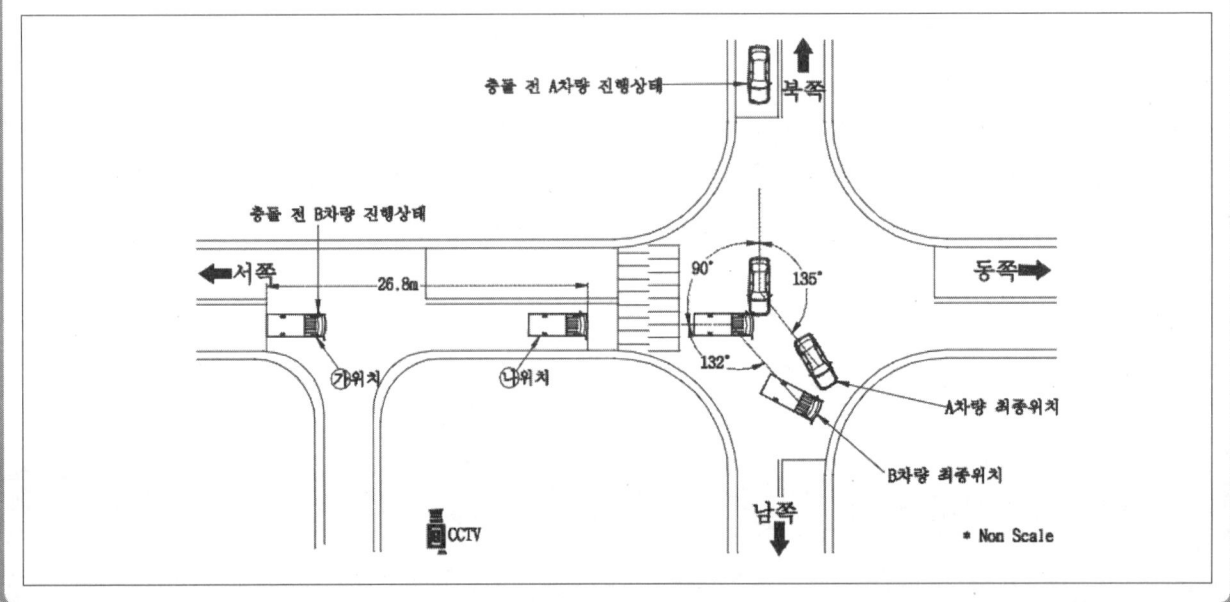

> **조건**
>
> 1. A차량과 B차량의 충돌 전, 후 진행방향 각도는 그림과 같음
> 2. 두 차량이 충돌 후 최종위치까지 이동하는 동안 견인계수는 0.4
> 3. A차량 질량은 1500kg, B차량 질량은 1800kg
> 4. 충돌 후 A차량이 최종위치까지 이동한 거리는 7.7m, 충돌 후 B차량이 최종위치까지 이동한 거리는 8.2m
> 5. B차량 제원 : 전장 × 전폭 × 전고 = 5120 × 1740 × 1965(단위는 mm)
> 6. 운전자 인지반응시간은 0.7초, 중력가속도는 9.8m/s^2
> 7. 계산식의 경우 관계식 및 풀이과정을 단위와 함께 기술하고, 소수 셋째 자리에서 반올림

[질문 1] **배점** 5점

B차량이 ㉮위치에서 ㉯위치까지 이동하는 동안 소요시간과 평균속도(km/h)를 구하시오.

[질문 2] **배점** 5점

A차량과 B차량의 충돌 직후 속도(km/h)를 구하시오.

[질문 3] **배점** 15점

운동량 보존의 법칙을 이용하여 A차량과 B차량의 충돌 직전 속도(km/h)를 구하시오.

풀이 [질문1] ㉠ B차량이 ㉮위치에서 ㉯위치까지 이동하는 동안 소요시간(t_B)

진행 프레임 : ㉮위치는 121번째 프레임, ㉯위치는 188번째 프레임

㉮위치~㉯위치의 거리 : 188번−121번 = 67번, 소요시간(t_B) : $\dfrac{\text{진행 프레임}}{\text{초당 프레임}} = \dfrac{67}{30} ≒ 2.23$초

㉡ B차량이 ㉮위치에서 ㉯위치까지 이동하는 동안 평균속도(km/h)(v_B)

㉮위치에서 ㉯위치까지의 거리 : 26.8m−B차량의 차체 길이 = 26.8m−5.12m = 21.68m

따라서 $v_B = \dfrac{d_B}{t_B} = \dfrac{21.68}{2.23} ≒ 9.72 m/s = 35.0 km/h$

[질문2] 두 차량이 충돌 후 최종위치까지 이동하는 동안 견인계수는 0.4, 충돌 후 A차량이 최종위치까지 이동한 거리는 7.7m, 충돌 후 B차량이 최종위치까지 이동한 거리는 8.2m이므로

A차량의 충돌 직후 속도(km/h) : $v_1' = \sqrt{254 \times f \times d_A} = \sqrt{254 \times 0.4 \times 7.7} ≒ 27.97 km/h$

B차량의 충돌 직후 속도(km/h) : $v_2' = \sqrt{254 \times f \times d_B} = \sqrt{254 \times 0.4 \times 8.2} ≒ 28.86 km/h$

질문3 〈2차원 충돌에서 진입각(충돌 전 방향각도), 방출각(충돌 직후 방향각도)의 산정방법〉
1. #1차량의 진입각을 0°로 한다.
2. #1차량의 진입 방향각의 연장선을 각도 산정의 시작(0°)으로 하여 반시계방향으로 각도를 산정한다.
(산정 예)
㉠ #1차량의 진입각이 3시 방향으로 향하도록 전체 그림을 동시에 회전시켜 맞추고 나머지 방향의 각도를 선정하면 가장 이상적임.
㉡ 그러나 이 문제에서 #1차량은 충돌 전 북쪽에서 남쪽(6시 방향)으로 향하고, #2차량은 서쪽에서 동쪽(3시 방향)으로 향하였으므로 6시 방향을 각도 산정의 시작점으로 하여 #1차량의 진입각은 0°, #2차량의 진입각은 90°로 한다. 즉, 6시 방향을 0°로 하게 되면 3시 방향은 90°, 12시 방향은 180°, 9시 방향은 270°가 됨.
㉢ 아무튼 #1차량의 진입 방향을 0°로 하지 않으면 #1, #2차량의 속도 산출 공식의 분모가 0이 되는 모순이 발생한다. 따라서 #1의 진입방향을 반드시 0°로 할 것

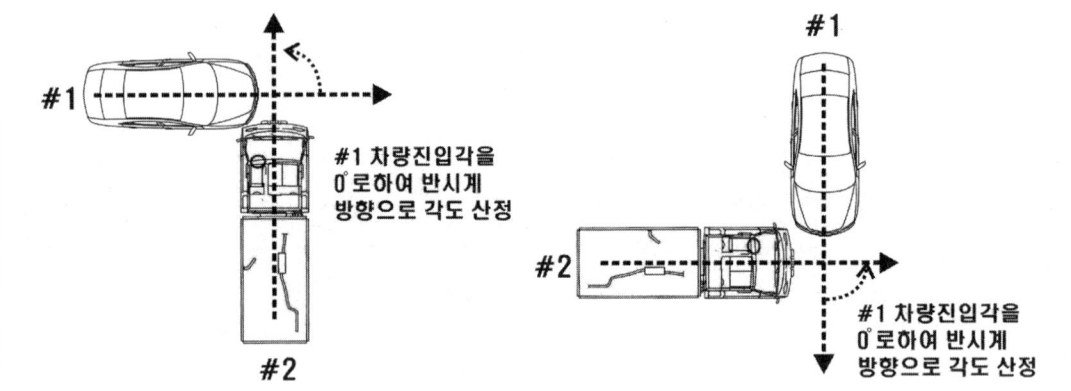

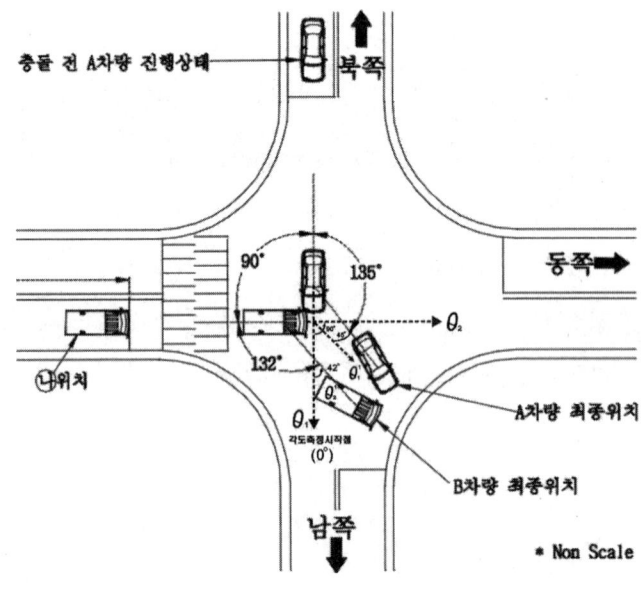

각도 있는 충돌(2차원 충돌)에서 두 차량(A, B차량)의 충돌 직전 속도(v_1, v_2) 공식은

$$v_1 = \frac{m_1 v_1' \cos\theta_1' + m_2 v_2' \cos\theta_2' - m_2 v_2 \cos\theta_2}{m_1 \cos\theta_1}$$

$$v_2 = \frac{m_1 v_1' \sin\theta_1' + m_2 v_2' \sin\theta_2'}{m_2 \sin\theta_2}$$

(단, v_1' : A차량의 충돌직후 속도, v_2' : B차량의 충돌직후 속도, m_1, m_2 : A, B차량의 질량, θ_1 : A차량의 진입각, θ_2 : B차량의 진입각, θ_1' : A차량의 방출각, θ_2' : B차량의 방출각)

A, B차량의 질량은 1500kg, 1800kg, $\theta_1 : 0°$, $\theta_2 : 90°$, $\theta_1' : 45°$, $\theta_2' : 42°$를 대입

$$v_1 = \frac{m_1 v_1' \cos\theta_1' + m_2 v_2' \cos\theta_2' - m_2 v_2 \cos\theta_2}{m_1 \cos\theta_1}$$

$$= \frac{1500 \times 27.97 \times \cos 45° + 1800 \times 28.86 \times \cos 42° - 1800 v_2 \cos 90°}{1500 \cos 0°}$$

$$= \frac{1500 \times 27.97 \times 0.7071 + 1800 \times 28.86 \times 0.7431 - v_2 \times 0}{1500 \times 1}$$

$$= \frac{29666 + 38602 - 0}{1500}$$

$$\fallingdotseq 45.51 \, \text{km/h}$$

$$v_2 = \frac{m_1 v_1' \sin\theta_1' + m_2 v_2' \sin\theta_2'}{m_2 \sin\theta_2} = \frac{1500 \times 27.97 \times \sin 45° + 1800 \times 28.86 \times \sin 42°}{1800 \sin 90°}$$

$$= \frac{29667 + 34760}{1800 \times 1}$$

$$\fallingdotseq 35.79 \, \text{km/h}$$

정답

질문1 2.23초

질문2 A차량 : 27.97km/h, B차량 : 28.86km/h

질문3 A차량 : 45.51km/h, B차량 : 35.79km/h

문제 02 배점 50점 2019년 기출

개요

A차량이 서쪽에서 동쪽으로 편도 1차로 도로를 진행하다 신호등 없는 십자형 교차로에 이르러 북쪽에서 남쪽으로 편도 1차로 도로를 진행하던 B차량과 충돌하였다. 충돌 전 A차량은 정지선에서 충돌지점까지 10m를 진행하였고, B차량은 13m를 진행하였다. 충돌 이후 A차량은 앞으로 5m를 더 진행하여 최종 정지하였고, B차량은 좌측 전방으로 7m를 튕겨져 나가 좌측으로 전도된 채 최종 정지하였다.

사고지점 교차로 주변 건물에 설치된 CCTV 영상에 의하면 A차량이 정지선을 통과하는 모습은 확인되지 않고 B차량과 충돌하기 직전에서야 확인되며, B차량이 정지선에 도달하기 전부터 A차량과 충돌할 때까지 모습이 확인된다. CCTV 영상은 1초당 30프레임(30fps)으로 저장되어 있고, CCTV 영상을 분석한 결과 B차량의 전면이 정지선에 도달한 후 A차량과 충돌한 시점까지 39개 프레임이 경과되었다.

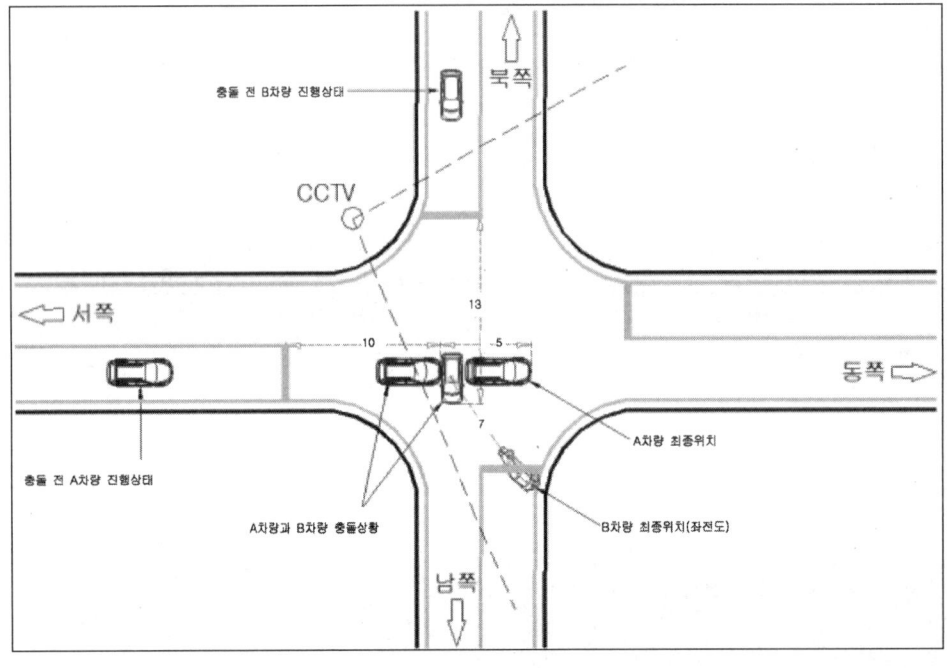

조건

1. 충돌 전 A차량과 B차량 모두 일시정지하지 않고 교차로를 진입
2. 운전자 인지반응시간은 1.0초, 중력가속도는 9.8m/s²을 적용
3. 사고 후 A차량에서 추출한 EDR(Event Data Recorder) 자료는 〈표 1〉과 같음
4. EDR 자료의 속도 데이터는 0.5초 간격의 순간 속도이고, 충돌 전 1.5~1.0초 구간은 등속 운동한 것으로 간주
5. EDR 자료에서 충돌 전 1.0초부터 제동되고, 제동페달은 운전자의 인지반응시간 이후 곧바로 작동된 것으로 간주
6. 계산식의 경우 관계식 및 풀이과정을 단위와 함께 기술하고, 계산과정에서 소수 셋째 자리에서 반올림

〈표 1〉 A차량의 EDR 데이터 정보

시간 (Sec)	자동차 속도 [kph]	엔진 회전수 [rpm]	엔진 스로틀밸브 열림량 [%]	가속페달 변위량 [%]	제동페달 작동여부 [%]	바퀴잠김 방지식 제동장치(ABS) 작동여부 [on/off]	자동차 안정성 제어장치(ESC) 작동여부 [on/off/engaged]	조향핸들 각도 [degree]
-5.0	58	1400	39	39	OFF	OFF	ESC 미작동 (ESC 스위치 on)	0
-4.5	57	1400	44	44	OFF	OFF	ESC 미작동 (ESC 스위치 on)	0
-4.0	59	1500	32	32	OFF	OFF	ESC 미작동 (ESC 스위치 on)	0
-3.5	60	1600	35	35	OFF	OFF	ESC 미작동 (ESC 스위치 on)	0
-3.0	55	1600	31	31	OFF	OFF	ESC 미작동 (ESC 스위치 on)	0
-2.5	50	1700	31	30	OFF	OFF	ESC 미작동 (ESC 스위치 on)	0
-2.0	50	1700	0	0	OFF	OFF	ESC 미작동 (ESC 스위치 on)	0
-1.5	40	1700	0	0	OFF	OFF	ESC 미작동 (ESC 스위치 on)	0
-1.0	40	1700	0	0	on	OFF	ESC 미작동 (ESC 스위치 on)	0
-0.5	38	1600	0	0	on	OFF	ESC 미작동 (ESC 스위치 on)	0
0.0	10	900	0	0	on	on	ESC 미작동 (ESC 스위치 on)	-30

[질문 1] **배점** 5점
B차량이 정지선을 통과하여 A차량과 충돌하기까지 진행한 구간의 평균속도를 구하시오.

[질문 2] **배점** 15점
A차량과 B차량 중 어느 차량이 먼저 정지선을 통과하였는지 계산을 통해 기술하시오.

[질문 3] **배점** 15점
A차량이 정지선을 통과한 시간이 충돌시점 기준으로 몇 초 전인지 구하시오.

[질문 4] **배점** 15점
A차량 운전자가 B차량을 최초 발견한 지점이 충돌지점 기준으로 몇 미터 후방에 위치하는지 구하시오.

풀이

질문1 ㉠ B차량의 경과시간 $t = \dfrac{경과\ 프레임}{초당\ 프레임} = \dfrac{39}{30} = 1.3\mathrm{sec}$

㉡ B차량의 주행속력 $v = \dfrac{d}{t} = \dfrac{13}{1.3} = 10 m/\mathrm{sec} = 36 km/h$

질문2 ㉠ 충돌 직전 1.0초 동안 감속도(a)

$$a = \dfrac{v_e - v_i}{t} = \dfrac{(10/3.6) - (40/3.6)}{1.0} ≒ -8.33 m/s^2$$

㉡ 충돌 직전 1.0초 동안 제동하면서 진행한 거리(d_2)

$$d_2 = v_i t + \dfrac{1}{2}at^2 = (\dfrac{40}{3.6})(1.0) + \dfrac{1}{2}(-8.33)(1)^2 ≒ 11.11 - 4.17 = 6.94 m$$

㉢ 정지선을 통과한 순간으로부터 제동시작시까지 등속 이동한 거리(d_1)

$$d_1 = D - d_2 = 10 - 6.94 = 3.06 m$$

㉣ 정지선을 통과한 순간으로부터 제동시작시까지 등속 이동한 소요시간(t_1)

$$t_1 = \dfrac{d_1}{v_i} = \dfrac{3.06}{(40/3.6)} ≒ 0.28\mathrm{sec}$$

㉤ A차량의 정지선으로부터 충돌시까지 이동시간(T)

$T =$ 등속 이동시간+제동시간 $= 0.28$초 $+ 1.0$초 $= 1.28$초

㉥ A, B 두 차량의 정지선에서 충돌시까지 소요시간 비교

A차량은 1.28초, B차량은 1.3초($t_2 = \dfrac{구간\ 진행\ 총\ 프레임}{초당\ 프레임} = \dfrac{39}{30} = 1.3\mathrm{sec}$)이므로 B차량은 A차량보다 0.02초 먼저 진입한 결과이나, 0.02초는 근소한 차이므로 동시 진입이라고 해도 무방함.

질문3 풀이2 ㉤에서 산출한 바와 같이 A차량은 충돌시점 1.28초 전에 정지선 통과함.

질문4 ㉠ A차량이 제동시간 1.0초 동안 진행한 거리는 풀이2 ㉡에서와 같이 6.94m임.

㉡ 인지반응시간 1.0초 동안 진행거리는 $d_i = v_i t_i = (40/3.6)(1.0) ≒ 11.11$m임.

㉢ A운전자가 위험을 느낀 지점(B차량을 발견한 지점)은 11.11m와 6.94m를 합한 18.05m가 됨.

정답

질문1 36km/h

질문2 B차량은 A차량보다 0.02초 먼저 진입한 결과이나, 0.02초는 근소한 차이므로 동시 진입이라고 해도 무방함.

질문3 1.28초 전

질문4 18.05m 후방

문제 03 배점 25점 2018년 기출

개요

신호등 없는 4지 교차로에서 트랙스와 싼타페가 직각 충돌한 후 트랙스는 진행방향 기준 좌측으로 30° 틀어져 6m를 이동하여 최종 정지하였고, 싼타페는 진행방향 기준 우측으로 35° 틀어져 9m를 이동하여 최종 정지하였다.

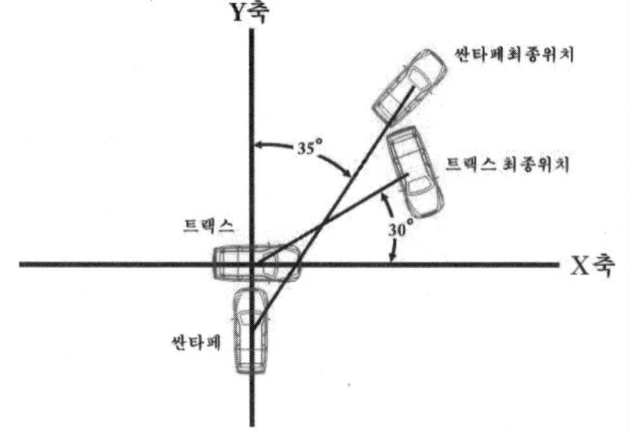

사고 후 트랙스와 싼타페에서 추출한 EDR 데이터(Event Data Recorder) 자료는 아래와 같다.

□ 트랙스 EDR 데이터

Pre-Crash Data -5.0 to -0.5 sec (Event Record 1)

Times (sec)	Accelerator Pedal, %Full (Accelerator Pedal Position)	Service Brake (Brake Switch Circuit State)	Engine RPM (Engine Speed)	Engine Throttle, % Full(Throttle Position)	Speed, Vehicle Indicated (Vehicle Speed) (MPH[km/h])
-5.0	21	Off	1108	23	44 [70]
-4.5	18	Off	1152	23	44 [70]
-4.0	18	Off	1158	21	43 [68]
-3.5	17	Off	1200	21	42 [67]
-3.0	17	Off	1160	20	42 [66]
-2.5	16	Off	1162	19	41 [65]
-2.0	15	Off	1153	19	39 [62]
-1.5	14	Off	1152	18	39 [62]
-1.0	13	Off	1152	17	39 [61]
-0.5	13	Off	1152	17	38 [60]

싼타페 EDR 데이터

<이벤트 1> 사고시점의 EDR 정보

다중사고 횟수(1 or 2)	1개 이벤트
다중사고 간격 1 to 2[msec]	0
정상기록 완료여부(Yes or No)	No
충돌기록시 시동 스위치 작동 누적횟수(cycle)	11655
정보추출시 시동 스위치 작동 누적횟수(cycle)	11654

조건

1. 트랙스 중량 1,480kgf, 싼타페 중량 2,070kgf
2. 충돌 후 트랙스 이동구간의 견인계수 0.8
3. 충돌 후 싼타페 이동구간의 견인계수 0.6
4. 중력가속도 $9.8 m/s^2$
5. 계산식의 경우 관계식 및 풀이과정을 단위와 함께 기술하고, 소수 셋째 자리에서 반올림하시오.

[질문 1] 배점 5점

EDR(Event Data Recorder)에 대해 설명하시오.

[질문 2] 배점 5점

트랙스 EDR 데이터는 신뢰할 수 있으나, 싼타페 EDR 데이터는 신뢰할 수 없는 것으로 조사되었다. 싼타페 EDR 데이터를 신뢰할 수 없는 이유 2가지를 서술하시오.

[질문 3] 배점 5점

각 차량의 충돌직후 속도를 구하시오.

[질문 4] 배점 5점

운동량 보존의 법칙을 이용한 싼타페의 충돌직전 속도를 구하시오.

[질문 5] 배점 5점

운동량 보존의 법칙을 이용한 트랙스의 충돌직전 속도를 구하고, 그 값이 트랙스 EDR 데이터에 부합하는지 여부를 기술하시오.

풀이

[질문1] 충돌을 감지하여 사고 전과 사고 후의 자동차의 각종 정보를 저장하는 시스템이다. 사고 전후의 속도, 가속도, 조향각도와 브레이크 작동, 에어백 작동, 안전벨트 착용 여부 등 10~15개 항목 등의 자료가 기록된다.

[질문2] 첫째, EDR 데이터 정보의 정상기록 완료 여부가 No로 되어 있는 점,

둘째, 시동 스위치 작동 누적횟수에 있어 충돌기록시와 정보추출시가 서로 불일치한 점 때문에 자료로서 신뢰성에 의문이 있다.

[질문3] ㄱ. 트랙스(#1)의 충돌직후 속도(v_1')

$$v_1' = \sqrt{2(0.8)(9.8)(6)} = \sqrt{94.08} = 9.70 m/s = 34.92 km/h$$

ㄴ. 싼타페(#2)의 충돌직후 속도(v_2')

$$v_2' = \sqrt{2(0.6)(9.8)(9)} = \sqrt{105.84} = 10.29 m/s = 37.04 km/h$$

[질문4] 싼타페(#2)의 충돌직전 속도(v_2)

$$v_2 = \frac{w_1 v_1' \sin\theta_1' + w_2 v_2' \sin\theta_2'}{w_2 \sin\theta_2}$$

$$= \frac{(1,480)(9.70)(\sin 30) + (2,070)(10.29)(\sin 55)}{(2,070)(\sin 90)}$$

$$= \frac{24626.18}{2,070} = 11.90 m/s = 42.84 km/h$$

[질문5] 트랙스(#1)의 충돌직전 속도(v_1)

$$v_1 = \frac{w_1 v_1' \cos\theta_1' + w_2 v_2' \cos\theta_2' - w_2 v_2 \cos\theta_2}{w_1 \cos\theta_1}$$

$$= \frac{(1,480)(9.70)(\cos 30) + (2,070)(10.29)(\cos 55) - (2,070)(11.90)(\cos 90)}{(1,480)(\cos 0)}$$

$$= \frac{12432.66 + 12217.35 - 0}{1,480} = \frac{24650.01}{1,480}$$

$$= 16.66 m/s = 59.98 km/h$$

트랙스 EDR 데이터의 충돌 0.5초 전 정보상 60km/h와 부합함.

정답

[질문1] 풀이 참조

[질문2] 풀이 참조

[질문3] 트랙스 : $34.92 km/h$, 싼타페 : $37.04 km/h$

[질문4] $42.84 km/h$

[질문5] $59.98 km/h$, 트랙스 EDR 데이터의 충돌 0.5초 전 정보상 $60 km/h$와 부합

문제 04 배점 50점 2015년 기출

사고개요 및 현장상황도

신호등이 설치되어 있는 평탄한 직각 교차로에서 A차량은 북→남 방향으로 직진하고 B차량은 동→서 방향으로 직진하던 중 교차로 내에서 직각 충돌하는 사고가 발생했고, 뒤이어 서→동 방향으로 직진하던 C차량이 교차로 내에서 A차량과 충돌했다.

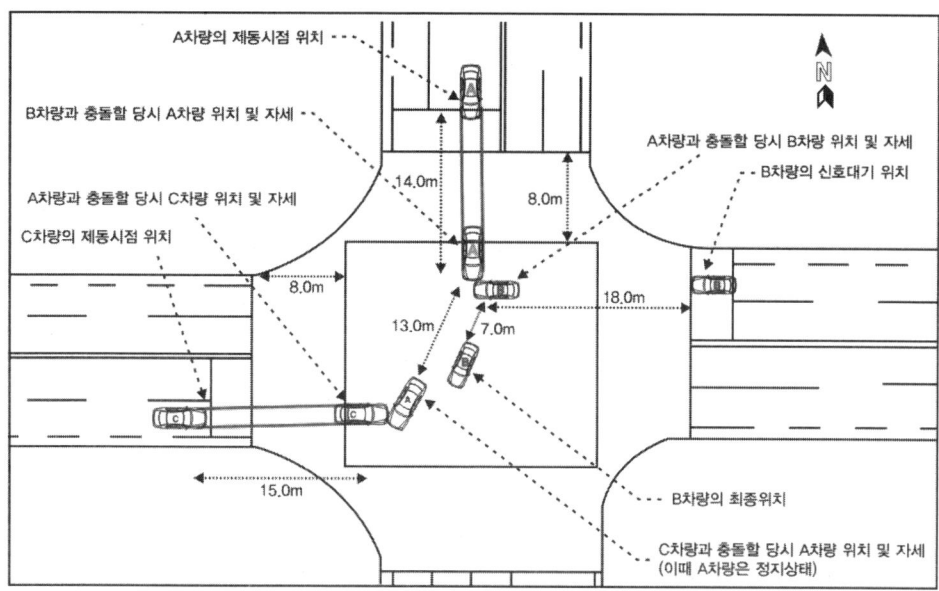

❏ 현장자료(현장상황도 참조)

- A차량 제동에 의한 스키드마크는 좌우 동일하게 14.0m로 B차량 충돌지점까지 발생했음.
- C차량 제동에 의한 스키드마크는 좌우 동일하게 15.0m로 A차량 충돌지점까지 발생했음.
- A차량과 B차량이 충돌한 후, A차량은 충돌 전 A차량 진행방향을 기준으로 우측 전방 20도 각도로 13.0m 이동한 지점에 정지해 있던 중 C차량과 충돌했고, B차량은 충돌 전 B차량 진행방향을 기준으로 좌측 전방 80도 각도로 7m 이동한 지점에 최종 정지했음.
- B차량은 위 그림과 같이 신호대기 위치에 신호대기하였다가 출발하였음.

조건

1. 현장상황도는 Non Scale로 비례척이 아니므로, 현장상황도를 근거로 거리 또는 각도를 측정하지 말 것
2. A차량과 B차량 간 충돌은 1회만 발생했고, A차량 질량은 1,200kg이고, B차량 질량은 900kg
3. A차량과 C차량의 제동구간 견인계수는 0.8로 동일하며, A차량과 C차량 모두 제동 전까지는 등속으로 진행
4. A차량과 B차량 간 충돌이 발생한 후 양 차량이 이동한 구간의 견인계수는 0.6으로 동일
5. B차량이 신호대기 후 출발하여 A차량과 충돌하기까지 등가속한 구간은 18.0m
6. A차량과 충돌할 당시 C차량 속도는 25km/h
7. C차량 운전자는 A차량과 B차량이 충돌하는 순간 위험을 인지하고 제동행위를 취했으며, C차량 운전자의 인지반응시간은 1.5초
8. 중력가속도는 9.8m/sec²
9. 질문에 대해 풀이과정과 단위(속도 단위는 m/sec)를 기술하고, 소수 셋째 자리에서 반올림할 것

[질문 1] 배점 10점
C차량이 제동을 시작할 당시 속도를 구하시오.

[질문 2] 배점 10점
A차량과 B차량 간 충돌에서 A차량과 B차량의 충돌 후 속도를 각각 구하시오.

[질문 3] 배점 10점
B차량과 충돌한 A차량이 정지하고 몇 초 후에 C차량이 A차량과 충돌했는지 구하시오.

[질문 4] 배점 10점
A차량과 B차량 간 충돌에서 A차량과 B차량의 충돌속도를 각각 구하시오.

[질문 5] 배점 10점
B차량이 신호대기 후 출발하여 A차량과 충돌하기까지 소요시간을 구하시오.

풀이

[질문1] C차량의 제동시작 속도

C차량의 제동시작 속도를 V_{3b}, C차량의 A차량과의 충돌시 속도를 V_{3c}, 제동에 의한 스키드마크 발생 동안 감속도를 a_f, 스키드마크의 길이를 d_3라 하면, C차량의 제동시작 속도는

$V_{3b} = \sqrt{(V_{3c})^2 - 2a_f d_3} = \sqrt{(V_{3c})^2 - 2\{-(f \cdot g)\}d_3}$ 가 되어 주어진 조건을 대입하면,

$V_{3b} = \sqrt{(V_{3c})^2 - 2\{-(f \cdot g)\}d_3}$
$= \sqrt{(25/3.6)^2 - 2\{-(0.8)(9.8)\} \cdot 15} ≒ 16.84 m/s$

[질문2] A, B차량의 충돌 후 속도(V_1', V_2')

충돌 후 감속도를 $a_{f'}$, 충돌 후 이동거리를 각각 d_1', d_2'라 하면, $a_{f'} = -f' \cdot g$이므로

A차량의 충돌 후 속도는 $V_1' = \sqrt{0^2 - 2\{-(f' \cdot g)\}(d_1')}$,

B차량의 충돌 후 속도는 $V_1' = \sqrt{0^2 - 2\{-(f' \cdot g)\}(d_1')}$ 가 되어 주어진 조건을 대입하면,

$V_1' = \sqrt{0^2 - 2\{-(0.6 \cdot 9.8)\}(13)} \fallingdotseq 12.36 m/s$,

$V_2' = \sqrt{0^2 - 2\{-(0.6 \cdot 9.8)\} \cdot (7)} \fallingdotseq 9.07 m/s$

[질문3] A차량이 정지한 순간으로부터 C차량이 A차량과 충돌하기까지의 소요시간

ㄱ. C차량이 스키드마크 15.0m를 발생시키면서 진행하는 동안의 소요시간(t_{3b})

$$t_{3b} = \frac{V_{3e} - V_{3b}}{a_{f'}} = \frac{(25/3.6) - 16.84}{-(0.8 \cdot 9.8)} \fallingdotseq 1.26 \sec$$

ㄴ. A·B차량의 충돌로부터 제동조치를 취하기까지 C차량 운전자의 인지반응시간(t_{3PR})은 주어진 조건에서 1.5초임.

ㄷ. A차량과 B차량의 충돌 순간으로부터 C차량과 A차량 충돌까지의 소요시간(t_3)

C차량 운전자의 인지반응시간(t_{3PR})과 C차량이 스키드마크를 발생하면서 진행한 시간(t_{3b})의 합이므로 $t_3 = t_{3PR} + t_{3b} = 1.5 + 1.26 = 2.76 \sec$가 됨.

ㄹ. A차량이 B차량과 충돌 순간부터 정지하기까지 소요된 시간(t_1')

A차량이 충돌로부터 정지하기까지 소요된 시간을 t_1', A차량의 충돌 후 속도는 V_1'라 하면 소요시간은 주어진 조건을 대입하면,

$$t_1' = \frac{0 - V_1'}{-(f' \cdot g)} = \frac{0 - 12.36}{-(0.6 \cdot 9.8)} \fallingdotseq 2.10 \sec$$

ㅁ. A차량이 정지한 순간으로부터 C차량이 A차량과 충돌하기까지의 소요시간은 위 ㄷ항과 ㄹ항의 시간차인 $t_3 - t_1' = 2.76 - 2.10 = 0.66 \sec$가 됨.

[질문4] A차량과 B차량의 충돌에서 각 충돌속도(V_1, V_2)

A차량과 B차량의 충돌 후 속도는 각각 $V_1' = 12.36 m/s$, $V_2' = 9.07 m/s$이고, 충돌 전 진입각은 각각 $\theta_1 = 270°$, $\theta_2 = 180°$이며, 충돌 후 방출각은 각각 $\theta_1' = 250°$, $\theta_2' = 260°$이므로 운동량보존법칙에 의한 충돌속도 방정식을 각각 대입하여 산출하면 아래와 같음.

$m_1 V_1 \sin\theta_1 + m_2 V_2 \sin\theta_2 = m_2 V_2' \sin\theta_2' + m_2 V_2' \sin\theta_2'$에서

$\theta_2 = 180°$이므로 $\sin\theta_2 = \sin 180° = 0$

따라서 $m_1 V_1 \sin\theta_1 = m_1 V_1' \sin\theta_1' + m_2 V_2 \sin\theta_2'$으로부터

$$V_1 = \frac{m_1 V_1' \sin\theta_1' + m_2 V_2' \sin\theta_2'}{m_1 \sin\theta_1}$$

$$V_1 = \frac{1,200 \cdot 12.36 \cdot \sin 250° + 900 \cdot 9.07 \cdot \sin 260°}{1,200 \cdot \sin 270°} \fallingdotseq 18.31 m/s$$

$m_1 V_1 \cos\theta_1 + m_2 V_2 \cos\theta_2 = m_2 V_2' \cos\theta_2' + m_2 V_2' \cos\theta_2'$ 에서

$\theta_1 = 270°$ 이므로 $\cos\theta_1 = \cos 270° = 0$

따라서 $m_2 V_2 \cos\theta_2 = m_1 V_1' \cos\theta_1' + m_2 V_2 \cos\theta_2'$ 으로부터

$$V_2 = \frac{m_1 V_1' \cos\theta_1' + m_2 V_2' \cos\theta_2'}{m_2 \cos\theta_2}$$

$$V_2 = \frac{1{,}200 \cdot 12.36 \cdot \cos 250° + 900 \cdot 9.07 \cdot \cos 260°}{900 \cdot \cos 180°} ≒ 7.21 m/s$$

질문5 B차량이 출발로부터 A차량과 충돌하기까지 소요시간(T_2)

B차량이 A차량과 충돌시의 속도는 $V_2 ≒ 7.21 m/s$ 이고, 진행거리(d_2)는 18.0m이므로 출발로부터 충돌시까지의 가속도(a_2)를 먼저 구하면 아래처럼 $a_2 ≒ 1.44 m/s^2$ 가 됨.

$$a_2 = \frac{(V_2)^2 - 0^2}{2 \cdot d_2} = \frac{(7.21)^2 - 0^2}{2 \cdot 18.0} ≒ 1.44 m/s^2$$

따라서 정지로부터 충돌시까지 가속 진행하는데 소요된 시간(T_2)은

$$T_2 = \frac{V_2 - 0}{a_2} = \frac{7.21 - 0}{1.44} ≒ 5.01 \sec 가 됨.$$

정답
- **질문1** 약 $16.84 m/s$
- **질문2** $V_1' ≒ 12.36 m/s$, $V_2' ≒ 9.07 m/s$
- **질문3** 약 $0.66 \sec$
- **질문4** $V_1 ≒ 18.31 m/s$, $V_2 ≒ 7.21 m/s$
- **질문5** $T_2 ≒ 5.01 \sec$

문제 05 배점 25점 2014년 기출

개요

차량 A가 동쪽에서 서쪽으로 진행하고, 차량 B는 북서쪽에서 남동쪽으로 진행하다 두 차량이 교차로 안에서 충돌하였다. 충돌 전 차량 A는 10m의 스키드마크를 발생하다 충돌 후 20m 남서쪽으로 이동하여 정지하고, 차량 B는 30m 남서쪽으로 이동하여 정지하였다. 충돌 전·후 이동 각도를 좌표계로 표시하면 아래 그림과 같다.

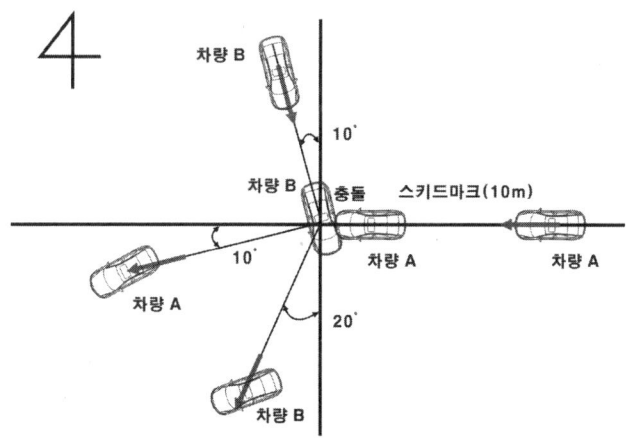

조건

1. 차량 A의 질량은 2,500kg
2. 차량 B의 질량은 3,000kg
3. 차량 A의 제동구간 견인계수는 0.8, 충돌 후 차량 A의 견인계수는 0.4, 충돌 후 차량 B의 견인계수는 0.2
4. 중력가속도는 9.8m/s^2
5. 각 질문에 대한 답의 속도 단위는 m/s로 기술
6. 차량 A는 제동 전 등속운동하였고, 차량 B는 충돌 전 등속운동하였다.
7. 소수 3째 자리에서 반올림하여 계산
8. 풀이 과정을 기술할 것

[질문 1] 배점 10점

차량 A와 차량 B의 충돌 직전 속도를 구하시오.

[질문 2] 배점 5점

차량 A의 제동 직전 속도를 구하시오.

[질문 3] **배점** 10점

교차로에 진입하여 충돌하기까지 진행한 거리가 차량 A와 차량 B 모두 20m로 동일하게 측정되었다. 차량 A와 B 중 어느 차량이 시간상 얼마나 먼저 선진입하였는가.

풀이

질문1 ㄱ. 먼저 충돌 직후 속도를 산출하면 아래와 같다.

$$v_1' = \sqrt{2f_1gd_1} = \sqrt{2 \cdot 0.4 \cdot 9.8 \cdot 20} \fallingdotseq 12.52 m/s$$

$$v_2' = \sqrt{2f_2gd_2} = \sqrt{2 \cdot 0.2 \cdot 9.8 \cdot 30} \fallingdotseq 10.84 m/s$$

ㄴ. 공식에 대입할 조건을 정리하면 다음과 같다.

$$m_1 = 2,500kg, \ v_1' = 12.52m/s, \ \theta_1 = 180°, \ \theta_1' = 190°$$

$$m_2 = 3,000kg, \ v_2' = 10.84m/s, \ \theta_2 = 280°, \ \theta_2' = 250°$$

ㄷ. 충돌 직전 속도 v_1, v_2를 공식에 대입하여 산출한다.

$$v_2 = \frac{m_1v_1'\sin\theta_1' + m_2v_2'\sin\theta_2' - m_1v_1\sin\theta_1}{m_2\sin\theta_2}$$

$$= \frac{2,500 \cdot 12.52 \cdot \sin 190 + 3,000 \cdot 10.84 \cdot \sin 250 - 2,500 \cdot v_1 \cdot \sin 180}{3,000 \cdot \sin 280}$$

$$= \frac{(-5,435) + (-30,559) - 0}{(-2,954)} \fallingdotseq 12.18 m/s$$

$$v_1 = \frac{m_1v_1'\cos\theta_1' + m_2v_2'\cos\theta_2' - m_2v_2\cos\theta_2}{m_1\cos\theta_1}$$

$$= \frac{2,500 \cdot 12.52 \cdot \cos 190 + 3,000 \cdot 10.84 \cdot \cos 250 - 3,000 \cdot 12.18 \cdot \cos 280}{2,500 \cdot \cos 180}$$

$$= \frac{(-30,824) + (-11,122) - 6,345}{(-2,500)} \fallingdotseq 19.32 m/s$$

질문2 $v_b = \sqrt{(v_1)^2 + 2f_bgd_b} = \sqrt{(19.32)^2 + 2 \cdot 0.8 \cdot 9.8 \cdot 10} \fallingdotseq 23.02 m/s$

질문3 $T_1 = t_b + t_1 = \frac{v_1 - v_b}{-(f_b \cdot g)} + \frac{20 - 10}{v_b} = \frac{19.45 - 23.02}{-(0.8 \cdot 9.8)} + \frac{10}{23.02} \fallingdotseq 0.46 + 0.43 = 0.89 \sec$

$T_2 = \frac{d_2}{v_2} = \frac{20}{12.18} \fallingdotseq 1.64\sec, \ T_2 - T_1 = 1.64 - 0.89 = 0.75\sec$

즉, A차량은 0.89초 전에 진입, B차량은 1.64초 전에 진입, 결국 B차량이 A차량보다 0.75초 선진입하였음.

정답

질문1 약 $19.32m/s$, 약 $12.18m/s$

질문2 약 $23.02m/s$

질문3 B차량이 A차량보다 0.75초 선진입

문제 06 배점 50점 | 2010년 기출

개요

등속 주행하던 두 차량이 아래 그림과 같이 교차로에서 직각 충돌하였다. 아래 조건을 참조하여 질문에 답하시오.

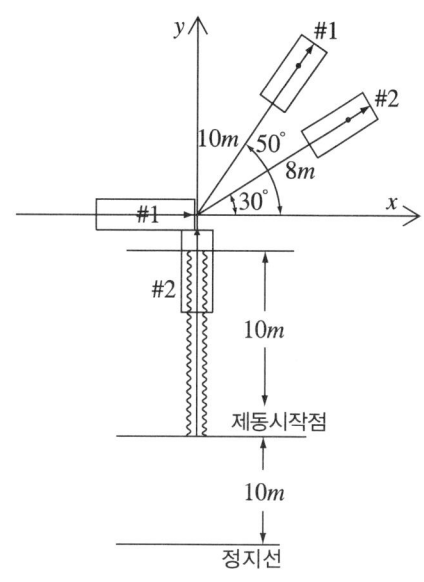

조건

1. 사고 #2차량 충돌 전 발생한 스키드마크 길이 10m이다.
2. 사고 #2차량 정지선에서 제동시작점까지 진행한 직선거리는 10m이다.
3. 충돌 후 사고 #1차량과 사고 #2차량은 각각 10m와 8m 이동하여 정지하였다.
4. 충돌 후 이탈한 각도는 사고 #1차량 50도, 사고 #2차량 30도이다.
5. 사고 #1차량 중량은 1,200kg, 사고 #2차량 중량은 1,500kg이다.
6. 중력가속도는 9.8m/s²이다.
7. 사고 #1, #2차량 충돌 전, 후 견인계수는 0.8이다.
8. 각 질문마다 소수점 둘째 자리에서 반올림할 것

[질문 1] 배점 5점

사고 #1, #2차량 충돌 직후 속도를 구하시오.

[질문 2] 배점 15점

운동량 보존의 법칙을 이용하여 사고 #1, #2차량 충돌시 속도를 구하시오.

[질문 3] 배점 10점
사고 #2차량 제동 시작점의 속도를 구하시오.

[질문 4] 배점 10점
사고 #2차량 제동 전 등속주행하였을 경우, 정지선에서 충돌지점까지 이동하는데 소요된 시간을 구하시오.

[질문 5] 배점 10점
사고 #1차량 충돌 전 등속주행하였을 경우, 사고 #2차량 정지선 진입할 당시 사고 #1차량 위치를 충돌지점을 기준으로 산출하시오.

풀이

질문1 충돌 직후 속도 : $v_1 = \sqrt{2fgd_1} = \sqrt{2 \cdot 0.8 \cdot 9.8 \cdot 10} = \sqrt{156.8} ≒ 12.52 m/s$

$v_2 = \sqrt{2fgd_2} = \sqrt{2 \cdot 0.8 \cdot 9.8 \cdot 8} = \sqrt{125.44} ≒ 11.20 m/s$

질문2 충돌속도

진입각(θ_{10}, θ_{20}) 및 방출각(θ_1, θ_2) : $\theta_{10} = 0°$, $\theta_{20} = 90°$, $\theta_1 = 50°$, $\theta_2 = 30°$

(공식을 사용한 방법)

$$v_{10} = \frac{w_1 v_1 \cos\theta_1 + w_2 v_2 \cos\theta_2 - w_2 v_{20} \cos\theta_{20}}{w_1 \cos\theta_{10}}$$

$$= \frac{1,200 \cdot (12.52)(\cos 50) + 1,500(11.20)(\cos 30) - 1,500 v_{20}(\cos 90)}{1,200(\cos 0)}$$

$$= \frac{1,200 \cdot (12.52)(0.6428) + 1,500(11.20)(0.8660) - 1,500 v_{20}(0)}{1,200(\cos 0)}$$

$$≒ 20.17 m/s ≒ 72.6 km/h$$

$$v_{20} = \frac{w_1 v_1 \sin\theta_1 + w_2 v_2 \sin\theta_2}{w_2 \sin\theta_{20}}$$

$$= \frac{1,200(12.52)\sin 50 + 1,500(11.20)(\sin 30)}{1,500(\sin 90)}$$

$$= \frac{1,200(12.52)(0.7660) + 1,500(11.20)(0.5000)}{1,500(1.0)}$$

$$≒ 13.27 m/s ≒ 47.8 km/h$$

[가로축과 세로축 각각의 운동량 보존의 법칙을 사용한 방법]

가로축과 세로축별로 각각 운동량 보존의 법칙을 적용하면

가로축 $w_1 v_{10} \cos\theta_{10} + w_2 v_{20} \cos\theta_{20} = w_1 v_1 \cos\theta_1 + w_2 v_2 \cos\theta_2$ ·········①

세로축 $w_1 v_{10} \sin\theta_{10} + w_2 v_{20} \sin\theta_{20} = w_1 v_1 \sin\theta_1 + w_2 v_2 \sin\theta_2$ ·········②

① $1,200 \cdot v_{10} \cdot \cos 0 + 1,500 \cdot v_{20} \cdot \cos 90 = 1,200 \cdot 12.52 \cdot \cos 50 + 1,500 \cdot 11.20 \cdot \cos 30$

$1,200 \cdot v_{10} \cdot (1.0) + 1,500 \cdot v_{20} \cdot 0 = 1,200 \cdot 12.52 \cdot (0.6428) + 1,500 \cdot 11.20 \cdot (0.8660)$

$$1,200 \cdot v_{10} = 24,206$$

$$\therefore v_{10} \fallingdotseq 20.17 m/s \fallingdotseq 72.6 km/h$$

② $1,200 \cdot v_{10} \cdot \sin 0 + 1,500 \cdot v_{20} \cdot \sin 90 = 1,200 \cdot 12.52 \cdot \sin 50 + 1,500 \cdot 11.20 \cdot \sin 30$

$$0 + 1,500 \cdot v_{20}(1.0) = 1,200 \cdot 12.52 \cdot (0.7660) + 1,500 \cdot 11.2 \cdot (0.5000)$$

$$1,500 \cdot v_{20} = 19,909$$

$$v_{20} \fallingdotseq 13.27 m/s \fallingdotseq 47.8 km/h$$

충돌속도 ~ #1차량 : 약 72.6km/h, #2차량 : 약 47.8km/h

[질문3] 충돌 전에 10m 길이의 스키드마크가 발생되었다고 하므로 제동시작점의 속도(v_b)는

$v_b = \sqrt{(v_{20})^2 - 2ad}$ 이므로 아래와 같이 65.7km/h가 된다.

$$v_b = \sqrt{(47.8/3.6)^2 - 2(-0.8)(9.8)(10)} \fallingdotseq \sqrt{333.0993}$$

$$\fallingdotseq 18.2510 m/s \fallingdotseq 65.7036 km/h \fallingdotseq 65.7 km/h$$

[질문4] 사고 #2차량이 제동 전 등속주행하였을 경우, 정지선에서 충돌지점까지의 거리는 20m인데, 정지선에서 제동시작점까지 10m, 거리는 약 65.7km/h, 즉 $18.3m/s (= \dfrac{65.7km/h}{3.6})$로 이동하였고, 나머지 10m는 처음속도($v_b$)에서 나중속도(충돌속도 v_{20})까지 감속하였으므로

총소요 시간(T)은 $T = \dfrac{d_1}{(v_b/3.6)} + \dfrac{(v_{20}/3.6) - (v_b/3.6)}{\mu g}$ 가 됨. 그러므로 주어진 요소들을 대입하면, 아래 산출내역과 같이 약 1.2초가 된다.

$$T = \dfrac{10}{65.7/3.6} + \dfrac{47.8/3.6 - 65.7/3.6}{-0.8 \cdot 9.8} \fallingdotseq 0.547 + 0.634 = 1.181 \fallingdotseq 1.2 \sec$$

[질문5] 사고 #2차량 정지선 진입할 당시는 충돌 약 1.2초 전이었으므로 사고 #1차량 위치는 충돌지점으로부터 충돌 전 1.2초 동안의 진행거리를 후퇴시키면 된다. 그런데 사고 #1차량은 충돌 전 등속주행하였다고 하므로 충돌시 속도 v_{10}(72.6km/h≒20.2m/s)로 1.2초 동안 진행한 거리는 $v_{20} \cdot T = 20.2 m/s \cdot 1.2 \sec = 24.2m$ 가 됨.

정답
[질문1] 충돌 직후 속도 #1차량 약 12.52m/s, #2차량 약 11.20m/s
[질문2] #1차량 : 약 72.6km/h, #2차량 : 약 47.8km/h
[질문3] 약 65.7km/h
[질문4] 약 1.2초
[질문5] 충돌지점 후방 약 24.2m

문제 07 배점 25점 2009년 기출

충돌 전 #1차량(중량 2,000kg)은 서에서 동을 향하여 진행하고 #2차량(중량 3,000kg)은 동에서 시계방향으로 45도 각도인 남동방향에서 북서방향으로 주행하다가 충돌하여 북쪽 세로축에서 #1은 서쪽으로 15도, #2는 동쪽으로 10도 방향으로 #1은 8m, #2는 10m로 이동(견인계수 0.5)하여 최종정지한 경우 #1과 #2차량의 충돌속도를 구하시오(모든 산출은 소수 셋째 자리에서 반올림).

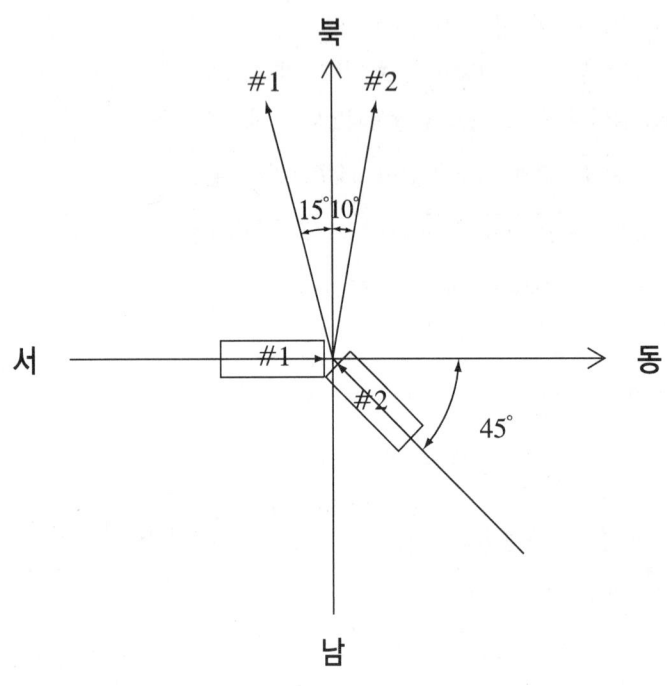

[풀이]

① 충돌 직후 속도 : #1차량 $v_1 = \sqrt{2\mu g d_1} = \sqrt{2 \cdot 0.5 \cdot 9.8 \cdot 8} \fallingdotseq 8.85 m/s$

　　　　　　　　　#2차량 $v_2 = \sqrt{2\mu g d_2} = \sqrt{2 \cdot 0.5 \cdot 9.8 \cdot 10} \fallingdotseq 9.90 m/s$

② 진입각(θ_{10}, θ_{20}) 및 방출각(θ_1, θ_2) : $\theta_{10} = 0°$, $\theta_{20} = (90+45) = 135°$

　　　　　　　　　　　　　　　　　　$\theta_1 = (90+15) = 105°$, $\theta_2 = (90-10) = 80°$

[공식에 대입]

$$v_{20} = \frac{w_1 v_1 \sin\theta_1 + w_2 v_2 \sin\theta_2}{w_2 \sin\theta_{20}} = \frac{2,000 \cdot (8.85) \cdot \sin 105 + 3,000 \cdot (9.90) \cdot \sin 80}{3,000 \cdot \sin 135}$$

$$\fallingdotseq 21.85 m/s \fallingdotseq 78.66 km/h$$

$$v_{10} = \frac{w_1 v_1 \cos\theta_1 + w_2 v_2 \cos\theta_2 - w_2 v_{20} \cos\theta_{20}}{w_1 \cos\theta_{10}}$$

$$= \frac{2,000 \cdot (8.85) \cdot \cos 105 + 3,000 \cdot (9.90) \cdot \cos 80 - 3,000 \cdot 21.85 \cdot \cos 135}{2,000 \cdot \cos 0}$$

$$\fallingdotseq 23.46 m/s \fallingdotseq 84.46 km/h$$

[가로축·세로축끼리 운동량 보존의 법칙 사용]

가로축 : $w_1 v_{10} \sin\theta_{10} + w_2 v_{20} \sin\theta_{20} = w_1 v_1 \sin\theta_1 + w_2 v_2 \sin\theta_2$

$2{,}000 \cdot v_{10} \cdot \sin 0 + 3{,}000 \cdot v_{20} \cdot \sin 135 = 2{,}000 \cdot 8.85 \cdot \sin 105 + 3{,}000 \cdot 9.90 \cdot \sin 80$

$2{,}121 v_{20} = 46{,}346$

$\therefore v_{20} \fallingdotseq 21.85 m/s \fallingdotseq 78.66 km/h$

세로축 : $w_1 v_{10} \cos\theta_{10} + w_2 v_{20} \cos\theta_{20} = w_1 v_1 \cos\theta_1 + w_2 v_2 \cos\theta_2$

$2{,}000 \cdot v_{10} \cdot \cos 0 + 3{,}000 \cdot 21.85 \cdot \cos 135 = 2{,}000 \cdot 8.85 \cdot \cos 105 + 3{,}000 \cdot 9.90 \cdot \cos 80$

$2{,}000 v_{10} + (-46{,}351) = (-4{,}581) + 5{,}157$

$\therefore v_{10} \fallingdotseq 23.46 m/s \fallingdotseq 84.46 km/h$

정답
#1차량 : 약 84.46km/h
#2차량 : 약 78.66km/h

문제 08 배점 25점 2008년 기출

중량 2,500kg인 #1차량은 서에서 동을 향하고 중량 3,000kg인 #2차량은 남에서 북을 향하다가 서로 직각으로 충돌하여 충돌 직후 #1차량은 12m/s², #2차량은 14m/s 속도로 아래 그림과 같은 각도로 각각 튕겨나가 정지하였다. 두 차량의 사고 당시 속도를 구하시오(소수 셋째 자리 반올림).

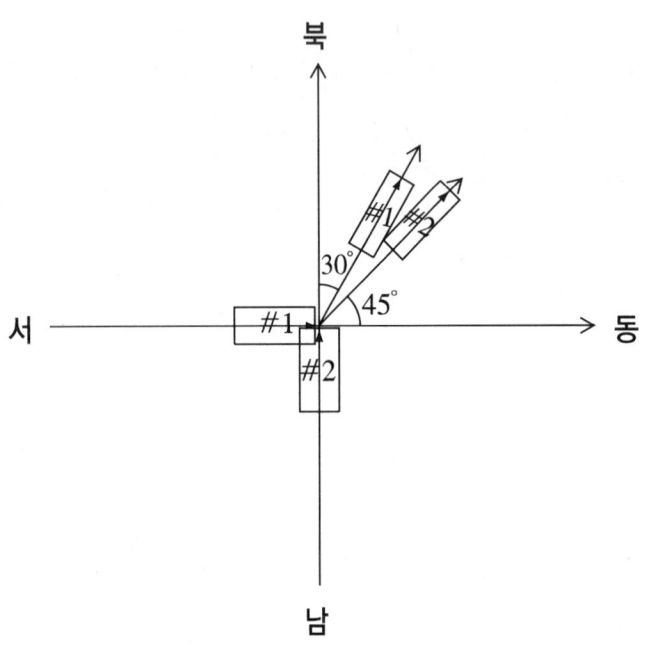

풀이

① 진입각 : $\theta_{10} = 0°$, $\theta_{20} = 90°$, 방출각 : $\theta_1 = (90 - 30) = 60°$, $\theta_2 = 45°$

[공식에 대입]

$$v_{20} = \frac{w_1 v_1 \sin\theta_1 + w_2 v_2 \sin\theta_2}{w_2 \sin\theta_{20}} = \frac{2,500 \cdot 12 \cdot \sin 60 + 3,000 \cdot 14 \cdot \sin 45}{3,000 \cdot \sin 90}$$

$$\fallingdotseq 18.56 m/s \fallingdotseq 66.82 km/h$$

$$v_{10} = \frac{w_1 v_1 \cos\theta_1 + w_2 v_2 \cos\theta_2 - w_2 v_{20} \cos\theta_{20}}{w_1 \cos\theta_{10}}$$

$$= \frac{2,500 \cdot 12 \cdot \cos 60 + 3,000 \cdot 14 \cdot \cos 45 - 3,000 \cdot 18.56 \cdot \cos 90}{2,500 \cdot \cos 0}$$

$$\fallingdotseq 17.88 m/s \fallingdotseq 64.37 km/h$$

[가로축·세로축끼리 운동량 보존의 법칙 사용]

가로축 : $w_1 v_{10} \sin\theta_{10} + w_2 v_{20} \sin\theta_{20} = w_1 v_1 \sin\theta_1 + w_2 v_2 \sin\theta_2$

$2,500 \cdot v_{10} \cdot \sin 0 + 3,000 \cdot v_{20} \cdot \sin 90 = 2,500 \cdot 12 \cdot \sin 60 + 3,000 \cdot 14 \cdot \sin 45$

$$3{,}000 v_{20} \fallingdotseq 55{,}679$$

$$\therefore v_{20} \fallingdotseq 18.56 m/s \fallingdotseq 66.82 km/h$$

세로축 : $w_1 v_{10} \cos\theta_{10} + w_2 v_{20} \cos\theta_{20} = w_1 v_1 \cos\theta_1 + w_2 v_2 \cos\theta_2$

$$2{,}500 \cdot v_{10} \cdot \cos 0 + 3{,}000 \cdot 21.85 \cdot \cos 90 = 2{,}500 \cdot 12 \cdot \cos 60 + 3{,}000 \cdot 14 \cdot \cos 45$$

$$2{,}500 v_{10} = 15{,}000 + 29{,}698$$

$$\therefore v_{10} \fallingdotseq 17.88 m/s \fallingdotseq 64.37 km/h$$

정답
#1차량 : 약 64.37km/h
#2차량 : 약 66.82km/h

문제 09 배점 25점 2007년 기출

개요

#1차량은 동에서 서를 향하여, #2차량은 서↔동 가로축과 40도 각도를 이루는 북서 방향에서 진입하여 충돌 후 서↔동 가로축과 20도 각도를 이루는 남서 방향으로 튕겨 나갔다. 충돌 직후 속도는 #1이 10m/s, #2는 15m/s라고 하며, #1의 중량은 2,500kg, #2는 3,500kg이라고 한다.

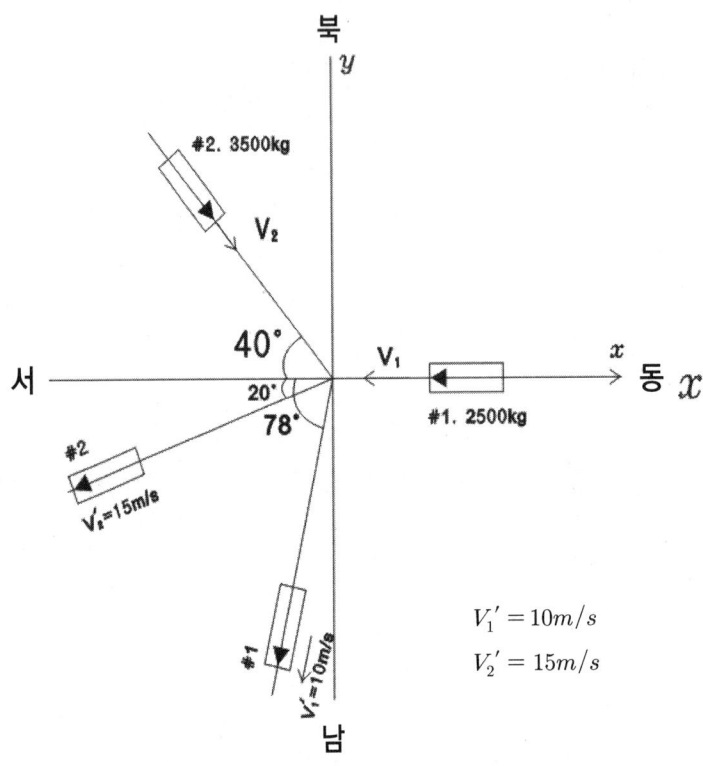

$V_1' = 10m/s$
$V_2' = 15m/s$

#1과 #2차량의 충돌속도를 구하시오(소수 셋째 자리 반올림).

풀이

① 진입각 : $\theta_{10} = 180°$, $\theta_{20} = 320°$

② 방출각 : $\theta_1 = (180 + 78) = 258°$, $\theta_2 = (180 + 20) = 200°$

[공식에 대입]

$$v_{20} = \frac{w_1 v_1 \sin\theta_1 + w_2 v_2 \sin\theta_2}{w_2 \sin\theta_{20}} = \frac{2,500 \cdot 10 \cdot \sin 258 + 3,500 \cdot 15 \cdot \sin 200}{3,500 \cdot \sin 320}$$

$\fallingdotseq 18.85 m/s \fallingdotseq 67.86 km/h$

$$v_{10} = \frac{w_1 v_1 \cos\theta_1 + w_2 v_2 \cos\theta_2 - w_2 v_{20} \cos\theta_{20}}{w_1 \cos\theta_{10}}$$

$$= \frac{2{,}500 \cdot 10 \cdot \cos 258 + 3{,}500 \cdot 15 \cdot \cos 200 - 3{,}500 \cdot 18.85 \cdot \cos 320}{2{,}500 \cdot \cos 180}$$

$$\fallingdotseq 42.03 m/s \fallingdotseq 151.30 km/h$$

[가로축·세로축끼리 운동량 보존의 법칙 사용]

가로축 : $w_1 v_{10} \sin\theta_{10} + w_2 v_{20} \sin\theta_{20} = w_1 v_1 \sin\theta_1 + w_2 v_2 \sin\theta_2$

$\qquad 2{,}500 \cdot v_{10} \cdot \sin 180 + 3{,}500 \cdot v_{20} \cdot \sin 320 = 2{,}500 \cdot 10 \cdot \sin 258 + 3{,}500 \cdot 15 \cdot \sin 200$

$\qquad 0 + 3{,}500 \cdot v_{20} \cdot (-0.6428) = 2{,}500 \cdot 10 \cdot (-0.9781) + 3{,}500 \cdot 15 \cdot (-0.3420)$

$\qquad -2{,}250 v_{20} = -42{,}410$

$\qquad \therefore v_{20} \fallingdotseq 18.85 m/s \fallingdotseq 67.86 km/h$

세로축 : $w_1 v_{10} \cos\theta_{10} + w_2 v_{20} \cos\theta_{20} = w_1 v_1 \cos\theta_1 + w_2 v_2 \cos\theta_2$

$\qquad 2{,}500 \cdot v_{10} \cdot \cos 180 + 3{,}500 \cdot 18.85 \cdot \cos 320 = 2{,}500 \cdot 10 \cdot \cos 258 + 3{,}500 \cdot 15 \cdot \cos 200$

$\qquad -2{,}500 \cdot v_{10} + 50{,}540 = -5{,}198 - 49{,}334$

$\qquad \therefore v_{10} \fallingdotseq 42.03 m/s \fallingdotseq 151.30 km/h$

정답 #1차량 : 약 151.30km/h

#2차량 : 약 67.86km/h

4 1차원 운동량 보존법칙 관련 정답 및 풀이

문제 01 배점 50점 2021년 기출

개요

질량 2000kg인 A차량이 서쪽에서 동쪽으로 직진하고, 질량 1800kg인 B차량이 남쪽에서 북쪽으로 직진하다 A차량의 우측면을 B차량의 전면으로 충돌하였다. A차량은 B차량과 충돌한 후 좌측 전방으로 이동하여 맞은편에 정지해 있던 질량 1500kg인 C차량과 2차 충돌하였다. A차량의 블랙박스 영상에서 사고 상황이 확인되고, 영상은 1초당 30프레임(30fps)으로 저장되어 있으며, 영상을 분석한 결과 A차량이 교차로 정지선을 통과한 시점부터 B차량과 충돌한 시점까지 75프레임이 경과되었다.

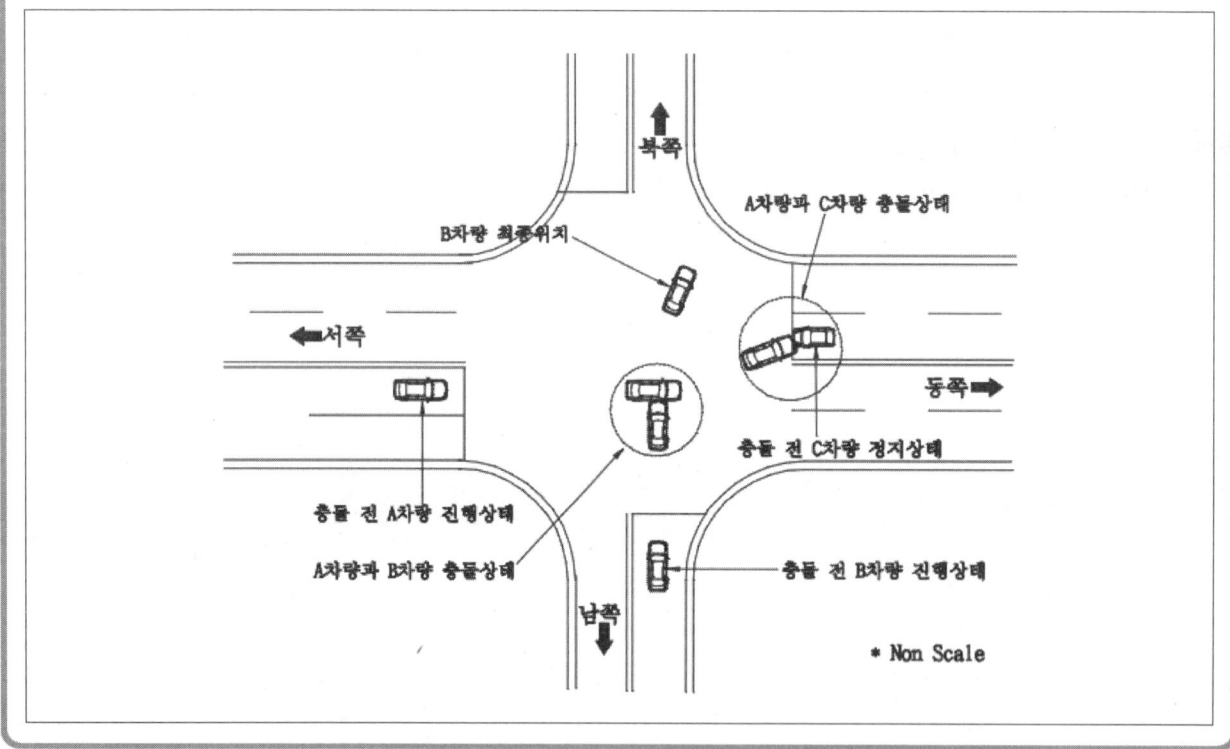

> **조건**
> 1. A차량에서 추출한 EDR(Event Data Recorder) 데이터의 이벤트 1(표 2,3,4,5)은 A차량이 B차량과 충돌할 때 저장된 것으로 간주
> 2. A차량에서 추출한 EDR(Event Data Recorder) 데이터의 이벤트 2(표 6,7,8,9)는 A차량이 C차량과 충돌할 때 저장된 것으로 간주
> 3. 각 차량 EDR 정보의 기록 기준시점(0.0초)을 충돌 시점으로 간주
> 4. EDR 자료의 속도 데이터는 0.5초 간격의 순간 속도임
> 5. 계산식의 경우 관계식 및 풀이과정을 단위와 함께 기술하고, 계산과정에서 소수 셋째 자리에서 반올림

아래 주어진 EDR 자료를 참고하여 질문에 답하시오.

[질문 1] 배점 5점

EDR 데이터의 이벤트 1 기록을 근거로 -5.0초부터 0초까지 A차량의 평균 가속도를 구하시오.

[질문 2] 배점 15점

EDR 데이터의 이벤트 1 기록을 근거로 A차량의 정면을 기준(0°, 12시)으로 주충격력 작용방향(Principle Direction of Force) 각도를 구하시오.

[질문 3] 배점 10점

EDR 데이터의 이벤트 1이 A차량과 B차량의 충돌과정에서 저장되었다고 볼 수 있는 근거 3가지를 제시하시오.

[질문 4] 배점 5점

A차량이 교차로 정지선을 통과하는 시점일 때 A차량의 속도를 구하시오.

[질문 5] 배점 15점

EDR 데이터의 이벤트 2를 근거로 정지해 있던 C차량이 A차량에 충돌된 직후 속도를 구하시오.

[표 1] A차량의 EDR 기록정보 방향

기록항목	+ 방향	비고
진행방향 가속도	진행 방향	그림1에서 +X
진행방향 속도변화 누계	진행 방향	그림1에서 +X
측면방향 가속도	좌측에서 우측 방향	그림1에서 +Y
측면방향 속도변화 누계	좌측에서 우측 방향	그림1에서 +Y
수직방향 가속도	상측에서 하측 방향	그림1에서 +Z
조향핸들 각도	반 시계 방향	-

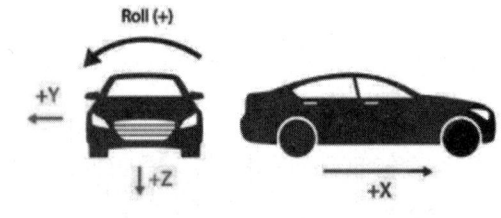

〈그림 1〉 A차량의 EDR 기록정보 방향

[표 2] A차량의 EDR 데이터(이벤트 1) - 사고시점의 EDR 정보

다중사고 횟수(1 or 2)	1개 이벤트
다중사고 간격 1 to 2[msec]	0
정상기록 완료 여부(Yes or No)	YES
충돌기록시 시동 스위치 작동 누적횟수[cycle]	6510
정보추출시 시동 스위치 작동 누적횟수[cycle]	6512

[표 3] A차량의 EDR 데이터(이벤트 1) - 사고 이전 차량 정보

시간 (sec)	속도 (km/h)	엔진회전수 (rpm)	가속페달 변위량 (%)	제동페달 작동 여부(ON/OFF)	조향핸들 각도 (degree)
-5.0	62	1800	16	OFF	0
-4.5	62	1800	17	OFF	0
-4.0	60	1700	16	OFF	0
-3.5	60	1700	16	OFF	0
-3.0	60	1700	16	OFF	0
-2.5	59	1600	15	OFF	0
-2.0	58	1600	15	OFF	0
-1.5	58	1600	16	OFF	0
-1.0	58	1600	16	OFF	0
-0.5	58	1500	15	OFF	0
0	56	1500	15	OFF	0

[표 4] A차량의 EDR 데이터(이벤트 1) - 사고 시점의 구속장치의 전개명령 정보

운전석 정면 에어백 전개시간(msec)	에어백 전개되지 않음
조수석 정면 에어백 전개시간(msec)	에어백 전개되지 않음
운전석 측면 에어백 전개시간(msec)	에어백 전개되지 않음
조수석 측면 에어백 전개시간(msec)	48
운전석 커튼 에어백 전개시간(msec)	에어백 전개되지 않음
조수석 커튼 에어백 전개시간(msec)	48
운전석 안전띠 프리로딩 장치 전개시간(msec)	48
조수석 안전띠 프리로딩 장치 전개시간(msec)	48

[표 5] A차량의 EDR 데이터(이벤트 1) - 사고 데이터 속도변화 누계(km/h)

진행방향 최대 속도 변화량(km/h)	−2
진행방향 최대 속도 변화값 시간(msec)	250.0
측면방향 최대 속도 변화량(km/h)	−12
측면방향 최대 속도 변화값 시간(msec)	250.0

[표 6] A차량의 EDR 데이터(이벤트 2) - 사고시점의 EDR 정보

다중사고 횟수(1 or 2)	2개 이벤트
다중사고 간격 1 to 2[msec]	2000
정상기록 완료 여부(Yes or No)	YES
충돌기록시 시동 스위치 작동 누적횟수[cycle]	6510
정보추출시 시동 스위치 작동 누적횟수[cycle]	6512

[표 7] A차량의 EDR 데이터(이벤트 2) - 사고 이전 차량 정보

시간 (sec)	속도 (km/h)	엔진회전수 (rpm)	가속페달 변위량 (%)	제동페달 작동 여부(ON/OFF)	조향핸들 각도 (degree)
−5.0	60	1700	16	OFF	0
−4.5	59	1600	15	OFF	0
−4.0	58	1600	15	OFF	0
−3.5	58	1600	16	OFF	0
−3.0	58	1600	16	OFF	0
−2.5	58	1500	15	OFF	0
−2.0	56	1500	15	OFF	0
−1.5	51	1300	0	OFF	0
−1.0	45	1200	0	OFF	0
−0.5	42	1000	0	OFF	0
0	38	800	0	OFF	0

[표 8] A차량의 EDR 데이터(이벤트 2) - 사고 시점의 구속장치의 전개명령 정보

운전석 정면 에어백 전개시간(msec)	54
조수석 정면 에어백 전개시간(msec)	54
운전석 측면 에어백 전개시간(msec)	-
조수석 측면 에어백 전개시간(msec)	-
운전석 커튼 에어백 전개시간(msec)	-
조수석 커튼 에어백 전개시간(msec)	-
운전석 안전띠 프리로딩 장치 전개시간(msec)	-
조수석 안전띠 프리로딩 장치 전개시간(msec)	-

[표 9] A차량의 EDR 데이터(이벤트 2) - 사고 데이터 속도변화 누계(km/h)

진행방향 최대 속도 변화량(km/h)	-16
진행방향 최대 속도 변화값 시간(msec)	200.0
측면방향 최대 속도 변화량(km/h)	0
측면방향 최대 속도 변화값 시간(msec)	0

[풀이] **[질문1]** 주어진 조건은 -0.5초의 속도(v_i) 60km/h, 0초의 속도(v_e) 38km/h임.

가속도(a)는 방정식 $a = \dfrac{v_e - v_i}{t}$이므로 위 주어진 조건을 대입하면

$$a = \frac{v_e - v_i}{t} = \frac{(60/3.6) - (38/3.6)}{0.5} \fallingdotseq -1.22 m/s^2$$

[질문2]

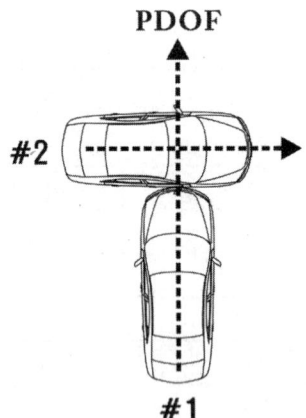

A차량은 충돌 전 서 → 동을 향하고 B차량은 충돌 전 남 → 북을 향하다가 B차량의 앞부분과 A차량의 측면이 충돌하였는데, A차량의 정면을 0°, 12시라고 하였으므로 B차량의 충돌 전 방향과 이루고 있는 각도는 90°이다. 따라서 주충격력 작용방향 각도는 90°임.

질문3 ① A차량은 우측면과 B차량의 전면이 직각(90°)으로 충격(개요의 도면 참조)하였음.
② 조수석의 측면 에어백, 커튼 에어백, 운전석 및 조수석 안전띠가 작동[표 4 참조]됨.
③ 측면방향 최대속도 변화량이 진행방향 최대속도 변화량의 6배[표 5 참조]로 큼.

질문4 ㉠ 주어진 조건에서 "A차량이 교차로 정지선을 통과한 시점부터 B차량과 충돌한 시점까지 75프레임이 경과되었다."라 하므로 위 정지선 통과부터 충돌 시까지의 소요시간을 산출하면

$$t = \frac{\text{두 지점 경과 프레임}}{\text{초당 프레임}} = \frac{75}{30} = 2.5\text{sec}가 됨.$$

㉡ [표 3] 사고 이전 차량 정보를 보면 −2.5sec(충돌 직전 2.5초 전)의 속도는 59km/h임.

질문5 주어진 조건은 개요에서 A차량의 질량(m_1) 2000kg, C차량의 질량(m_3) 1500kg, [표 7]에서 A차량의 충돌속도(v_1) 38km/h, C차량의 충돌속도(v_1)는 정지상태 0km/h를 운동량보존의 법칙 방정식에 대입하면 아래 산출내역과 같다.

$m_1 v_1 + m_3 v_3 = (m_1 + m_3)V$

$2000 \times 38 + 1500 \times 0 = (2000 + 1500)V$

$V = \frac{76000 + 0}{3500}$

$V \fallingdotseq 21.71 km/h$

질문1	$-1.22 m/s^2$
질문2	90°
질문3	풀이 참조
질문4	59km/h
질문5	$21.71 km/h$

문제 02 배점 25 2021년 기출

조건

아래 질문에서 계산식의 경우 관계식 및 풀이과정을 단위와 함께 기술하고, 소수 셋째 자리에서 반올림

[질문 1] 배점 5점

질량 m_1, 속도 v_{10}인 A차량과 질량 m_2, 속도 v_{20}인 B차량이 충돌하여 A차량의 속도가 v_1, B차량의 속도가 v_2가 되었다. 운동량 보존의 법칙에 대해 설명하고 운동량 보존의 법칙 공식을 기술하시오.

[질문 2] 배점 5점

반발계수에 대해 설명하고, 반발계수의 공식을 기술하시오.

[질문 3] 배점 10점

질량 m_1인 A차량이 v_{10}의 속도로 진행하다 전방에 정지해 있는 질량 m_2인 B차량의 후미를 추돌하였을 때 추돌 후 A차량의 속도(v_1)와 B차량의 속도(v_2)를 구하는 공식을 유도하시오. 단, A차량이 B차량의 후미추돌시 반발계수(e)를 적용한다.

[질문 4] 배점 5점

질량 1000kg인 A차량이 50km/h 속도로 진행하다 전방에 정지해 있는 질량 1600kg인 B차량의 후미를 추돌하였다. B차량의 속도변화를 구하시오(A차량이 B차량의 후미추돌시 반발계수는 0.3).

풀이

질문1 ① 운동량 보존의 법칙 : "모든 물체들의 상호작용에 있어 작용하기 전과 후의 운동량의 총합은 같다."란 것으로 교통사고에 있어서는 '충돌 차량들의 충돌 전운동량의 합은 충돌 후 운동량의 합과 같다.'는 것이다.

② 운동량 보존의 법칙 공식 : $m_1 v_{10} + m_2 v_{20} = m_1 v_1 + m_2 v_2$

질문2 ① 반발계수 : 충돌상대속도와 반발상대속도와의 비율이고, 충돌이라는 변형현상에 의해 일단 변형에너지로 전환된 운동에너지가 어느 정도 다시 운동에너지로 회복되는가를 나타내는 계수이다.

② 반발계수의 공식 : $e = \dfrac{v_2 - v_1}{v_{10} - v_{20}}$ 여기서 v_{10}, v_{20} : 충돌속도, v_1, v_2 : 충돌직후 속도

질문3 운동량 보존의 법칙에 의하여 $m_1 v_{10} + m_2 v_{20} = m_1 v_1 + m_2 v_2$ ·············(1)

반발계수(e)는 다음과 같이 쓸 수 있다. $e = \dfrac{v_2 - v_1}{v_{10} - v_{20}}$ ·············(2)

(1), (2)를 연립하면

$$v_1 = v_{10} - \dfrac{m_2}{m_1 + m_2}(1+e)(v_{10} - v_{20}), \quad v_2 = v_{20} + \dfrac{m_1}{m_1 + m_2}(1+e)(v_{10} - v_{20})$$

질문4 ① $m_1 v_{10} + m_2 v_{20} = m_1 v_1 + m_2 v_2 \cdots$(1)에서 $1000 \times 50 + 1600 \times 0 = 1000 v_1 + 1600 v_2$를 정리하면

$1000 v_1 + 1600 v_2 = 50000$ ·············(2)

② $e = \dfrac{v_2 - v_1}{v_{10} - v_{20}} \cdots (3)$ 에서 $0.3 = \dfrac{v_2 - v_1}{50 - 0}$, $15 = v_2 - v_1$, $v_2 = v_1 + 15 \cdots (4)$

③ (4)를 (2)에 대입하면 $1000v_1 + 1600(v_1 + 15) = 50000$을 정리하면
$2600v_1 + 24000 = 50000$, $2600v_1 = 26000$, $v_1 = 10 m/s \cdots (5)$

⑤ (5)를 (4)에 대입하면 $v_2 = 10 + 15 = 25 m/s \cdots (6)$

⑥ B차량의 속도변화는 $v_2 - v_{20} = 25 - 0 = 25 m/s$

정답
- 질문1 풀이 참조
- 질문2 풀이 참조
- 질문3 풀이 참조
- 질문4 25m/s

문제 03 배점 50점 2016년 기출

개요
아래 그림은 2대의 차량이 정면충돌하는 3가지 상황을 나타낸 것이다.

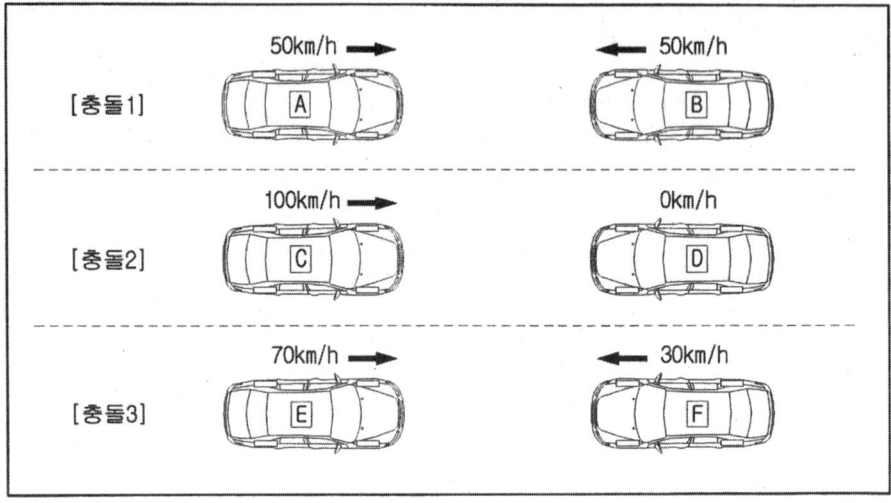

조건
1. 차량 6대는 질량이 각각 1,800kg인 동종(同種)의 차량임.
2. 충돌의 반발계수는 0이며, 충돌차량은 접촉 손상부위가 맞물려 정지함.
3. 계산식의 경우 관계식 및 풀이과정을 단위와 함께 기술하시오.
4. 각 질문마다 소수점 셋째 자리에서 반올림하시오.

[질문 1] 배점 5점
다음에서 설명하는 물리법칙은 무엇인가?

> 충돌하는 두 물체 사이에서 크기는 같고 방향이 반대이며, 직선상에서 동시에 작용하는 서로 다른 힘을 F1, F2라 할 때, $F1 = -F2$의 수식이 성립한다.

[질문 2] 배점 15점
충돌1에서 관계식을 이용하여 A차량의 유효충돌속도를 구하시오.

[질문 3] 배점 5점
충돌2에서 C차량과 D차량의 충돌부위 손상 정도를 비교하여 기술하시오.

[질문 4] 배점 10점
충돌3에서 E차량과 F차량의 충돌 후 공통속도를 구하시오.

[질문 5] 배점 15점
충돌3에서 E차량과 F차량의 충돌과정 중 소실된 에너지양을 구하시오.

풀이

질문1 작용·반작용의 법칙

질문2 ㄱ. A, B 두 차량의 충돌속도를 v_a, v_b, 충돌 후 속도를 v_a', v_b' 라고 할 때, '충돌의 반발계수는 0'이라 하므로 '충돌1'에서 $e = \dfrac{v_b' - v_a'}{v_a - v_b} = \dfrac{v_b' - v_a'}{50 - (-50)} = 0$이 성립하며, 따라서 $v_a' = v_b'$가 됨. 또한 조건에서 '접촉손상부위가 맞물려 정지'라 하므로 $v_a' = v_b' = 0$이 성립하는 점도 같음.

ㄴ. A차량의 유효충돌속도(ΔV_a)는

$$\Delta V_a = \dfrac{m_b}{m_a + m_b}(v_a - v_b) = \dfrac{1{,}800}{1{,}800 + 1{,}800}\{50 - (-50)\} = \dfrac{1}{2} \cdot 100 = 50\,km/h$$

질문3 C차량의 유효충돌속도(ΔV_c)는 $\Delta V_c = \dfrac{m_d}{m_c + m_d}(v_c - v_d) = \dfrac{1}{2}(100 - 0) = 50\,km/h$

D차량의 유효충돌속도(ΔV_d)는 $\Delta V_d = \dfrac{m_c}{m_c + m_d}(v_c - v_d) = \dfrac{1}{2}(100 - 0) = 50\,km/h$

C, D차량의 유효충돌속도는 $50\,km/h$로 같으므로 두 차량의 손상 정도는 같음.

질문4 ㄱ. E, F차량의 유효충돌속도(ΔV_e, ΔV_f)는 아래와 같음.

$$\Delta V_e = \dfrac{m_f}{m_e + m_f}(v_e - v_f) = \dfrac{1{,}800}{1{,}800 + 1{,}800}\{70 - (-30)\} = 50\,km/h$$

$$\Delta V_f = \dfrac{m_e}{m_e + m_f}(v_e - v_f) = \dfrac{1{,}800}{1{,}800 + 1{,}800}\{70 - (-30)\} = 50\,km/h$$

ㄴ. 충돌 후 공통속도를 V_c라 하면 $\Delta V_e = v_e - V_c$, $\Delta V_f = V_c - v_f$ 성립

따라서 $V_c = v_e - \Delta V_e$와 $V_c = \Delta V_f + v_f$가 되므로 각각 대입하면

$V_c = 70 - 50 = 20 km/h$, $V_c = \Delta V_f + v_f = 50 + (-30) = 20 km/h$

[질문5] **충돌시 에너지**

$E_1 = \dfrac{1}{2} \cdot 1,800 \cdot (70/3.6)^2 ≒ 340,278 J$

$E_2 = \dfrac{1}{2} \cdot 1,800 \cdot (30/3.6)^2 ≒ 62,500 J$

충돌 직후 $E_c = \dfrac{1}{2} \cdot 1,800 \cdot (20/3.6)^2 ≒ 27,778 J$

E차량의 소실에너지 $\Delta E_1 = E_1 - E_c = 340,278 - 27,778 = 312,500 J$

F차량의 소실에너지 $\Delta E_2 = E_2 - E_c = 62,500 - 27,778 = 34,722 J$

정답
- [질문1] 작용·반작용의 법칙
- [질문2] 50km/h
- [질문3] C, D차량의 유효충돌속도는 50km/h로 같으므로 두 차량의 손상 정도는 같음.
- [질문4] 20km/h
- [질문5] E차량 312,500J, F차량 34,722J

문제 04 배점 25점   2008년 기출

개요

질량 3,000kg의 화물차가 교차로 정지선에 정지하고 있던 질량 2,000kg의 승용차 뒷부분을 충돌한 후 두 차량은 낀 채 15m 이동하여 최종정지하였다. 충돌 전 화물차의 제동흔적은 10m, 견인계수는 0.8이다.

[질문 1] 배점 5점

화물차의 충돌 직후 속도는?

[질문 2] 배점 15점

화물차의 충돌 직전 속도는?

[질문 3] 배점 5점

화물차의 제동 직전 속도는?

풀이

질문1 $V = \sqrt{2fgd} = \sqrt{2 \cdot 0.8 \cdot 9.8 \cdot 15} \fallingdotseq 15.3 m/s \fallingdotseq 55.2 km/h$

질문2 $m_1 v_{10} + m_2 v_{20} = (m_1 + m_2)V$

$3,000 v_{10} + m_2 \cdot 0 = (3,000 + 2,000) \cdot 15.3$

$3,000 v_{10} = 5,000 \cdot 15.3$

$v_{10} \fallingdotseq 25.5 m/s \fallingdotseq 91.8 km/h$

질문3 $v_b = \sqrt{(v_{10})^2 - 2ad_b} = \sqrt{(25.5)^2 - 2\{-(0.8 \cdot 9.8) \cdot (10)\}} \fallingdotseq 28.4 m/s \fallingdotseq 102.3 km/h$

정답

질문1 약 $55.2 km/h$

질문2 약 $91.8 km/h$

질문3 약 $102.3 km/h$

5 일·에너지 관련 정답 및 풀이

문제 01 배점 50점 2014년 기출

개요

질량 1,000kg의 승용차가 평탄한 도로를 이탈하여 높이 1미터 아래로 낙하한 후 미끄러지기 시작하여 질량 1,500kg의 바위와 충돌하였다. 이후 승용차는 바위와 접합된 채 2미터를 함께 이동하여 최종 정지하였다. 이를 그림으로 나타내면 다음과 같다.

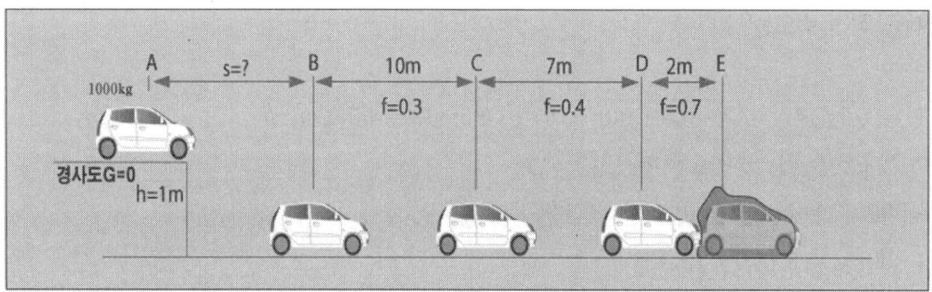

각 구간별 견인계수는 그림에 나타낸 바와 같으며, 승용차가 바위와 접합된 채 이동시에는 공히 견인계수 0.7을 적용한다. 이 사고를 선형운동으로 가정할 때, 다음 질문에 답하시오.

조건

1. 중력가속도 $g = 9.8 m/s^2$ 적용
2. B지점에서 낙하충격에 의한 속도감속은 없는 것으로 간주한다.
3. 풀이과정을 기술하고 속도단위는 m/s로 사용

[질문 1] 배점 15점

승용차가 바위와 충돌하기 직전의 속도, 즉 D위치에서의 속도(V_D)를 계산하시오. 단, 이 충돌은 완전 비탄성 충돌이다. V_D는 소수 둘째 자리에서 반올림하여 나타내시오.

[질문 2] 배점 5점

그림의 C위치에서 승용차 속도(V_C)를 계산하시오. 단, V_C는 소수 둘째 자리에서 반올림하여 나타내시오.

[질문 3] 배점 5점

그림의 B위치에서 승용차 속도(V_B)를 계산하시오. 단, V_B는 소수 둘째 자리에서 반올림하여 나타내시오.

[질문 4] 배점 10점

앞의 결과를 토대로 승용차가 도로를 이탈하여 비행한 거리(s)를 계산하시오. 단, 공기저항은 무시하고, s는 소수 둘째 자리에서 반올림하여 나타내시오.

[질문 5] 배점 15점

B-C, C-D, D-E 구간별 KE(Kinetic Energy)를 구하고, 이를 통해 앞에서 산출된 도로 이탈 직전의 속도를 검증하시오(다음을 산출하시오 : ① 구간별 KE, ② KE에너지의 총합, ③ 도로 이탈 직전 속도 산정).

풀이

[질문1] $V_D' = \sqrt{2f_{D-E}\, g\, d_{D-E}} = \sqrt{2 \cdot 0.7 \cdot 9.8 \cdot 2} = \sqrt{27.44} \fallingdotseq 5.2 m/s$

$m_1 V_D + m_2 v_2 = (m_1 + m_2) V_D'$

$1,000\, V_D + 1,500 \cdot 0 = (1,000 + 1,500) \cdot 5.2$

$V_D = \dfrac{2,500 \cdot 5.2}{1,000} = 13 m/s$

[질문2] $V_C = \sqrt{v_1^2 - 2a_{C-D}\, d_{C-D}} = \sqrt{(13)^2 - 2\{-(0.4 \cdot 9.8)\} \cdot 7} \fallingdotseq 15.0 m/s$

[질문3] $V_B = \sqrt{V_C^2 - 2a_{B-C}\, d_{B-C}} = \sqrt{(15.0)^2 - 2\{-(0.3 \cdot 9.8)\} \cdot 10} \fallingdotseq 16.8 m/s$

[질문4] $V_B = s\sqrt{\dfrac{g}{2(sG - h_A)}}$에서 $s = V_B \sqrt{\dfrac{2(sG - h_A)}{g}}$ 이므로

$s = 16.8 \sqrt{\dfrac{2\{s \cdot 0 - (-1)\}}{9.8}} = 16.8 \sqrt{\dfrac{2(0+1)}{9.8}} = 16.8 \sqrt{\dfrac{2}{9.8}} \fallingdotseq 7.6 m$

[질문5] ① $KE_{B-C} = f_{B-C} \cdot w_1 \cdot d_{B-C} = 0.3 \cdot (1,000 \cdot 9.8) \cdot 10 = 29,400 J$

$KE_{C-D} = f_{C-D} \cdot w_1 \cdot d_{C-D} = 0.4 \cdot (1,000 \cdot 9.8) \cdot 7 = 27,440 J$

$KE_{D-E} = f_{D-E} \cdot (w_1 + w_2) \cdot d_{D-E} = 0.7 \cdot \{(1,000 + 1,500) \cdot 9.8\} \cdot 2 = 34,300 J$

$KE_D = \dfrac{1}{2} m V_D^2 = \dfrac{1}{2} \cdot 1,000 \cdot 13^2 \fallingdotseq 84,500 J$

② $KE_T = KE_{B-C} + KE_{C-D} + \dfrac{1}{2} m V_D^2 = 29,400 + 27,440 + 84,500 = 141,340 J$

③ $V_B = \sqrt{\dfrac{2E_T}{m}} = \sqrt{\dfrac{2 \cdot 141,340}{1,000}} \fallingdotseq \sqrt{282.68} \fallingdotseq 16.8 m/s$

[검증] 위 [질문1] [질문2] [질문3]에서 산출한 도로 이탈 직전 속도와 [질문5]에서 에너지법에 의해 산출한 속도는 같다. 두 가지의 어느 속도 산출방법으로든 결과는 같다.

정답

질문1 $13 m/s$

질문2 약 $15.0 m/s$

질문3 약 $16.8 m/s$

질문4 약 $7.6 m$

질문5 ① $KE_{B-C} = 29,400 J$, $KE_{C-D} = 27,440 J$, $KE_{D-E} = 34,300 J$, $KE_D = 84,500 J$

　　　② $141,340 J$

　　　③ $16.8 m/s$

문제 02 배점 50점 2012년 기출

개요
승용차가 평탄한 도로에서 길이 16.0m의 스키드마크를 발생시키며 도로를 이탈하여 7.2m 높이에서 이탈 각도 없이 떨어져 수평 방향으로 15.4m 이동한 후 지면에 착지하였다.

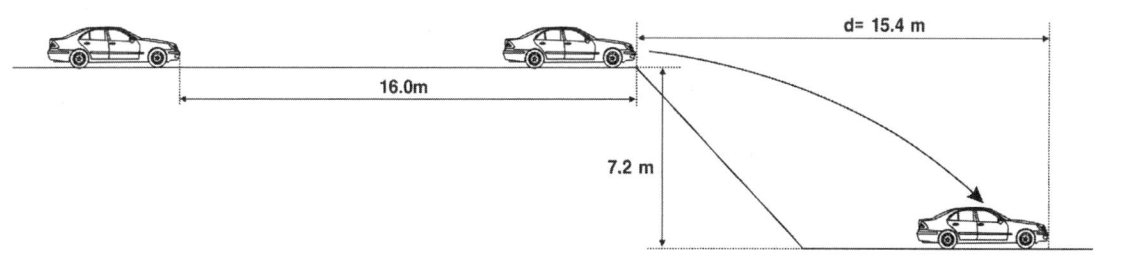

조건
1. 승용차의 질량 1,000kg
2. 타이어와 노면 사이의 마찰계수(μ)는 0.8
3. 중력가속도는 9.8m/s^2
4. 모든 계산은 소수점 둘째 자리에서 반올림할 것

[질문 1] 배점 15점
추락시 속도 방정식을 유도하시오.

[질문 2] 배점 5점
추락시 속도를 산출하시오.

[질문 3] 배점 5점
추락하는데 소요된 시간을 구하시오.

[질문 4] 배점 10점
추락시 위치에너지와 운동에너지의 합을 구하시오.

[질문 5] 배점 15점
에너지의 총량을 사용하여 제동직전 속도를 구하시오.

풀이

질문1 수평방향의 운동은 등속도 운동이므로 $d = vt$ ······ ①

수직방향의 운동은 자유낙하로서 등가속도 운동이므로 $h = \dfrac{1}{2}gt^2$ ······ ②

따라서 ①의 $t = \dfrac{d}{v}$를 ②에 대입하면 $h = \dfrac{1}{2}g\left(\dfrac{d}{v}\right)^2 = \dfrac{gd^2}{2v^2}$ ······ ③

③을 정리하면 추락시 속도 산출 방정식은 $v = d\sqrt{\dfrac{g}{2h}}$ 가 됨.

질문2 $v = d\sqrt{\dfrac{g}{2h}} = 15.4\sqrt{\dfrac{9.8}{2 \cdot 7.2}} ≒ 12.7044 m/s ≒ 12.7 m/s ≒ 45.7 km/h$

질문3 추락 소요시간은 수평방향의 운동 방정식 $d = vt$ ······ ①,

수직방향의 운동 방정식 $h = \dfrac{1}{2}gt^2$ ······ ②의 어느 것으로 풀이해도 답은 똑같이 나온다.

수평방향 : $d = vt$에서 $t = \dfrac{d}{v} ≒ \dfrac{15.4}{12.7044} ≒ 1.2122 \sec ≒ 1.2 \sec$

수직방향 : $h = \dfrac{1}{2}gt^2$에서 $t = \sqrt{\dfrac{2h}{g}} = \sqrt{\dfrac{2 \cdot 7.2}{9.8}} ≒ 1.2122 \sec ≒ 1.2 \sec$

질문4 추락시 위치에너지 : $E_h = w \cdot h = mgh = 1{,}000 \cdot 9.8 \cdot 7.2 = 70{,}560 J$

추락시 운동에너지 : $E_K = \dfrac{1}{2}mv^2 = \dfrac{1}{2} \cdot 1{,}000 \cdot (12.7)^2 = 80{,}645 J$

위치에너지와 운동에너지의 합 : $E_h + E_k = 70{,}560 J + 80{,}645 J = 151{,}205 J$

질문5 미끄러짐 일 : $W = f \cdot w \cdot d = 0.8 \cdot (1{,}000 \cdot 9.8) \cdot 16.0 = 125{,}440 J$

역학적 에너지의 총량 : $E_T = W + E_K = 125{,}440 + 80{,}645 = 206{,}085 J$

제동직전 속도 : $V = \sqrt{\dfrac{2E}{m}} = \sqrt{\dfrac{2 \cdot 206{,}085}{1{,}000}} ≒ 20.2995 m/s ≒ 20.3 m/s ≒ 73.1 km/h$

정답

질문1 $v = d\sqrt{\dfrac{g}{2h}}$ (풀이 참조)

질문2 약 45.7km/h

질문3 약 1.2초

질문4 151,205J

질문5 약 73.1km/h

개요

무게 2,000kg인 차량이 A포장 노면(견인계수 0.8)에서 22m, B포장 노면(견인계수 0.6)에서 15m 미끄러졌다. B포장 노면의 끝 지점에서 3m 언덕 아래로 추락하여 수평거리 10m를 날아가 착지하였다.

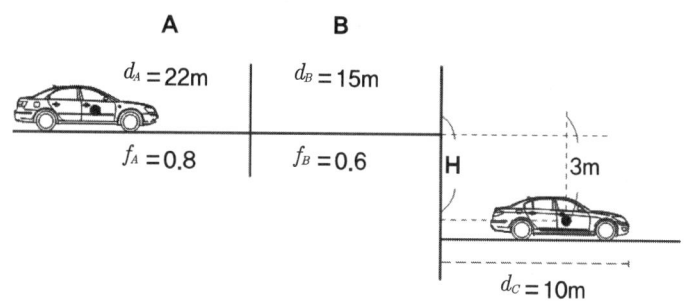

[질문 1] 배점 15점

자동차의 추락시 속도? (공식을 유도하고 계산과정을 기술하시오)

[질문 2] 배점 15점

A, B 노면에서 각각 소모된 에너지와 추락 직전 운동에너지의 합은?

[질문 3] 배점 20점

차량이 A포장 노면 위에서 미끄러지기 시작한 순간의 차량속도는?

풀이 [질문1] C지점을 이탈하여 낭떠러지로 추락할 때의 속도(v_c)

수평방향 등속도 운동으로부터 $d = v_c \cdot t$에서 $t = \dfrac{d}{v_c}$ ················ ①

자유낙하 운동으로부터 $h = \dfrac{1}{2}gt^2$ ···················· ②

위의 두 식에서 ①을 ②에 대입하면 $h = \dfrac{1}{2}g\left(\dfrac{d}{v_c}\right)^2$ ················· ③

위 ③을 정리하면 $v_c = d\sqrt{\dfrac{g}{2h}}$ ···················· ④

단, 경사노면은 $V_c = d\sqrt{\dfrac{g}{2(dG-h)}}$ ···················· ④-1이 됨.

주어진 조건 값을 위 ④-1에 대입하면,

$$V_c = 10\sqrt{\dfrac{9.8}{2\{10 \cdot 0 - (-3)\}}} = 10\sqrt{\dfrac{9.8}{2\{0-(-3)\}}} ≒ 12.78 m/s ≒ 46.0 km/h$$

[질문2] 각 구간별 에너지 및 총합(E_T)

ㄱ. 추락시 운동에너지 : $E_c = \frac{1}{2}(\frac{w}{g})v^2 = \frac{1}{2}(\frac{2,000}{9.8})(12.78)^2 = 16,666 kg \cdot m$

ㄴ. B노면 미끄러짐 에너지 : $E_B = f_B w d_B = 0.6 \cdot 2,000 \cdot 15 = 18,000 kg \cdot m$

ㄷ. A노면 미끄러짐 에너지 : $E_A = f_A w d_A = 0.8 \cdot 2,000 \cdot 22 = 35,200 kg \cdot m$

ㄹ. 에너지의 총합 $E_T = E_A + E_B + E_c = 69,866 \, kg \cdot m$

[질문3] A노면 위에서 미끄러지기 시작한 순간의 차량속도(V)

$$V = \sqrt{\frac{2gE_T}{w}} = \sqrt{\frac{2 \cdot 9.8 \cdot 69,866}{2,000}} ≒ 26.17 m/s ≒ 94.2 km/h$$

정답
[질문1] 약 $46.0 km/h$, 계산과정(풀이 참조)
[질문2] 약 $69,866 kg \cdot m$
[질문3] 약 $94.2 km/h$

문제 04 배점 50점 | 2007년 기출

개요

무게 2,500kg중인 자동차가 급제동하며 견인계수(f) 값이 서로 다른 두 구간을 미끄러져 이동한 후, 경사(구배)없는 노면을 이탈하여 지면에 착지하였다. 아래 그림을 참조하여 다음에 답하시오.

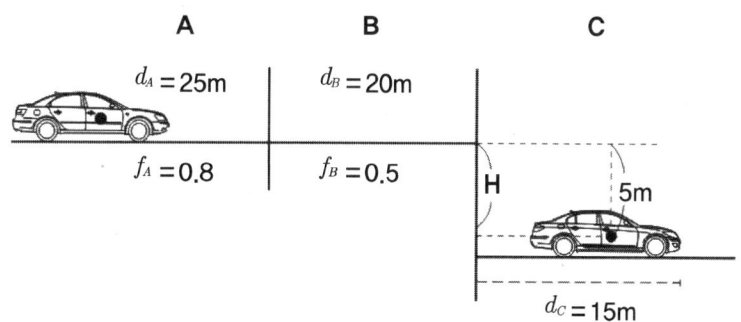

[질문 1] 배점 15점
C지점 이탈 직전 자동차의 속도? (공식 유도 및 계산과정을 기술하시오)

[질문 2] 배점 15점
A-B 구간과 B-C 구간에서 소모된 에너지와 C지점 이탈 직전의 운동에너지의 합은 얼마인가?

[질문 3] 배점 20점
A지점의 자동차 속도를 구하시오.

풀이

질문1 수평방향 등속도 운동으로부터 $d = v_c \cdot t$ 에서 $t = \dfrac{d}{v_c}$ ·········· ①

자유낙하 운동으로부터 $h = \dfrac{1}{2}gt^2$ ·········· ②

위의 두 식에서 ①을 ②에 대입하면 $h = \dfrac{1}{2}g\left(\dfrac{d}{v_c}\right)^2$ ·········· ③

위 ③을 정리하면 $v_c = d\sqrt{\dfrac{g}{2h}}$ ·········· ④

단, 경사노면은 $V_c = d\sqrt{\dfrac{g}{2(dG-h)}}$ ·········· ④-1이 됨.

주어진 조건 값을 위 ④-1에 대입하면,

$V_c = 15\sqrt{\dfrac{9.8}{2\{15 \cdot 0 - (-5)\}}} = 15\sqrt{\dfrac{9.8}{2\{0 - (-5)\}}} \fallingdotseq 14.85 m/s \fallingdotseq 53.46 km/h$

질문2 $E_C = \frac{1}{2}(\frac{w}{g})v_c^2 = \frac{1}{2}(\frac{2,500}{9.8})(14.85)^2 = 28,128 kg \cdot m$

$E_B = f_B w d_B = (0.5)(2,500)(20) = 50,000 kg \cdot m$

$E_A = f_A w d_A = (0.8)(2,500)(25) = 25,000 kg \cdot m$

$E_T = E_C + E_B + E_A = 28,128 + 50,000 + 25,000 = 103,128 kg \cdot m$

질문3 $E_T = \frac{1}{2}mV_A^2 = \frac{1}{2}\frac{w}{g}V_A^2 = \frac{w}{2g}V_A^2$ 에서 $V_A = \sqrt{\frac{2gE_T}{w}}$ ············ ⑤

위 **질문2** 에서 산출된 $E_T = 103,128 kg \cdot m$를 위 식 ⑤에 대입하면

$V_A = \sqrt{\frac{2gE_T}{W}} = \sqrt{\frac{2(9.8)(103,128)}{2,500}} ≒ 28.43 m/s ≒ 102.36 km/h$

정답
- **질문1** 약 $53.46 km/h$, 계산과정(풀이 참조)
- **질문2** 약 $103,128 kg \cdot m$
- **질문3** 약 $102.36 km/h$

문제 05 배점 25점 2017년 기출

개요
무게가 980kg인 자동차가 모든 바퀴가 잠긴 상태로 건조한 콘크리트 도로에서 35m를 미끄러지고 기름이 쏟아져있는 도로를 40m 미끄러진 후 15m/s의 속도로 콘크리트 벽을 충격하고 그 자리에 멈추었다.

조건
1. 건조한 콘크리트 도로의 견인계수는 0.85, 기름이 쏟아진 도로의 견인계수는 0.3
2. 중력가속도 $9.8m/s^2$
3. 계산식의 경우 관계식 및 풀이과정을 단위와 함께 기술하고, 소수 셋째 자리에서 반올림하시오.

[질문 1] 배점 5점
사고자동차가 콘크리트 벽을 충격할 때 갖고 있던 에너지를 구하시오.

[질문 2] 배점 5점
기름이 쏟아져 있는 도로에서 사고자동차가 미끄러지는 동안 소모된 에너지를 구하시오.

[질문 3] 배점 5점
건조한 콘크리트 도로에서 사고자동차가 미끄러지는 동안 소모된 에너지를 구하시오.

[질문 4] 배점 5점
사고자동차가 처음 미끄러지기 시작할 때 가지고 있던 전체에너지를 구하시오.

[질문 5] 배점 5점
사고자동차가 처음 미끄러지기 시작할 때 속도를 구하시오.

풀이

질문1 $E_k = \frac{1}{2}mv^2 = \frac{1}{2}(\frac{w}{g})v^2 = \frac{1}{2}(\frac{980}{9.8}) \cdot 15^2 = 11,250 J$

질문2 $E_2 = f_2 w d_2 = 0.3 \cdot 980 \cdot 40 = 11,760 J$

질문3 $E_1 = f_1 w d_1 = 0.85 \cdot 980 \cdot 35 = 29,155 J$

질문4 $E_T = E_1 + E_2 + E_k = 29,155 + 11,760 + 11,250 = 52,165 J$

질문5 $v = \sqrt{\frac{2gE_T}{w}} = \sqrt{\frac{2 \cdot 9.8 \cdot 52,165}{980}} = \sqrt{1043.3} \fallingdotseq 32.30 m/s \fallingdotseq 116.28 km/h$

정답
- 질문1 11,250J
- 질문2 11,760J
- 질문3 29,155J
- 질문4 52,165J
- 질문5 약 116.28km/h

6. 추락 및 경사면 관련 정답 및 풀이

문제 01 배점 25점 2021년 기출

개요

사고차량이 경사도로를 주행하던 중 불상의 이유로 급제동하여 정지하게 되었다. 현장을 측량한 결과 사고차량의 제동시점(Ⓐ지점) 좌표값은 X = 30.132, Y = 1.980, Z = −1.984이며, 제동종점(Ⓑ지점) 좌표값은 X = 10.975, Y = 3.249, Z = −1.164으로 확인되었다. 사고차량을 평탄한 노면(사고현장과 동일한 포장조건)에서 급제동 실험한 결과 100km/h에서 제동거리가 41.4m로 측정되었다.

조건

1. 측량 좌표값은 m 단위임
2. 계산식의 경우 관계식 및 풀이과정을 단위와 함께 기술하고, 소수 셋째 자리에서 반올림

[질문 1] 배점 5점
사고차량의 급제동 실험에 의한 마찰계수는 얼마인가?

[질문 2] 배점 5점
사고차량의 제동시점과 종점간(Ⓐ-Ⓑ구간) 수평거리(m)는 얼마인가?

[질문 3] 배점 5점
사고차량의 제동시점과 종점간(Ⓐ-Ⓑ구간) 경사면 거리(m)는 얼마인가?

[질문 4] 배점 5점
사고차량의 제동구간(Ⓐ → Ⓑ방향) 경사(%)는 얼마인가?

[질문 5] 배점 5점
사고차량의 제동시점(Ⓐ지점) 속도(km/h)는 얼마인가?

풀이

[질문1] $d = \dfrac{v^2}{254\mu}$ 에서 $\mu = \dfrac{v^2}{254d} \fallingdotseq 0.95$

질문2 $AB_1 = \sqrt{(30.132-10.975)^2 + (3.249-1.980)^2}$
$= \sqrt{368.6010} \fallingdotseq 19.20m$

질문3 $AB_2 = \dfrac{3.249-1.980}{-1.164-(-1.984)} \fallingdotseq 1.55$

질문4 $AB = \dfrac{AB_2}{AB_1} = \dfrac{1.55}{19.20} \fallingdotseq 0.080729 \fallingdotseq 0.08 = 8\%$

질문5 $V = \sqrt{254(\mu-i)d} = \sqrt{254 \times (0.95-0.08) \times 19.20} = \sqrt{4242.816} \fallingdotseq 65.14 km/h$

정답
질문1 0.95
질문2 19.20m
질문3 1.55
질문4 8%
질문5 65.14km/h

문제 02 배점 25점 2020년 기출

개요

오토바이가 충돌 후 노면에 전도된 상태로 8m를 미끄러진 후 정지하였다. 전도된 상태로 미끄러지는 오토바이의 견인계수를 알아보기 위해, 사고현장에서 그림과 같이 매달림 저울(장력저울)로 오토바이를 잡아당기는 실험을 실시하였다.

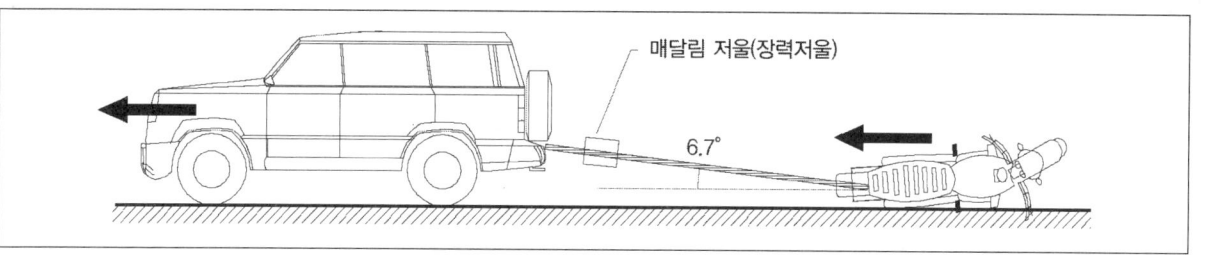

조건

1. 노면은 평면이고, 견인줄은 수평노면과 6.7°의 각도로 측정되었다.
2. 오토바이의 질량은 145kg, 매달림 저울의 측정치는 1,078N으로 측정되었다.
3. 수직상태에서 오토바이의 무게중심 높이는 0.5m이고, 중력가속도는 9.8m/s²이다.
4. 오토바이 측면이 노면에 접촉하기 이전의 상황은 등속운동
5. 오토바이는 충돌 후 곧바로 넘어지고, 소요된 시간은 물체가 오토바이 무게중심 높이에서 자유낙하하여 노면에 도달하는 것과 동일한 것으로 간주
6. 풀이과정 및 단위를 기술하고, 각 질문마다 소수점 셋째 자리에서 반올림할 것

[질문 1] 배점 10점
일과 운동에너지 관계식을 이용하여 견인계수를 구하는 공식을 유도하시오.

[질문 2] 배점 5점
유도된 공식을 이용하여 오토바이의 견인계수를 구하시오.

[질문 3] 배점 5점

오토바이가 충돌 후 노면에 전도되기까지 소요시간을 구하시오.

[질문 4] 배점 5점

충돌로 인해 오토바이 차체가 기울어져 전도될 때까지 이동한 거리를 구하시오.

풀이 질문1 ㄱ. 견인계수는 수직력에 대한 견인력(마찰력)의 비율이다. 견인계수를 f, 수직력을 F_x, 견인력을 F_t, 매달림 저울의 측정치를 F_s라고 하면,

$$f = \frac{F_t}{F_x} \cdots ①, \quad F_t = F_s \times \cos 6.7° \cdots ②, \quad F_x = mg \cdots ③이 성립$$

따라서 ②, ③을 ①에 대입하면 $f = \frac{F_t}{F_x} = \frac{F_s \times \cos 6.7°}{mg}$ 가 된다.

ㄴ. 다른 방법으로 $F = ma = mfg$ 에서 $f = \frac{F}{mg} = \frac{F' \cos\theta}{mg}$ 가 된다.

ㄷ. 일과 운동에너지 관계식을 이용하면 $W = E$ 에서 $Fd = \frac{1}{2}mv^2$,

계속 유도하면 $mfgd = \frac{1}{2}mv^2$, $f = \frac{v^2}{gd}$ 이 되어 v^2을 처리할 수가 없다.

출제에 해결 불가능한 문제가 있는 듯하다.

질문2 $f = \frac{F_t}{F_x} = \frac{F_s \times \cos 6.7°}{mg} = \frac{1078 \times 0.9932}{145 \times 9.8} ≒ 0.75$

질문3 물체가 기울어져 노면에 넘어지는 현상은 자유낙하의 원리에 따라 방정식 $h = \frac{1}{2}gt^2$ 로부터 소요시간은

$t = \sqrt{\frac{2h}{g}}$ 가 됨.

따라서 $t = \sqrt{\frac{2h}{g}} = \sqrt{\frac{2 \times 0.5}{9.8}} = \sqrt{0.1020} ≒ 0.31\sec$

질문4 ㄱ. 오토바이의 미끄러진 거리 8m, 앞에서 구한 견인계수 0.78이므로,

$v_i = \sqrt{v_e^2 - 2ad} = \sqrt{0^2 - 2(-0.78) \times 9.8 \times 12} = \sqrt{183.456} ≒ 13.54 m/s$

ㄴ. $d = t \times v$, $t = 0.31\sec$, $v = 13.54\sec$, $d = 0.31 \times 13.54 ≒ 4.20m$

정답 질문1 풀이 참조

질문2 약 0.75

질문3 약 0.31초

질문4 노면긁힌자국의 시작지점 후방 약 4.20m 지점에서 전도 개시함.

문제 03 배점 50점 2019년 기출

개요

고속버스가 2차로 도로를 진행하던 중 진행방향 우에서 좌로 횡단하는 보행자를 발견하고 제동하였으나, 스킵 스키드마크를 발생시키면서 고속버스 전면 중앙부분으로 보행자를 완전 충돌(Full Impact) 후 진행방향 좌측으로 피양하다가 정지하였다. 보행자는 고속버스와의 충격으로 일정구간을 날아가다 떨어져 미끄러진 후에 최종 정지하였다.

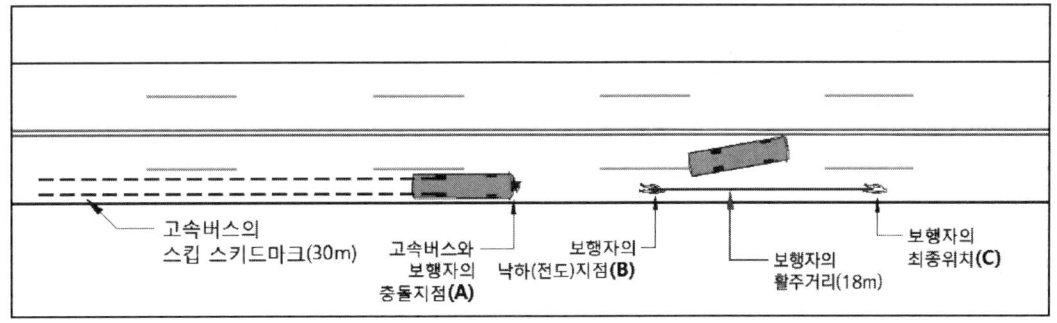

조건

1. 고속버스의 스킵 스키드마크 발생구간의 견인계수는 0.65
2. 보행자와 노면 간 견인계수는 0.6
3. 보행자의 무게중심 높이는 1m
4. 중력가속도 값은 $9.8m/s^2$ 적용
5. 보행자의 비행구간 동안 공기저항 무시
6. 계산식의 경우 관계식 및 풀이과정을 단위와 함께 기술하고, 소수 셋째 자리에서 반올림

[질문 1] 배점 10점
차대 보행자 사고에서 충돌 후의 보행자 운동 유형 5가지를 나열하고, 위 교통사고시 해당하는 보행자 운동 유형에 대해 상세히 설명하시오.

[질문 2] 배점 10점
보행자의 낙하(전도)지점(B)에서의 보행자 속도를 구하시오.

[질문 3] 배점 10점
충돌지점(A)에서 고속버스의 속도를 구하시오.

[질문 4] 배점 10점
보행자가 충돌지점(A)에서 낙하(전도)지점(B)까지 날아간 거리를 구하시오.

[질문 5] 배점 10점

보행자가 낙하(전도)지점(B)부터 최종위치(C)까지 이동하는 동안 걸린 시간을 구하시오.

풀이 질문1 보행자 운동 유형은 ① Wrap trajectory, ② Forward projection, ③ Fender vault, ④ Roof vault, ⑤ Somer vault가 있는데, 이 사고는 ② Forward projection 유형으로서 차체 앞부분의 형상이 캡 오버 타입(Cap-over type)인 사고차량에 부딪친 보행자가 전방으로 튕겨 날아가는 형태임.

[Wrap trajectory]

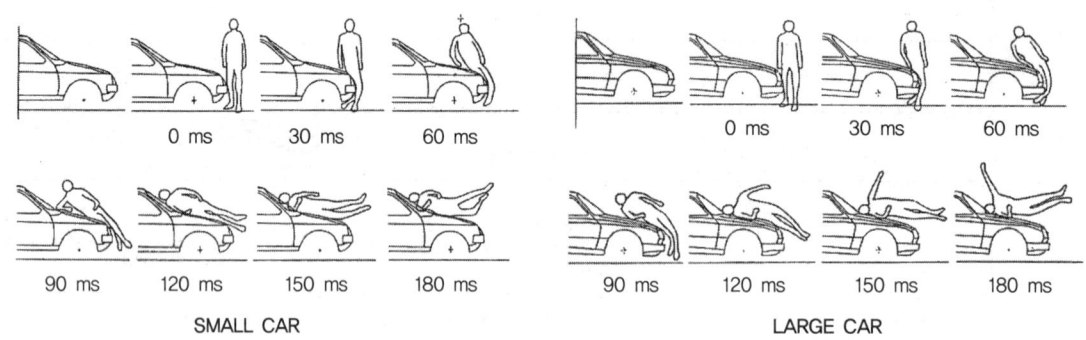

[Forward projection]

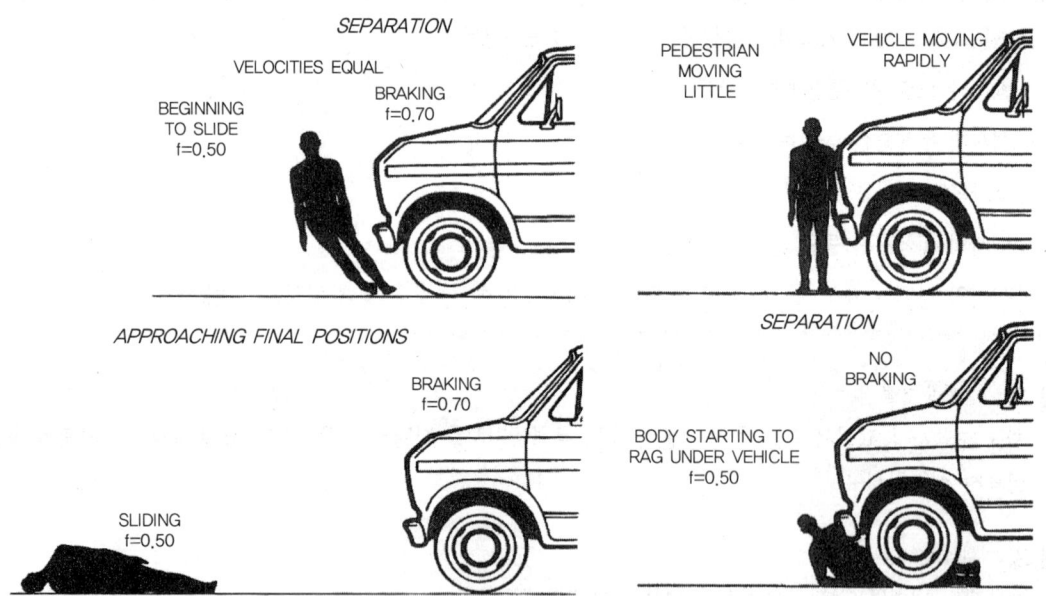

[Fender Vault]

[Roof Vault]

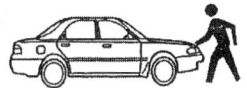

[Somer vault]

질문2 $v_p = \sqrt{(v_e)^2 - 2a_p d_p} = \sqrt{0^2 - 2(0.6)(9.8)(18)} = \sqrt{211.68} \fallingdotseq 14.55 \text{m/s} \fallingdotseq 52.38 \text{km/h}$

질문3 버스의 속도는 보행자가 노상에서 활주하기 시작할 때의 속도와 같으므로 52.38km/h이다.

질문4 $d_l = v_p \sqrt{\dfrac{2h}{g}} = 14.55 \sqrt{\dfrac{2(1)}{9.8}} = 14.55 \sqrt{0.2041} = 14.55(0.4518) \fallingdotseq 6.57 \text{m}$

질문5 $t = \dfrac{v_e - v_p}{a_p} = \dfrac{0 - 14.55}{-(0.6)(9.8)} \fallingdotseq 2.47 \sec$

정답

질문1 풀이 참조
질문2 약 52.38km/h
질문3 약 52.38km/h
질문4 약 6.57m
질문5 약 2.47sec

문제 04 배점 25점 2019년 기출

개요
질량 1,500kg인 승용차가 오르막 경사도 10°인 도로에서 불상의 속도로 진행하다 높이 3m 아래 지면에 추락하였다. 승용차가 이륙한 후 지면에 착지한 지점까지 수평거리는 15m로 측정되었다.

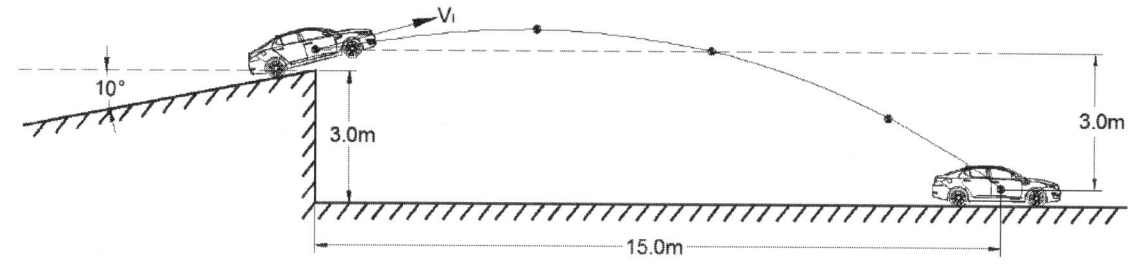

조건
1. 승용차는 도로이탈 전까지 등속주행
2. 중력가속도 값은 9.8m/s² 적용
3. 공기저항 무시
4. 계산식의 경우 관계식 및 풀이과정을 단위와 함께 기술하고, 소수 셋째 자리에서 반올림

[질문 1] 배점 10점
승용차의 도로이탈 속도(Vi)는 얼마인가?

[질문 2] 배점 5점
승용차가 도로를 이탈하여 착지한 시점까지 걸린 시간은 얼마인가?

[질문 3] 배점 10점
승용차의 무게중심이 최고점에 도달하였을 때의 높이는 도로이탈시 무게중심으로부터 얼마인가?

풀이

[질문1] ㄱ. #1공식 사용(기본 공식)

$$v = d\sqrt{\frac{g}{2\cos\theta(d\sin\theta - h\cos\theta)}}$$

$$= 15\sqrt{\frac{9.8}{2\cos 10\{15 \times \sin 10 - (-3) \times \cos 10\}}}$$

$$= 15 \times 0.946$$

$$= 14.19 m/s$$

ㄴ. #2공식 사용(간편 공식)

$$v = d\sqrt{\frac{g}{2(dG-h)}} = d\sqrt{\frac{g}{2\{d(\tan\theta)-h\}}}$$

$$= (15.0)\sqrt{\frac{9.8}{2\{(15.0)(\tan 10°)-(-3.0)\}}}$$

$$= (15.0)\sqrt{\frac{9.8}{2\{(15.0)(0.1763)+3.0\}}}$$

$$= (15.0)\sqrt{\frac{9.8}{2(3.26445)}} = (15.0)\sqrt{\frac{9.8}{6.5289}}$$

$$= (15.0)\sqrt{1.5010}$$

$$= (15.0)(1.2252)$$

$$= 13.97 m/s$$

질문2 ㄱ. 추락시 수평방향 이동은 등속운동이므로 이탈시 속도에 대한 수평성분은 $v \times \cos\theta$ 임.

ㄴ. $t = \dfrac{d}{v\cos\theta} = \dfrac{15.0}{14.19 \times \cos 10} = \dfrac{15.0}{14.19 \times 0.9848} = \dfrac{15.0}{13.97} = 1.07 \sec$

질문3 ㄱ. 수직방향 상승은 중력가속도 작용방향의 반대방향이므로 $a = -g$,

$$t = \frac{v_e - v_i}{a} = \frac{v_e - v_i \sin\theta}{-g} = \frac{0 - 14.19 \times \sin 10°}{-9.8} = 0.25 \sec$$

ㄴ. $h = v_i t + \dfrac{1}{2}gt^2 = v\sin\theta \times t - \dfrac{1}{2}gt^2 = 14.19 \times \sin 10 \times 0.25 - \dfrac{1}{2} \times 9.8 \times (0.25)^2 ≒ 0.31m$

 질문1 #1공식 사용(기본 공식) : 14.19m/s, #2공식 사용(간편 공식) : 13.97m/s

질문2 1.07sec

질문3 약 0.31m

문제 05 배점 25점 2018년 기출

개요
무더운 날씨에 대형트럭이 2km 구간의 가파른 내리막길에서 브레이크를 밟으며 내려오다 정상적으로 제동되지 않은 채 평탄한 좌로 굽은 커브길에 이르러 요 마크(yaw mark)를 발생시키며 장애물과 충돌 없이 54km/h 속도로 우측 4m 낭떠러지로 추락하였다.

조건
1. 대형트럭의 횡미끄럼 마찰계수 0.8
2. 중력가속도 9.8m/s²
3. 계산식의 경우 관계식 및 풀이과정을 단위와 함께 기술하고, 소수 셋째 자리에서 반올림하시오.

[질문 1] 배점 5점
이처럼 긴 내리막길에서 자동차가 과도한 브레이크 사용으로 인해 정상적으로 제동되지 않는 현상 2가지를 서술하시오.

[질문 2] 배점 5점
대형트럭이 낭떠러지를 추락하는데 걸린 시간은 몇 초인가?

[질문 3] 배점 10점
대형트럭이 낭떠러지를 추락하는 동안 수평으로 이동한 거리는?

[질문 4] 배점 5점
대형트럭이 요 마크(yaw mark)를 발생시키며 좌로 굽은 커브길을 주행하는 동안 대형트럭의 무게중심 회전반경은?

풀이

질문1
- **페이드 현상** : 페이드(Fade) 현상이란 고속주행 중 또는 내리막길 등에서 짧은 시간 동안 브레이크(brake)를 많이 사용하면 브레이크 슈(shoe)와 드럼(drum)이 과열되어 마찰계수가 급격히 낮아져 브레이크가 잘 듣지 않게 되는 것을 말한다.
- **베이퍼 록 현상** : 베이퍼 록(Vapor lock) 현상이란 더운 날 내리막길에서 풋 브레이크를 계속하여 사용하면 브레이크의 드럼과 라이닝(lining)이 과열되어 휠 실린더 등의 브레이크 오일이 가열되어 기포가 생김으로써 기포가 스폰지 역할을 하여 브레이크 페달을 밟아도 유압이 전달되지 않아 브레이크가 잘 듣지 않게 되는 것을 말한다.

질문2 $t = \sqrt{\dfrac{2h}{g}} = \sqrt{\dfrac{2(4)}{9.8}} = \sqrt{\dfrac{8}{9.8}} = \sqrt{0.8163265} = 0.90 \text{sec}$

[질문3] $v = d\sqrt{\dfrac{g}{2(dG-h)}}$, $d = \sqrt{\dfrac{2(dG-h)}{g}}$

$$d = \left(\dfrac{54}{3.6}\right)\sqrt{\dfrac{8}{9.8}} = 13.55m$$

[질문4] $R = \dfrac{v^2}{\mu g} = \dfrac{\left(\dfrac{54}{3.6}\right)^2}{(0.8)(9.8)} = 28.70m$

정답
- [질문1] 풀이 참조
- [질문2] 0.90sec
- [질문3] 13.55m
- [질문4] 28.70m

문제 06 배점 25점 2016년 기출

개요

아래 그림은 차량에 충돌된 보행자의 운동 상황을 나타낸 것이다. 차량에 충격된 보행자는 차량의 충돌속도로 수평방향으로 튕겨져 날아가 노면에 낙하한 후 활주하다 정지하였다.

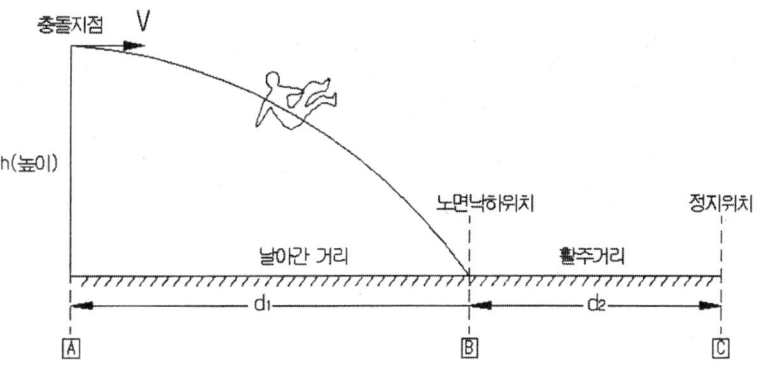

조건

1. d_1 : 보행자가 충돌차량 진행방향으로 튕겨져 날아간 거리
2. d_2 : 보행자가 노면에 낙하되어 활주한 거리 22.4m
3. h : 보행자가 날아가기 시작할 때 지면에서의 높이 1.5m
4. 보행자 활주구간(d_2)에서 인체와 노면 사이의 마찰계수 0.5
5. 충돌 후 보행자 운동구간에서 공기저항은 무시
6. 계산식의 경우 관계식 및 풀이과정을 단위와 함께 기술하시오.
7. 각 질문마다 소수점 셋째 자리에서 반올림하시오.

[질문 1] 배점 5점

다음은 보행자의 운동과 관련된 내용이다. 빈칸에 알맞은 말을 쓰시오.

> 차량에 충돌된 보행자는 충돌지점으로부터 노면에 낙하할 때까지 포물선 운동을 하며, 수평방향으로는 (①) 운동, 수직방향으로는 (②) 운동을 한다.

[질문 2] 배점 5점

차량이 A지점에서 보행자를 충돌할 때 속도를 구하시오.

[질문 3] **배점** 10점

질문 1의 (①)과 (②)를 이용하여, 보행자가 A~B 구간에서 튕겨 날아간 거리(d_1)를 계산할 수 있는 관계식을 유도하시오.

[질문 4] **배점** 5점

질문 3에서 유도된 관계식을 이용하여 보행자가 튕겨 날아간 거리(d_1)를 구하시오.

풀이

질문1 ① 등속
      ② 등가속

질문2 그림에서 활주거리(d_2) 방정식은 $d_2 = \dfrac{v^2}{2\mu g}$ 이므로

v에 대하여 풀면 $v = \sqrt{2\mu g d_2}$ 가 성립하고,

$d_2 = 22.4m$와 $\mu = 0.5$가 조건에서 주어졌으므로

$v = \sqrt{2\mu g d_2} = \sqrt{2 \cdot 0.5 \cdot 9.8 \cdot 22.4} ≒ 14.82 m/s$ 가 됨.

질문3 수평방향 운동은 등속운동이므로 $d_1 = vt$, ················· (1),

수직방향 운동은 등가속운동이므로

$h = v_0 t + \dfrac{1}{2}at^2 = 0 \cdot t + \dfrac{1}{2}gt^2 = \dfrac{1}{2}gt^2$ ················· (2)가 성립하는데,

(2)를 다시 t에 대하여 정리하면 $t = \sqrt{\dfrac{2h}{g}}$ ················· (3)이 됨.

여기서 (3)을 (1)에 대입하면 날아간 거리(d_1)은

$d_1 = vt = v\sqrt{\dfrac{2h}{g}}$ ················· (4)의 방정식으로 됨.

질문4 앞에서 산출한 $v ≒ 14.82 m/s$와 조건의 $h = 1.5m$를 대입하여 풀면

$d_1 = v\sqrt{\dfrac{2h}{g}} = 14.82 \cdot \sqrt{\dfrac{2 \cdot 1.5}{9.8}} ≒ 8.20m$ 가 됨.

정답

질문1 ① 등속
      ② 등가속

질문2 약 14.8m/s

질문3 $d_1 = vt = v\sqrt{\dfrac{2h}{g}}$ (풀이 참조)

질문4 약 $8.20m$

문제 07 배점 25점 2015년 기출

개요
아래 [그림]과 같이 20°경사면에 주차되어 있던 질량 1,800kg인 A차량이 브레이크가 풀리면서 경사면 아래로 진행하여 콘크리트 옹벽을 정면으로 충돌하는 사고가 발생하였다.

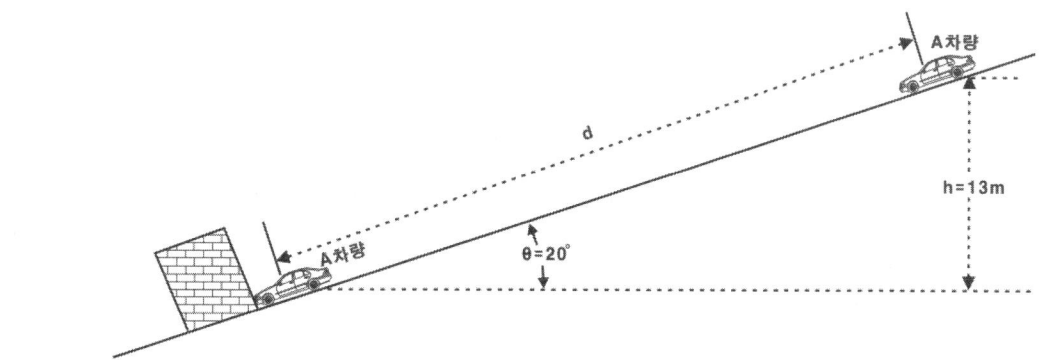

조건
1. A차량이 내려가는 동안 노면 마찰력(저항력)과 공기저항은 없는 것으로 전제함.
2. 계산식의 경우, 관계식 및 풀이과정을 단위와 함께 기술하시오.
3. 각 질문마다 소수점 둘째 자리에서 반올림함.

[질문 1] 배점 5점
　13m 높이에 있던 A차량의 위치에너지를 구하시오.

[질문 2] 배점 5점
　A차량이 d거리를 내려가는 동안 한 일(work)의 양을 구하시오.

[질문 3] 배점 10점
　충돌당시 A차량의 속도를 구하시오.

[질문 4] 배점 5점
　A차량이 충격한 콘크리트 옹벽을 질량 무한대인 고정 장벽으로 볼 경우, A차량 전면 손상부위에 작용된 유효충돌속도를 구하시오.

풀이
- 질문1: $E_h = mgh = 1{,}800 \cdot 9.8 \cdot 13 = 229{,}320 J$
- 질문2: $E_p = mg \cdot d \cdot \sin 20° = 1{,}800 \cdot 9.8 \cdot \left(\dfrac{13}{\sin 20°}\right) \cdot \sin 20° ≒ 229{,}320 J$
- 질문3: $v = \sqrt{2gh} = \sqrt{2 \cdot 9.8 \cdot 13} ≒ 16 m/s$
- 질문4: 질량 무한대의 고정 장벽에 충돌한 경우는 충돌속도와 유효충돌속도가 같으므로 유효충돌속도는 16m/sec임.

정답
- 질문1: 229,320J
- 질문2: 약 229,320J
- 질문3: 약 16m/s
- 질문4: 16m/s

문제 08 배점 25점 [2015년 기출]

현장상황

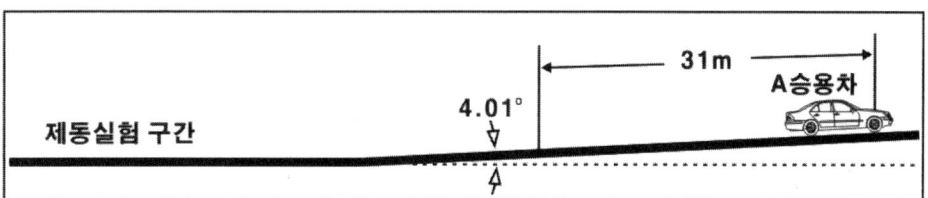

1. 오르막(4.01°) 도로를 진행하던 A승용차가 급제동하며 보행자를 충돌하는 사고가 발생하였다.
2. 급제동 구간의 노면 마찰계수 값을 알아보기 위해 A승용차를 이용하여 제동실험을 2회 실시하였는데, 실험은 사고가 있었던 오르막 구간 이전의 평탄한 구간에서 하였으며 그 결과는 아래와 같음.

	제동시 속도	급제동 구간의 거리	마찰계수
1회	80km/h	30.0m	-
2회	75km/h	27.0m	-

3. 위 그림은 Non Scale로 비례척이 아님.

조건

1. 계산된 속도 값은 소수점 둘째 자리에서 반올림함.
2. 제동실험 구간과 오르막 구간의 노면상태는 동일함.
3. 단, 노면 마찰계수는 2회 제동실험을 통해 산출된 값(소수점 셋째 자리에서 반올림함)을 평균 적용하며, 보행자 충돌에 다른 감속은 배제함.
4. 풀이과정 전체를 관계식 및 단위와 함께 기술하시오.

[질문 1] 배점 5점
위 제동실험의 결과로부터 제동실험 구간의 평균 마찰계수를 구하시오.

[질문 2-1] 배점 5점
사고지점인 오르막(4.01°) 구간의 견인계수를 구하시오.

[질문 2-2] 배점 5점
사고 당시 A승용차는 오르막(4.01°) 구간에서 31.0m 급제동 후 정지하였다. A승용차의 급제동 전 진행속도를 구하시오.

[질문 3-1] 배점 5점
아래 차량의 P225/55R17이 각각 의미하는 바를 서술하시오.

[질문 3-2] 배점 5점

아래 차량의 타이어가 한 바퀴 구르는 동안 진행한 거리를 구하시오.

※ 1인치 = 25.4mm, π = 3.14

[타이어 규격 표시]

풀이

질문1 $a_1 = \dfrac{(v_e)^2 - (v_b)^2}{2d_b} = \dfrac{0^2 - (80/3.6)^2}{2 \cdot 30.0} ≒ -8.23 m/s^2$,

$a_2 = \dfrac{(v_e)^2 - (v_b)^2}{2d_b} = \dfrac{0^2 - (75/3.6)^2}{2 \cdot 27.0} ≒ -8.04 m/s^2$

$a = \mu \cdot g$에서 $\mu = \dfrac{a}{g}$ 이므로 $\mu_1 = \dfrac{a_1}{g} = \left|\dfrac{-8.23}{9.8}\right| ≒ 0.84$, $\mu_2 = \dfrac{a_2}{g} = \left|\dfrac{-8.04}{9.8}\right| ≒ 0.82$

평균마찰계수 $\mu = \dfrac{\mu_1 + \mu_2}{2} = \dfrac{(0.84 + 0.82)}{2} ≒ 0.83$

질문2-1 $i = \tan\theta = \tan 4.01° ≒ 0.07$, $f_b = \mu_b + i = 0.83 + 0.07 = 0.90$

질문2-2 $v_b = \sqrt{2f_b g d_b} = \sqrt{2 \cdot 0.90 \cdot 9.8 \cdot 31.0} ≒ 23.4 m/s$

질문3-1 P는 passenger-car(승용차용)를 표시,

225는 타이어 <u>단면 폭</u>을 밀리미터로 표시한 수치,

55는 <u>편평비</u>를 퍼센트로 나타낸 수치이고,

R은 레디얼 타이어를 나타내고,

17은 타이어의 내경(인치)수치(휠 림의 폭)

질문3-2 ① $D = \pi R$

② $R = 2 \cdot$ 단면높이 + 타이어내경(림 외경) 단면높이

$= 2 \cdot \left\{\text{타이어 단면 폭} \cdot \left(\dfrac{편평비}{100}\right)\right\} +$ 타이어 내경(림 외경)

$= 2 \cdot \left\{225 \cdot \left(\dfrac{55}{100}\right)\right\} + (17 \cdot 25.4)$

$= 679.3 mm$

③ 원둘레 $\pi R = 679.3 mm \cdot 3.14 = 2,133 mm ≒ 2.13 m$

정답

[질문1] $\mu \fallingdotseq 0.83$

[질문2-1] $f_b = 0.90$

[질문2-2] $v_b \fallingdotseq 23.4 m/s$

[질문3-1] P : passenger-car(승용차용)

225 : 타이어 폭(밀리미터)

55 : 편평비(퍼센트)

R : 레디얼 타이어

17 : 타이어의 내경

[질문3-2] $D \fallingdotseq 2.13 m$

문제 09 배점 25점 [2010년 기출]

개요
평탄한 노면에서 견인줄로 오토바이를 견인하고 있다. 아래의 조건을 참조하여 아래 질문에 답하시오.

조건
1. 견인줄은 노면과 6.7°의 각도로 연결되어 있다.
2. 견인속도는 일정하고 정지 마찰계수는 무시, 운동 마찰계수만 측정됨.
3. 매달림 저울의 측정치는 115kg으로 일정하다.
4. 오토바이 중량은 145kg이다.
5. 정상적 직진 상태에서 오토바이 무게중심 높이는 0.5m이고, 중력가속도는 9.8m/s²임.
6. 오토바이는 사고 직후 곧바로 전도가 개시되었고, 무게중심 높이에서 자유낙하시킬 때와 동일한 시간에 완전히 전도되어 노면 긁힌 흔적이 발생하기 시작함.
7. 오토바이는 전도 개시 후 노면에 완전히 전도되기까지 12m를 가·감속 없이 등속도 운동하였음.
8. 각 질문마다 소수점 셋째 자리 무시하고 적용함.

[질문 1] 배점 10점
오토바이의 견인계수를 오토바이에 작용된 힘, 오토바이 견인각도, 오토바이 중량들 사이의 관계식으로 논하시오.

[질문 2] 배점 5점
유도된 식을 이용 오토바이 견인계수를 구하시오.

[질문 3] 배점 5점
오토바이 전도 개시 후 노면에 완전히 전도되는데 소요되는 시간을 구하시오.

[질문 4] 배점 5점
오토바이는 노면 긁힌 자국으로부터 몇 m 떨어진 지점에서 전도가 개시되었는가?

풀이

질문1 견인계수는 수직력에 대한 견인력(마찰력)의 비율이다. 견인계수를 f, 수직력을 F_v, 견인력을 F_r, 매달림 저울의 측정치를 F_s라고 하면,

$$F_r = F_s \cdot \cos 6.7° \quad \cdots\cdots ①, \quad f = \frac{F_r}{F_v} \quad \cdots\cdots ② \text{ 성립}$$

①을 ②에 대입하면 $f = \dfrac{F_r}{F_v} = \dfrac{F_s \cdot \cos 6.7°}{F_v} \quad \cdots\cdots ③$

질문2 앞 질문1 에서 유도한 방정식으로부터 주어진 조건들을 ③에 대입하면

$$f = \frac{115 \cdot \cos 6.7°}{145} ≒ 0.7876 ≒ 0.78$$

질문3 물체가 기울어져 노면에 넘어지는 현상은 자유낙하의 원리를 이용하여 방정식 $h = \frac{1}{2}gt^2$로부터 소요시간은 $t = \sqrt{\frac{2h}{g}}$가 됨. 따라서 $t = \sqrt{\frac{2h}{g}} = \sqrt{\frac{2 \cdot 0.5}{9.8}} = \sqrt{0.1020} ≒ 0.3194 ≒ 0.31 \sec$

질문4 오토바이의 미끄러진 거리 12m, 앞에서 구한 견인계수 0.78이므로,

$$v_i = \sqrt{v_e^2 - 2ad} = \sqrt{0^2 - 2(-0.78) \cdot 9.8 \cdot 12} = \sqrt{183.456} ≒ 13.5445 m/s ≒ 13.54 m/s$$

위와 같이 속도는 13.54m/s인데 노면에 전도되는 소요시간이 앞에서 산출한 것처럼 약 0.31초이므로 13.54m/s로 0.31초 동안 이동거리는 $d = t \cdot v$에서 $d = 0.31 \cdot 13.54 ≒ 4.1974 ≒ 4.19m$, 후방 약 4.19m 지점에서 전도 개시함.

정답

질문1 $f = \dfrac{F_s \cdot \cos 6.7°}{F_v}$

질문2 약 0.78

질문3 약 0.31초

질문4 노면 긁힌 자국의 시작지점 후방 약 4.19m 지점에서 전도 개시함.

문제 10   배점 25점   2012년 기출

개요
차량이 곡선반경 53m인 곡선도로를 주행 중 15m의 스키드마크를 발생시킨 후 도로를 이탈하여 종회전으로 날아가 추락하는 사고가 발생하였다. 측정결과 도로 이탈시 직전 노면의 경사각도는 45도, 추락높이는 8m, 날아간 수평거리는 15m이었다.

조건
1. 차량 중량 3,000kg
2. 노면 마찰계수 0.8
3. 윤거 2m
4. 무게중심 높이 1.5m
5. 중력가속도 9.8m/s²

[질문 1] 배점 5점
종회전(vault) 추락 직전의 속도를 구하시오.

[질문 2] 배점 5점
급제동 시작 직전의 속도를 구하시오.

[질문 3] 배점 15점
차량이 곡선도로 선형을 따라 주행할 때 전도 가능한 최저속도는?

풀이

질문1 $v_c = d\sqrt{\dfrac{g}{d-h}} = 15\sqrt{\dfrac{9.8}{15-(-8)}} \fallingdotseq 9.8 m/s \fallingdotseq 35.2 km/h$

질문2 $v_b = \sqrt{(v_c)^2 - 2ad} = \sqrt{9.8^2 - 2\{-(0.8) \cdot 9.8\} \cdot 15} \fallingdotseq 18.2 m/s \fallingdotseq 65.5 km/h$

질문3 $V_{\min} = \sqrt{\dfrac{R \cdot g \cdot b}{h}}$ (b : 윤거의 1/2, h : 차량의 질량중심 높이, R : 곡선반경)

$V_{\min} = \sqrt{\dfrac{53 \cdot 9.8 \cdot (\frac{2}{2})}{1.5}} \fallingdotseq 18.6 m/s \fallingdotseq 67.0 km/h$

정답
질문1 약 35.2km/h
질문2 약 65.6km/h
질문3 약 67.0km/h

문제 11 배점 25점 2013년 기출

개요
오르막 도로에 주차되어 있던 차량이 뒤로 밀려 내려간 후 낭떠러지로 추락하였다. 또한 차량운전자는 바퀴의 고정 돌을 누군가가 빼내어 밀려 내려갔다고 주장하는 반면, 목격자는 차량을 후진하다가 추락하였다고 주장한다.

조건 및 현장상황
1. 이 도로의 경사는 10%
2. 추락높이는 10m, 추락하여 날아간 거리는 15m
3. 추락 전 뒤로 밀려 내려간 거리는 20m
4. 질문에 대해 풀이과정(속도 단위는 m/sec)을 기술하고, 소수 셋째 자리에서 반올림할 것

[질문 1] 배점 10점
사고차량의 추락속도를 구하시오.

[질문 2] 배점 10점
사고차량이 밀려 내려갈 때의 가속도를 산출하시오.

[질문 3] 배점 5점
누구의 주장이 맞는지 검증하시오.

풀이

질문1 $V = d\sqrt{\dfrac{g}{2(dG-h)}} = 15\sqrt{\dfrac{9.8}{2\{15 \cdot (-0.10)-(-10)\}}} \fallingdotseq 11.39 m/s$

질문2 $W\sin\theta - \mu W\cos\theta \geq 0$,

$W(\sin\theta - \mu\cos\theta) \geq 0$

$\sin\theta - \mu\cos\theta \geq 0$

$\sin\theta \geq \mu\cos\theta$

$\dfrac{\sin\theta}{\cos\theta} \geq \mu$

$\mu \leq \dfrac{\sin\theta}{\cos\theta}$

$\mu \leq \tan\theta$

$\mu \leq 0.10$(도로의 경사는 10%)

차량이 밀려 내려갈 때 작용된 가속도는 $a = \mu g = 0.10 \cdot 9.8 = 0.98 m/s^2$임.

질문3 $\tan\theta = 0.10$, $\theta = \tan^{-1}0.10$, $\theta ≒ 5.7°$

$h_2 = 20 \cdot \sin\theta = 20 \cdot \sin 5.7° ≒ 1.99m$

경사면 아래 추락지점 도달시 속도

$v_e = \sqrt{2gh_2} = \sqrt{2 \cdot 9.8 \cdot 1.99} ≒ 6.25 m/s$

$t = \sqrt{\dfrac{2h}{g}} = \sqrt{\dfrac{2 \cdot 1.99}{9.8}} ≒ 0.64 \sec$

$a = \dfrac{v_e - v_i}{t} = \dfrac{6.25 - 0}{0.64} ≒ 9.8 m/s^2$

정지상태에서 굴러 내려간 경우의 가속도는 0.10g인데, 경사면을 내려가는 동안의 가속도를 산출하면 1.0g가 되는 것으로 보아 차량운전자의 주장대로 정지상태에서 고정 돌을 빼내어 밀려 내려갔다는 주장은 신뢰하기 어렵다.

차를 내리막으로 끌어당기려고 하는 힘은

$F_D = W\sin\theta - \mu W\cos\theta$ (단, W : 차의 중량, θ : 경사각, μ : 마찰계수)가 된다. $\cos\theta$는 거의 1에 가깝다(예 $\cos 5° ≒ 0.996$). 따라서 $F_D = W\sin\theta - \mu W = W(\sin\theta - \mu)$로 사용해도 된다. 즉, $\sin\theta > \mu$는 도로구배에서 차가 움직이기 시작하는 조건이다.

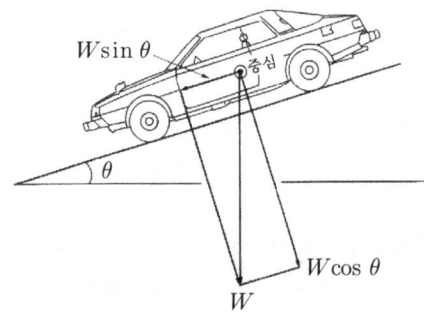

정답

질문1 약 11.39m/s

질문2 $0.98 m/s^2$

질문3 차량운전자의 주장을 신뢰하기 어렵다.

문제 12 배점 50점 2011년 기출

개요

버스는 16m의 스키드마크를 생성하고 보행자를 충격하고 진행방향의 좌측으로 일정 구간 피양 후 정차, 보행자는 충돌 후 x_1구간을 튕겨 노면에 낙하한 뒤 x_2구간 18m의 거리를 미끄러져 최종정지, 버스 바퀴타이어의 마찰계수는 0.65, 보행자의 전도 마찰계수는 0.6, 보행자의 무게중심 높이 1m 등을 조건으로 아래 물음에 답하시오(소수점 둘째 자리에서 반올림).

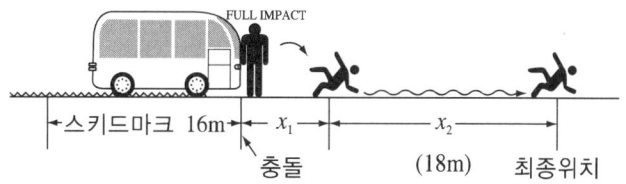

조건

1. 버스는 16m의 스키드마크 후 보행자 충격
2. 보행자는 충돌 후 x_1구간을 튕겨 노면에 낙하한 뒤 x_2구간 18m의 거리를 미끄러져 최종정지
3. 버스 바퀴타이어의 마찰계수는 0.65, 보행자의 전도 마찰계수는 0.6
4. 보행자의 무게중심 높이는 1m
5. 소수점 둘째 자리 반올림

[질문 1] 배점 5점

다음 중 위 사고에 해당되는 보행자사고 유형에 대하여 서술하시오.

```
ㄱ. Wrap trajectory          ㄴ. Forward projection
ㄷ. Fender vault             ㄹ. Roof vault
ㅁ. Somer vault
```

[질문 2] 배점 10점

보행자의 전도시 속도는?

[질문 3] 배점 10점

버스의 충격시 속도는?

[질문 4] 배점 15점

보행자의 낙하거리는? (포물선 운동 원리를 이용하여 산출)

[질문 5] 배점 10점
버스의 제동시작점 속도는?

풀이

[질문1] 버스와 같이 차체 앞부분이 상당히 편평한 차량(fairly flat front vehicle)이나 키가 작은 어린이에게서 발생하는 보행자사고로서 보행자의 상체가 차량의 진행방향으로 급격히 회전하여 전방으로 떨어져 전도되는 Forward projection 유형으로 나타난다.

[질문2] $x_2 = \dfrac{V^2}{2\mu_2 g}$, $V = \sqrt{2\mu_2 g x_2} = \sqrt{2 \cdot 0.6 \cdot 9.8 \cdot 18} ≒ 14.549 m/s ≒ 52.4 km/h$

[질문3] 버스의 충격시 속도는 위 [질문2]에서 산출한 보행자의 전도시 속도와 같으므로 약 52.4km/h임.

[질문4] 충돌지점에서 최초 착지지점까지 튕긴 거리(x_1)는 $x_1 = V\sqrt{\dfrac{2h}{g}}$ 이므로 산출하면

$x_1 = V\sqrt{\dfrac{2h}{g}} = 14.5\sqrt{\dfrac{2 \cdot 1.0}{9.8}} ≒ 6.6m$가 됨. 여기에 주어진 조건에서 보행자가 노면에 낙하한 뒤 최종정지하기까지 미끄러진 x_2구간의 거리 18m를 합하면 24.6m가 됨.

[질문5] $V_b = \sqrt{V^2 - 2ad} = \sqrt{(14.5)^2 - 2\{-(0.65 \cdot 9.8) \cdot 16\}} ≒ 20.3 m/s ≒ 73.3 km/h$

정답

[질문1] Forward projection
[질문2] 약 52.4km/h
[질문3] 약 52.4km/h
[질문4] 24.6m
[질문5] 약 73.3km/h

7 제동시작 속도 산출 관련 정답 및 풀이

문제 01　배점 50점　2020년 기출

개요

A차량이 횡단보도를 횡단하던 보행자를 발견하고 좌측으로 조향하여 요마크(Yaw Mark)를 발생시키며 이동하다 요마크의 끝 지점에서 보행자와 충돌하였다.

A차량은 보행자와 충돌한 후 20m를 더 이동하여 주차된 B차량과 정면으로 충돌하고, 두 차량이 맞물린 상태로 12m를 더 이동하고 정지하였다.

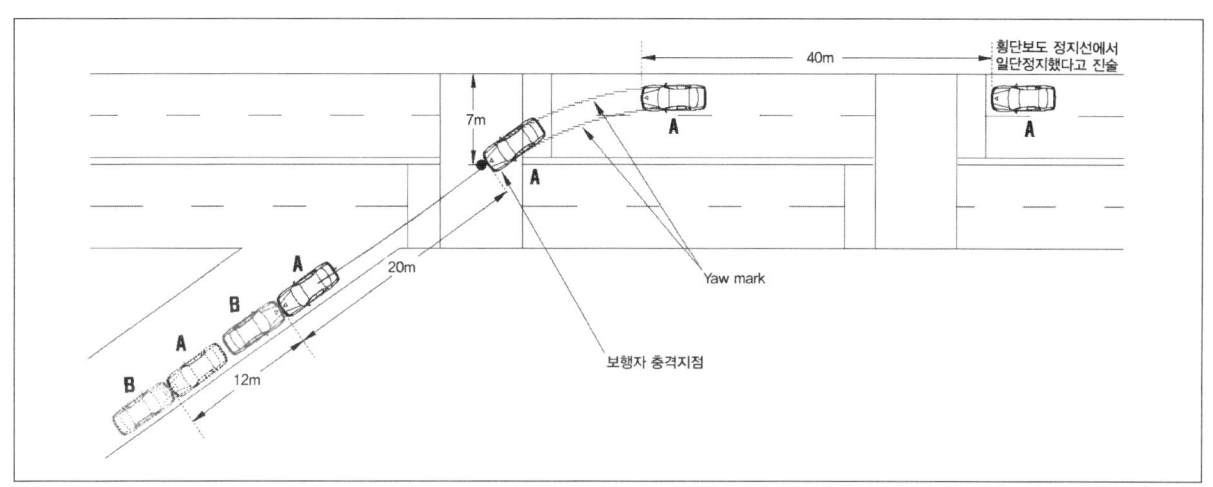

조건

1. 중력가속도는 9.8m/s^2
2. 요마크 구간에서 횡방향 견인계수는 0.8이고, 종방향으로는 등속운동
3. A차량 운전자의 인지반응시간은 1.2초이며, 이 시간 동안은 등속운동한 것으로 본다.
4. A차량의 요마크 발생시 무게중심 이동궤적을 측정하였을 때, 현의 길이(C)는 12.5m, 중앙종거(M)는 0.2m로 측정되었다.
5. A차량의 보행자 충돌로 인한 속도변화는 없는 것으로 본다.
6. A차량이 보행자 충돌 후 B차량과 충돌시까지 운동상태는 등감속 혹은 등가속 운동

7. A차량과 B차량은 맞물린 상태로 이동하였으며, 이 때 견인계수는 0.75
8. A차량 질량은 1,500kg, B차량 질량은 1,200kg
9. 보행자는 연석 위에 서 있다가 가속도 0.47m/s²로 충돌위치까지 7m를 뛰어갔다.
10. A차량은 0km/h ~ 110km/h까지 범위에서 최대발진가속도 3.47m/s²를 가진 차량이다.
11. 풀이과정 및 단위를 기술하고, 각 질문마다 소수점 셋째 자리에서 반올림할 것

[질문 1] 배점 10점
요마크 발생구간에서 A차량의 속도를 구하시오.

[질문 2] 배점 15점
A차량과 B차량의 충돌로 인한 차체의 변형량을 장벽충돌 환산속도로 평가한 결과 A차량은 9m/s, B차량은 10m/s였다고 하면 A차량이 B차량과 충돌할 때 가지고 있던 에너지량을 구하시오.

[질문 3] 배점 10점
앞에서 구한 에너지량을 사용하여 A차량이 B차량을 충돌할 때 속도를 구하시오.

[질문 4] 배점 10점
A차량이 보행자 충돌지점에서 B차량 충돌지점까지 이동하는 동안의 가속도와 소요된 시간을 계산하시오.

[질문 5] 배점 5점
A차량 운전자는 사고장소 이전 횡단보도 정지선에서 일단 정지 후 출발하였다고 주장하는데 이에 대한 타당성을 논하시오.

풀이 질문1 요마크의 곡선반경을 먼저 산출한 후 요마크 속도 산출방정식에 대입한다.

㉮ 곡선반경 산출

$$R = \frac{C^2}{8M} + \frac{M}{2}$$

여기서 R : 곡선반경(m), C : 현의 길이(m), M : 중앙종거(m)

$$R = \frac{12.5^2}{8 \times 0.2} + \frac{0.2}{2} = 97.75625 ≒ 97.76m$$

㉯ 속도 산출

요마크 속도 산출방정식은 $v_y = \sqrt{\mu_y g R_y}$

$v_y = \sqrt{\mu_y g R_y} = \sqrt{0.8 \times 9.8 \times 97.76} = \sqrt{766.4384} ≒ 27.68m/s$

질문2 장벽충돌 환산속도는 충돌로 인한 속도의 변화량이므로, 충돌시 속도(v_A)−충돌직후 속도(v_{AB}) = 장벽충돌 환산속도$(9m/s)$가 성립한다. 즉, $v_A - v_{AB} = 9m/s$인데 미지수 2개(v_A, v_{AB}) 중 충돌직후 속도(v_{AB})는 충돌 후 맞물린 상태로 이동한 거리 및 견인계수를 사용하여 산출한 다음 충돌시 속도(v_A)를 산출하여 에너지량을 구하

면 된다.

ㄱ. 먼저 v_{AB}를 산출하면, $v_{AB} = \sqrt{2(\mu_{AB})gd_{AB}} = \sqrt{2 \times 0.75 \times 9.8 \times 12} ≒ 13.28 m/s$

ㄴ. 위 ㄱ항의 $v_A - v_{AB} = 9m/s$에서 $v_A = v_{AB} + 9m/s = 13.28 + 9 = 22.28m/s$

ㄷ. 충돌할 때 보유한 에너지는 운동에너지와 같으므로

$$E_k = \frac{1}{2}m(v_A)^2 = \frac{1}{2} \times 1,500 \times 22.28^2 = 372,298.8 kgm(m/s^2) = 372,298.8J$$

질문3 운동에너지를 사용한 속도 산출 방정식은 $v_A = \sqrt{\frac{2E_k}{m}}$이므로 대입하면,

$$v_A = \sqrt{\frac{2E_k}{m}} = \sqrt{\frac{2 \times 372,298.8}{1,500}} = \sqrt{496.3984} ≒ 22.28m/s$$

질문4 ㄱ. 보행자 충돌지점에서 B차량 충돌지점까지 A차량이 이동할 때에 있어서 처음속도(v_i)는 보행자 충돌속도(v_y)로서 위 **질문1**에서 구한 $27.68m/s$이고, 나중속도(v_e)는 B차량을 충돌할 때의 속도(v_A)로서 위 **질문3**에서 구한 $22.28m/s$이다.

ㄴ. 따라서 산출할 가속도는 $a = \frac{(v_e)^2 - (v_i)^2}{2d}$ 방정식을 사용하고, 소요시간은 $t = \frac{v_e - v_i}{a}$를 사용하여 산출한다.

가속도 $a = \frac{(22.28)^2 - (27.68)^2}{2 \times 20} ≒ -6.74m/s^2$

소요시간 $t = \frac{22.28 - 27.68}{-0.68} ≒ 7.94 \sec$

질문5 출발지점(횡단보도 정지선)에서 요마크 발생 시작 지점까지 거리 40m를 진행하여 속도 $27.68m/s$의 속도를 낼 수 있는 출발 직후 가속도를 먼저 산출한 후, 일반적인 차량이 낼 수 있는 가속도와 비교하여 타당한지, 터무니없는지를 판단한다.

ㄱ. 거리 40m를 진행하는 동안 발생한 가속도를 산출하면 아래와 같다.

$$a = \frac{(v_e)^2 - (v_i)^2}{2d} = \frac{27.68^2 - 0^2}{2 \times 40} ≒ 9.58m/s^2 ≒ 0.98g$$

ㄴ. 자동차가 정지상태로부터 가속하여 낼 수 있는 일반적 최대가속도는 문헌상 $0.30g \sim 0.40g$로 알려져 있는데, 여기서 산출된 가속도는 $0.98g$로서 이것은 자동차가 발생시킬 수 있는 가속도가 되지 못한다. 따라서 사고 장소 이전 횡단보도 정지선에서 일단 정지하였다가 출발하였다는 주장은 타당하지 않다.

정답

질문1 $27.68m/s$

질문2 $372,298.8 kgm(m/s^2)$ or $372,298.8J$

질문3 $22.28m/s$

질문4 가속도 : $-6.74m/s^2$, 소요시간 : $7.94 \sec$

질문5 일단 정지하지 않았다.

문제 02 배점 25점 2017년 기출

개요
승용차량이 주행 중 전방의 우로 굽은 도로선형을 발견하고 급제동하여 스키드마크를 발생시키다가 도로이탈을 우려하여 브레이크 페달에서 발을 떼고 급한 핸들 조향으로 요마크가 발생하다가 도로 가장자리에 설치되어 있는 가로수를 충돌한 사고가 발생했다.

현장자료
1. 승용차량의 제동에 의한 스키드마크는 좌우 동일하게 15.0m로 측정됨.
2. 승용차량의 핸들 조향에 의한 요마크 흔적을 통해 승용차량 무게중심 이동궤적을 측정한 결과 일정한 곡선반경을 가진 호를 이루고 있었으며, 현의 길이 50.0m, 중앙종거 4.0m로 측정됨.
3. 승용차량의 소성변형 정도를 분석한 결과, 가로수 충돌속도는 36km/h로 분석됨.

조건
1. 스키드마크가 끝난 지점과 요마크 시작 지검 사이 구간에서 속도변화는 없음
2. 스키드마크 구간의 종방향 견인계수는 0.8, 요마크 구간의 횡방향 견인계수는 0.7, 중력가속도는 $9.8m/s^2$ 적용함.
3. 계산식의 경우 관계식 및 풀이과정을 단위와 함께 기술하고, 소수 셋째 자리에서 반올림하시오.

[질문 1] 배점 10점
현의 길이와 중앙종거를 바탕으로 곡선반경 산출을 위한 그림과 함께 관계식을 유도하고, 승용차량 무게중심 이동궤적에 대한 곡선반경을 구하시오.

[질문 2] 배점 10점
요마크에 근거한 속도산출 관계식을 유도하고, 요마크 발생지점의 승용차량 속도를 구하시오.

[질문 3] 배점 5점
스키드마크 발생시점의 승용차량 속도를 구하시오.

풀이 질문1

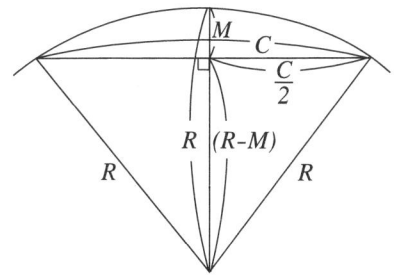

밑변은 현(C)의 1/2로 $\frac{C}{2}$,

높이는 곡선반경(R)에서 중앙종거(M)을 뺀 $R - M$, 빗변은 곡선반경 R, 여기서 피타고라스 정리를 적용하면

(빗변)² = (밑변)² + (높이)²

$$R^2 = (\frac{C}{2})^2 + (R - M)^2$$

이를 정리하면 곡선반경 산출공식 $R = \frac{C^2}{8M} + \frac{M}{2}$ 이 유도된다.

$$R = \frac{C^2}{8M} + \frac{M}{2} = \frac{50.0^2}{8 \cdot 4.0} + \frac{4.0}{2} = 78.125 + 2.0 ≒ 80.13m$$

질문2 마찰력 ≥ 원심력

$$F \geq \frac{mV^2}{R}$$

$$\mu mg \geq \frac{mV^2}{R}$$

$$V \leq \sqrt{\mu gR} \; (m/s)$$

$$V \leq \sqrt{3.6^2 \cdot 9.8 \cdot \mu R} \; (km/h)$$

$$V \leq \sqrt{127\mu R} \; (km/h)$$

$$V_y = \sqrt{\mu gR} = \sqrt{0.7 \cdot 9.8 \cdot 80.13} = \sqrt{549.6575} ≒ 23.44 m/s ≒ 84.40 km/h$$

질문3 $V_s = \sqrt{2\mu_s gd} = \sqrt{2 \cdot 0.8 \cdot 9.8 \cdot 15.0} = \sqrt{235.2} ≒ 15.34 m/s ≒ 55.21 km/h$

$$V = \sqrt{V_y^2 + V_s^2} = \sqrt{23.44^2 + 15.34^2} = \sqrt{784.7492} ≒ 28.01 m/s ≒ 100.85 km/h$$

정답

질문1 $R = \frac{C^2}{8M} + \frac{M}{2}$ (풀이 참조), 약 80.13m

질문2 $V_y = \sqrt{\mu gR}$, 약 84.40km/h

질문3 약 100.85km/h

문제 03 배점 25점 2016년 기출

개요

편도1차로 도로를 진행하던 사고차량이 스키드마크 42m를 발생시키면서 좌측으로 이탈하여, 도로변의 가로수를 충격하는 사고가 발생되었다. 조사 결과 사고차량의 가로수 충돌속도는 30km/h였다. 브레이크 계통의 이상으로 인해 사고시 브레이크는 전혀 작동되지 않았으나, 운전자에 의해 주차브레이크가 작동되었던 것으로 확인되었다. 즉, 사고차량의 스키드마크는 좌·우측 뒷바퀴에 의해 발생된 것이다.

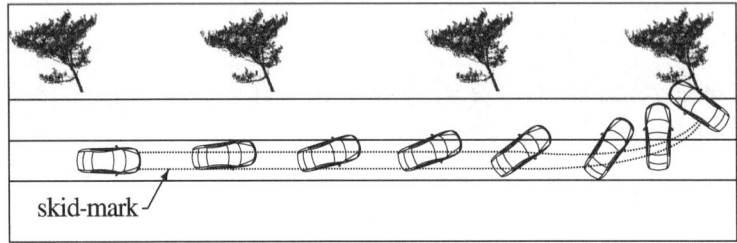

조건

1. 사고차량은 질량이 1,900kg으로, 앞 차축에는 1,100kg(좌우 각각 550kg), 뒤 차축에는 800kg(좌우 각각 400kg)의 하중이 실렸음.
2. 스키드마크 발생 과정에서 사고차량의 각 바퀴가 진행한 거리는 42m로 같음.
3. 흔적 발생 구간에서 사고차량 뒷바퀴는 주차브레이크에 의한 마찰계수 0.75, 앞바퀴는 엔진브레이크에 의한 구름 저항계수 0.1을 각각 적용함.
4. 계산식의 경우 관계식 및 풀이과정을 단위와 함께 기술하시오.
5. 각 질문마다 소수점 셋째 자리에서 반올림하시오.

[질문 1] 배점 5점

빈칸에 공통으로 들어갈 알맞은 용어를 쓰시오.

> 일을 할 수 있는 능력(일의 양)을 [   ](이)라 하고, 모든 [   ]은(는) 일과 같다. 즉, 일과 [   ]은(는) 그 크기가 같고 단위는 kg·m²/s²이다.

[질문 2] 배점 10점

사고차량이 스키드마크를 발생시킨 구간에서 각 차륜의 하중분포를 고려한 견인계수와 가속도 값을 구하시오.

[질문 3] 배점 10점

사고차량이 스키드마크를 발생하기 시작할 때의 속도를 구하시오.

풀이

질문1 에너지, 에너지, 에너지

질문2 $f = \dfrac{m_f \cdot \mu_f + m_r \cdot \mu_r}{m} = \dfrac{1{,}100 \cdot 0.1 + 800 \cdot 0.75}{1{,}900} = \dfrac{710}{1{,}900} \fallingdotseq 0.37$

$a = -(fg) = -(0.37 \cdot 9.8) = -3.63 m/s^2$

질문3 $V = \sqrt{(v_c)^2 - 2ad} = \sqrt{(30/3.6)^2 - 2(-3.63) \cdot 42} = \sqrt{374.3644} \fallingdotseq 19.35 m/s$

정답

질문1 에너지

질문2 약 0.37, $-3.63 m/s^2$

질문3 약 $19.35 m/s$

문제 04 배점 25점 2013년 기출

개요
승용차에 충돌된 오토바이가 옆으로 전도하면서 최종정지하기까지 노면에 스크래치를 16.7m 발생시켰다.

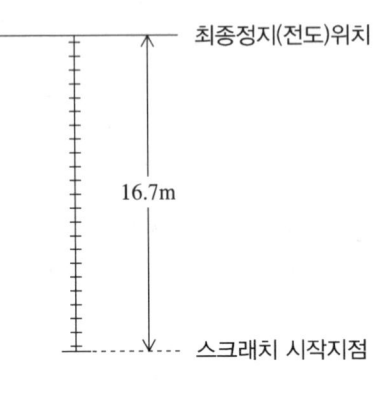

조건
1. 오토바이가 옆으로 넘어져 노면에 스크래치를 발생시킬 때 마찰계수는 0.45
2. 오토바이의 무게중심 높이는 0.5m
3. 오토바이가 넘어진 운동 형태는 단순추락임.
4. 최종 답안은 소수점 둘째 자리에서 반올림

[질문 1] 배점 5점
오토바이 전도거리를 사용할 경우 산출속도는?

[질문 2] 배점 10점
충돌지점과 스크래치 시작점으로부터 떨어진 거리는?

[질문 3] 배점 10점
오토바이의 충돌지점으로부터 최종전도위치까지의 이동시간은?

풀이

질문1 $v = \sqrt{2\mu gd} = \sqrt{2 \cdot 0.45 \cdot 9.8 \cdot 16.7} \fallingdotseq 12.1 m/s \fallingdotseq 43.7 km/h$

질문2 $v = l\sqrt{\dfrac{g}{2h}}$, $l = v\sqrt{\dfrac{2h}{g}} = 12.1\sqrt{\dfrac{2 \cdot 0.5}{9.8}} \fallingdotseq 3.9m$

질문3 $T = t_1 + t_2 = \dfrac{l}{v} + \dfrac{v_e - v_i}{a} = \dfrac{1.9}{12.1} + \dfrac{0 - 12.1}{-(0.45)(9.8)} \fallingdotseq 0.32 + 2.74 = 3.1 \sec$

정답

질문1 약 43.7km/h

질문2 약 3.9m

질문3 약 3.1sec

문제 05 배점 50점 2011년 기출

개요

승용차는 등속운동을 하다가 길이 26m의 스키드마크를 발생시키고 곡선 길이 16m의 요마크를 발생시킨 후 12.1m/sec의 속도로 대향차로에서 18.2m/sec의 등속도로 진행 중인 화물차와 충돌하였다. 승용차 운전자 인지반응시간 1초, 요마크 궤적의 측정 결과 현 9m, 중앙종거 0.35m, 노면 마찰계수는 0.8로 스키드마크와 요마크 둘 다 적용 등을 조건으로 다음 각 물음에 답하시오 (소수점 둘째 자리에서 반올림).

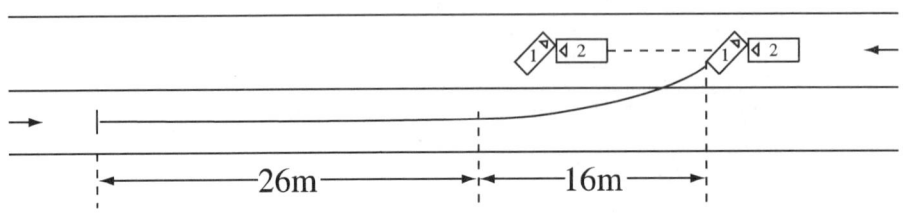

조건

1. 스키드마크 길이 26m, 요마크 길이 16m
2. 요마크의 현(C) 9m, 중앙종거(M) 0.35m
3. 승용차의 충돌속도 $v_c = 12.1m/s$, 트럭의 충돌속도 $18.2m/s$
4. 스키드마크, 요마크 공통 마찰계수 0.8
5. 승용차 운전자의 인지반응시간 1초
6. 소수점 둘째 자리 반올림

[질문 1] 배점 5점
승용차의 요마크 발생 시작점의 속도는?

[질문 2] 배점 10점
요마크(길이 16m) 발생하면서 진행하는 동안의 감속도와 소요시간은?

[질문 3] 배점 5점
승용차의 스키드마크 발생 시작점 속도는?

[질문 4] 배점 10점
승용차의 스키드마크 발생 동안 소요시간은?

[질문 5] **배점** 10점
승용차 운전자의 위험인지 순간 스키드마크 시작점 후방 몇 미터인가?

[질문 6] **배점** 10점
승용차 운전자의 위험인지 순간 두 차량의 상호거리는?

풀이

질문1 ① 요마크의 곡선반경 $R = \dfrac{C^2}{8M} + \dfrac{M}{2} = \dfrac{9^2}{8 \cdot 0.35} + \dfrac{0.35}{2} ≒ 29.1036 ≒ 29.1m$

② 요마크 시작점의 속도
$$v_{y1} = \sqrt{\mu g R} = \sqrt{0.8 \cdot 9.8 \cdot 29.1} = \sqrt{228.144} ≒ 15.1 m/s ≒ 54.4 km/h$$

질문2 ① 요마크 시점 속도 $v_y ≒ 15.1 m/s$, 요마크 종점 속도 $v_c = 12.1 m/s$이므로 요마크 발생 동안 감속도는
$$a_y = \dfrac{v_c^2 - v_y^2}{2d_y} = \dfrac{12.1^2 - 15.1^2}{2 \cdot 16} ≒ -2.6 m/s^2 임.$$

② 요마크 발생 동안 소요시간은 $t_y = \dfrac{v_c - v_y}{a_y} = \dfrac{12.1 - 15.1}{-2.6} ≒ 1.2 \sec$가 됨.

질문3 스키드마크 끝지점의 속도는 요마크 시점 속도 $v_y ≒ 15.1 m/s$와 같고, 스키드마크 발생 중 가속도 $a_b = \mu g = -(0.8 \cdot 9.8) = -7.84 m/s^2$이므로 스키드마크 발생 시작지점의 속도는 $v_b = \sqrt{(v_y)^2 - 2a_b d_b}$
$= \sqrt{(15.1)^2 - 2(-7.84) \cdot 26} ≒ \sqrt{635.690} ≒ 25.2 m/s ≒ 90.8 km/h$가 됨.

질문4 스키드마크 발생 시작점의 속도는 $v_b = 25.2 m/s$,
스키드마크 발생 끝지점의 속도는 $v_y ≒ 15.1 m/s$이므로
발생 동안의 소요시간은 $t_b = \dfrac{v_y - v_b}{a_b} = \dfrac{15.1 - 25.2}{-7.84} ≒ 1.3 \sec$가 됨.

질문5 승용차 운전자의 인지반응시간 1초 동안의 진행거리(공주거리)는 25.2m이므로 <u>위험인지 순간 승용차의 위치는 스키드마크 시작점 후방 25.2m</u>이다.

질문6 ① 승용차 운전자의 위험인지 지점에서 충돌지점까지의 거리는 공주거리 + 스키드마크 구간 + 요마크 구간이므로 25.2m + 26m + 16m = 67.2m임.

② 승용차 운전자의 위험인지 순간부터 충돌시까지의 소요시간은 인지반응시간 + 스키드마크 구간 소요시간 + 요마크 구간 소요시간으로 총 3.5초(= 1초 + 1.3초 + 1.2초)임.

③ 그런데 충돌 전 트럭은 등속도로 주행하였다고 하므로 트럭의 3.5sec동안의 주행거리는 $18.2 m/s \cdot 3.5 \sec ≒ 63.7m$가 됨.

④ 따라서 승용차 운전자의 위험인지 순간의 위치는 충돌지점 직전 67.2m이고, 트럭의 위치는 충돌지점 직전 63.7m이므로 <u>두 차량의 서로 떨어진 거리는</u> 67.2m + 63.7m = <u>130.9m</u>가 됨.

정답

- 질문1 약 54.4km/h
- 질문2 약 -2.6m/s^2, 약 1.2sec
- 질문3 약 90.8km/h
- 질문4 약 1.3sec
- 질문5 스키드마크 시작점 후방 25.2m
- 질문6 두 차량의 떨어진 거리 약 130.9m

문제 06 배점 25점 2011년 기출

개요

서쪽에서 동쪽 방향으로 등속 진행하던 승용차가 무단횡단하는 보행자를 발견하고 급제동하여 40m의 스키드마크를 발생하며 보행자를 충격 후 27m를 더 진행하여 정지하였다. 노면의 견인계수는 0.85, 보행자 속도 1.2m/s, 도로연석에서 충돌지점까지 보행자의 횡단거리 4.3m, 중력가속도 9.8m/s² 를 조건으로 다음 물음에 답하시오(소수점 둘째 자리에서 반올림).

조건

1. 승용차의 스키드마크 충돌 전·후 40m, 27m 발생
2. 노면 견인계수 0.85
3. 보행자의 보행속도 1.2m/s
4. 횡단시작점에서 충돌까지 횡단거리 4.3m
5. 중력가속도 $= 9.8m/s^2$
6. 소수점 둘째 자리 반올림

[질문 1] 배점 5점
보행자 충돌시 승용차의 속도는?

[질문 2] 배점 10점
제동시작점에서 승용차의 속도는?

[질문 3] 배점 10점
보행자가 차도로 들어선 순간 승용차 위치와 충돌지점 간의 거리는?

풀이

[질문1] $v_c = \sqrt{2\mu g d_2} = \sqrt{2 \cdot 0.85 \cdot 9.8 \cdot 27} = \sqrt{449.82} ≒ 21.2 m/s ≒ 76.4 km/h$

[질문2] $v_b = \sqrt{2\mu g d} = \sqrt{2 \cdot 0.85 \cdot 9.8 \cdot (40+27)} = \sqrt{1116.22} ≒ 33.4 m/s ≒ 120.3 km/h$

[질문3] ① 보행자 횡단 소요시간을 산출하면 $t_p = \dfrac{d_p}{v_p} = \dfrac{4.3}{1.2} ≒ 3.6 sec$가 되므로 보행자의 횡단시작은 충돌 전 약 3.6초임.

② 승용차가 충돌 전 스키드마크 40m를 발생시키는 동안의 소요시간을 산출하면
$$t_b = \dfrac{v_c - v_b}{a_b} = \dfrac{v_c - v_b}{\mu g} = \dfrac{21.2 - 33.4}{-(0.85 \cdot 9.8)} ≒ 1.5 sec 가 됨.$$

③ 승용차의 충돌 3.6초 전 위치는 스키드마크 시작점으로부터 $t_i = t_p - t_b = 3.6 - 1.5 = 2.1 sec$ 동안 승용차의 진행거리 만큼 후방 지점임.

④ 승용차가 2.1초 동안의 $33.4 m/s(≒120.3km/h)$ 속력으로 주행한 거리는
$d_i = v_b t_i = 33.4 · 2.1 ≒ 70.1m$ 가 됨.

⑤ 따라서 충돌 전 승용차의 미끄러진 거리 40m(위 ②에서 산출한 1.5초 소요)에 2.1초 동안 등속도 주행한 거리 70.1m를 합한 약 110.1m가 됨.

정답
- 질문1 약 76.4km/h
- 질문2 약 120.3km/h
- 질문3 약 110.1m

문제 07 배점 25점 2007년 기출

[질문 1] 배점 5점
사고차량의 스키드마크가 40m일 때 사고차량의 속도는? (단, 50km/h의 시험차량으로 동일 노면에서 15m의 스키드마크 발생)

[질문 2] 배점 10점
아래와 같은 조건에서 스키드마크가 40m 발생하였을 때의 속도는?

- 축거 2.7m
- 앞축중심 1.5m
- 뒷견인계수 0.3
- 무게중심 0.5m
- 앞견인계수 0.6

[질문 3] 배점 10점
정지에서 출발하여 6초간 24m 진행하는 가속도로 8초 동안 주행거리는?

풀이

[질문1] ① $v = 50km/h$, $d = 15m$인 경우 마찰계수(μ)

$$\mu = \frac{v^2}{2gd} = \frac{(50/3.6)^2}{2 \cdot 9.8 \cdot 15} \fallingdotseq 0.66$$

② $\mu = 0.66$, $d = 40m$인 경우 속도(V_{40})

$$V_{40} = \sqrt{2 \cdot 0.66 \cdot 9.8 \cdot 40} \fallingdotseq 22.75m/s \fallingdotseq 81.9km/h$$

[질문2] $\ell_f = 1.5$, $\ell_Z = 0.5$, $\ell = 2.7$, $x_f = \frac{\ell_f}{\ell} = \frac{1.5}{2.7} = 0.56$, $Z = \frac{\ell_Z}{\ell} = \frac{0.5}{2.7} = 0.19$,

$f_f = 0.6$, $f_r = 0.3$, $f_R = \frac{f_f - x_f(f_f - f_r)}{1 - Z(f_f - f_r)} = \frac{0.6 - 0.56(0.6 - 0.3)}{1 - 0.19(0.6 - 0.3)} = 0.46$

$$V = \sqrt{2 \cdot 0.46 \cdot 9.8 \cdot 40} \fallingdotseq 18.99m/s \fallingdotseq 68.4km/h$$

[질문3] ① $v_i = 0$, $t = 6sec$, $d = 24m$인 경우 가속도(a)

$$a = \frac{2d - 2v_i t}{t^2} = \frac{2 \cdot 24 - 2 \cdot 0 \cdot 6}{6^2} = \frac{48 - 0}{36} \fallingdotseq 1.33m/s^2$$

② $a = 1.33m/s^2$, $v_i = 0$, $t = 8sec$인 경우 주행거리(d)

$$d = v_i t + \frac{1}{2}at^2 = 0 \cdot 8 + \frac{1}{2}(1.33) \cdot 8^2 \fallingdotseq 42.6m$$

정답
[질문1] 약 81.9km/h
[질문2] 약 68.4km/h
[질문3] 약 42.6m

8 곡선반경 관련 정답 및 풀이

문제 01 배점 25점 2019년 기출

개요
사고차량이 급격한 선회로 인해 요 마크(Yaw Mark)를 발생시켰다. 사고현장에서 조사한 결과 차량 무게중심 경로의 곡선반경(R), 현의 길이(C), 중앙종거(M)는 아래의 그림과 같다.

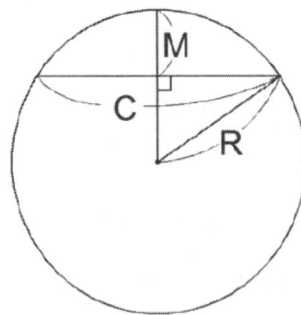

조건
1. R : 차량 무게중심 경로의 곡선반경, C : 현의 길이, M : 중앙종거
2. 계산식의 경우 관계식 및 풀이과정을 단위와 함께 기술하고, 소수 셋째 자리에서 반올림

[질문 1] 배점 10점
피타고라스정리를 이용하여 곡선반경(R)을 구하는 공식을 유도하시오.

[질문 2] 배점 10점
원심력을 이용하여 요 마크 발생시점의 속도를 구하는 공식을 유도하시오.

[질문 3] 배점 5점
현의 길이(C)가 50m, 중앙종거(M)가 2m, 요 마크 발생구간의 횡미끄럼 견인계수가 0.8일 때 차량의 요 마크 발생시점 속도(km/h)를 구하시오.

[풀이]

질문1

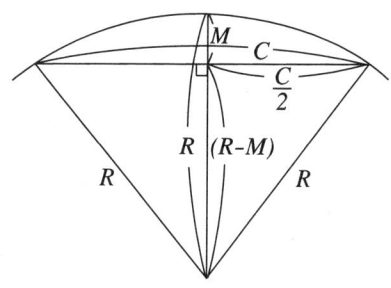

밑변 = 현(C)의 1/2 = $\dfrac{C}{2}$

높이 = 곡선반경 − 중앙종거 = $R-M$, 빗변 = 곡선반경(R)

피타고라스정리를 적용하면

(빗변)^2 = (밑변)^2 + (높이)^2 이므로

$$R^2 = \left(\dfrac{C}{2}\right)^2 + (R-M)^2$$

이를 곡선반경(R)에 대하여 정리하면

$$R^2 = \left(\dfrac{C}{2}\right)^2 + R^2 - 2MR + M^2$$

$$2MR = \dfrac{C^2}{4} + M^2$$

$$R = \dfrac{C^2}{8M} + \dfrac{M}{2}$$

질문2 원심력 $F_c = m\dfrac{v^2}{R}$ ………… ①

마찰력 $F_f = \mu N = \mu mg$ ………… ②

원심력 ① = 마찰력 ②

$$m\dfrac{v^2}{R} = \mu mg$$

$$\dfrac{v^2}{R} = \mu g$$

$$v^2 = \mu g R$$

$$v = \sqrt{\mu g R}\,(m/s)$$

$$v = \sqrt{\mu g R}\,(3.6)$$

$$v = \sqrt{\mu R(9.8)(3.6)^2}$$

$$v = \sqrt{127\mu R}\,(km/h)$$

질문3 $R = \dfrac{C^2}{8M} + \dfrac{M}{2}$

$R = \dfrac{50^2}{8(2)} + \dfrac{2}{2} = 157.25m$

$v = \sqrt{127(0.8)(157.25)} ≒ 126.40(km/h)$

정답

질문1 $R = \dfrac{C^2}{8M} + \dfrac{M}{2}$ (풀이 참조)

질문2 $v = \sqrt{127\mu R}\,(km/h)$ (풀이 참조)

질문3 126.40(km/h)

문제 02 배점 25점 2014년 기출

다음의 질문에 답하시오.

[질문 1] 배점 5점

타이어의 측면에는 한국산업규격(KS), 미연방자동차기준(FMVSS) 등에 의해 여러 가지 항목을 의무적으로 명기하고 있다. 그 중 DOT 끝번호 네자리(밑줄친 부분)가 다음과 같을 때 그것이 의미하는 바를 기술하시오.

> DOT ××××××× 0612

[질문 2] 배점 5점

타이어는 트레드(Tread), 카카스(Carcass), 비드(Bead) 등으로 구성되어 있다. 그 중 비드(Bead)의 역할에 대해 기술하시오.

[질문 3] 배점 10점

삼지교차로에서 두 대의 차량이 다음과 같은 스키드마크를 발생시키며 충돌하였다. 아래 그림의 측정치를 감안하여 질문에 답하시오(단, 코사인 제2법칙을 사용하고 계산과정을 기술하시오).

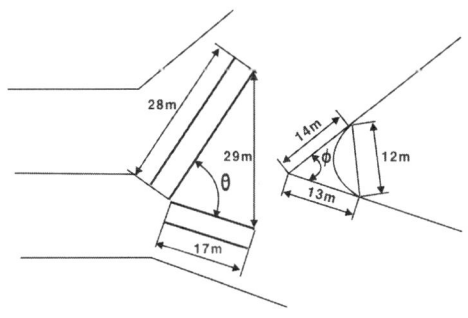

가. 옆의 그림과 같이 두 차량의 스키드마크가 접하게 되고 스키드마크 시작점 간의 거리가 29미터일 때, 두 차량 간의 충돌각 θ를 구하시오(단, θ는 소수 둘째 자리에서 반올림할 것). (5점)

나. 도로 가장자리의 연석선을 따라 가상의 연장선을 그어 만나는 교차점을 기준으로 옆의 그림과 같이 측정하였다. 두 방향의 도로 간에 이루는 각 θ를 구하시오(단, θ는 소수 둘째 자리에서 반올림할 것). (5점)

[질문 4] 배점 5점

커브구간의 곡선반경을 구하기 위해 중앙선을 기준으로 중앙종거(M) 및 현(C)의 길이를 측정하였다. M = 0.5m, C = 25m 일 때 이 도로의 곡선반경(R)을 구하시오.

질문1 DOT × × × × × × × 0612 표시는 DOT(미교통성) × × (생산공장코드) × × (규격코드) × × ×(트레드패턴) 0612(제조년도 및 주No)이다.

질문2 비드(Bead)의 역할 : Steel Wire에 고무를 피복한 사각 또는 육각형태의 Wire Bundle로 Tire를 Rim에 안착하고 고정시키는 역할을 한다.

질문3 ① 코사인 제2법칙 $a^2 = b^2 + c^2 - 2bc \cdot \cos A$에서 $\cos A = \dfrac{b^2 + c^2 - a^2}{2bc}$ 이므로

$$\cos A = \frac{17^2 + 28^2 - 29^2}{2 \cdot 17 \cdot 28} ≒ 0.2437, \quad A = \theta = \cos^{-1} 0.2437 ≒ 75.9°$$

② $\cos A = \dfrac{b^2 + c^2 - a^2}{2bc} = \dfrac{13^2 + 14^2 - 12^2}{2 \cdot 13 \cdot 14} ≒ 0.6071, \quad A = \theta = \cos^{-1} 0.6071 ≒ 52.6°$

질문4 $R = \dfrac{C^2}{8M} + \dfrac{M}{2} = \dfrac{25^2}{8 \cdot 0.5} + \dfrac{0.5}{2} = 156.5m$

 질문1 DOT × × × × × × × 0612 : DOT(미교통성) × × (생산공장코드) × × (규격코드) × × ×(트레드패턴) 0612(제조년도 및 주No)

질문2 비드의 역할(풀이 참조)

질문3 가. 약 75.9°

나. 약 52.6°

질문4 156.5m

문제 03 배점 25점 2012년 기출

요마크 현의 길이는 30m, 중앙종거는 0.5m, 횡미끄럼 마찰계수 0.85일 때 다음 물음에 답하시오.

[질문 1] 배점 15점
곡선반경(R)을 구하는 방정식을 유도하시오.

[질문 2] 배점 10점
승용차의 선회한계속도를 구하시오.

풀이

질문1

제1방법	제2방법
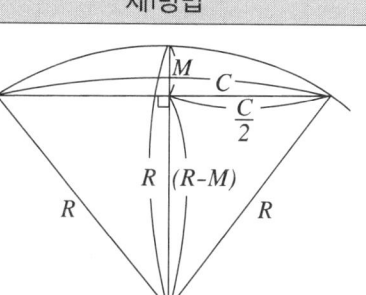	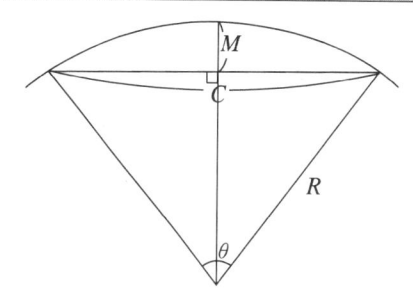
위 그림에서 현(C)의 1/2은 밑변($\frac{C}{2}$)이 되고, 높이는 곡선반경(R)에서 중앙종거(M)을 뺀 ($R-M$)가 되며, 빗변은 곡선반경(R)이 되므로 피타고라스 정리를 적용하면 (빗변)^2 = (밑변)^2 + (밑변)^2, 즉, $R^2 = (\frac{C}{2})^2 + (R-M)^2$이 되므로, 이를 정리하면 아래 내역과 같이 곡선반경(R)은 $R = \frac{C^2}{8M} + \frac{M}{2}$이 유도된다. $R^2 = (\frac{C}{2})^2 + R^2 - 2MR + M^2$ $2MR = \frac{C^2}{4} + M^2$ $R = \frac{C^2}{8M} + \frac{M}{2}$	$C = 2R\sin\frac{\theta}{2}$ ……① $M = R(1-\cos\frac{\theta}{2})$ ……② $\cos^2\frac{\theta}{2} = 1 - \sin^2\frac{\theta}{2}$ ……③ ①, ②, ③을 연립하여 $\frac{\theta}{2}$를 소거하면 $C^2 - 8MR + 4M^2 = 0$ $R = \frac{C^2}{8M} + \frac{M}{2}$

[질문2] ㉠ 곡선반경 방정식 $R = \dfrac{C^2}{8M} + \dfrac{M}{2}$ 에 요마크의 $C = 30m$, $M = 0.5m$를 대입하면

$$R = \dfrac{30^2}{8 \cdot 0.5} + \dfrac{0.5}{2} ≒ 225.25m 가 됨.$$

㉡ 선회한계속도 방정식은 $V = \sqrt{127\mu R}$ 이므로 $\mu = 0.85$, $R = 225.25m$를 대입하면
$$V = \sqrt{127\mu R} = \sqrt{127 \cdot 0.85 \cdot 225.25} ≒ 155.9 km/h 가 됨.$$

[정답]

[질문1] $R = \dfrac{C^2}{8M} + \dfrac{M}{2}$ (풀이 참조)

[질문2] 약 155.9km/h

문제 04　배점 25점　2010년 기출

개요
편경사 5%의 노면에서 주행하던 차량이 요마크(현의 길이는 72m, 중앙종거는 5.7m)를 발생하고 높이 5m 아래로 수평거리 27m를 날아가 추락했다(마찰계수 0.8, g = 9.8m/s²).

[질문 1]　배점 10점
곡선반경은?

[질문 2]　배점 5점
요마크 생성시의 속도는?

[질문 3]　배점 10점
추락시 속도는?

풀이

질문1　$R = \dfrac{C^2}{8M} + \dfrac{M}{2} = \dfrac{72^2}{8 \cdot (5.7)} + \dfrac{5.7}{2} \fallingdotseq 116.5m$

질문2　$V_y = \sqrt{(\mu+i)gR} = \sqrt{(0.8+0.05) \cdot 9.8 \cdot 116.5} \fallingdotseq 31.2 m/s \fallingdotseq 112.1 km/h$

질문3　$V_h = d\sqrt{\dfrac{g}{2h}} = 27\sqrt{\dfrac{9.8}{2 \cdot 5}} \fallingdotseq 26.7 m/s \fallingdotseq 96.2 km/h$

정답
질문1　약 116.5m
질문2　약 112.1km/h
질문3　약 96.2km/h

공식 유도 관련 정답 및 풀이

문제 01 배점 25점 2020년 기출

[질문 1] 배점 5점
에너지보존의 법칙을 이용하여 스키드마크 발생시점에서 차량속도를 구하는 공식을 유도하시오.

[질문 2] 배점 5점
원심력과 마찰력의 관계를 이용하여 요마크 발생 시점의 차량속도를 구하는 공식을 유도하시오.

[질문 3] 배점 5점
자유낙하 운동을 이용하여 차량 추락 시점의 속도 산출 공식을 유도하시오(이탈각은 고려하지 않음).

[질문 4] 배점 5점
내륜차의 정의와 내륜차로 인하여 발생되는 사고형태 1가지를 서술하시오.

[질문 5] 배점 5점
아래는 일반적인 승용차의 최소회전반경에 대한 내용이다. (㉠), (㉡)에 알맞은 내용을 쓰시오.

> - 최소회전반경이란 최대 조향각으로 저속회전할 때 (㉠)의 중심선이 그리는 궤적의 반경이다.
> - 최소회전반경을 구하는 공식은 $r = \dfrac{1}{\sin\alpha} + d$이다.
> 여기서, α : 외측 차륜의 최대조향각, d : 킹핀과 타이어 중심간의 거리, L : (㉡)

풀이

[질문1] 스키드 마크 발생시점의 속도를 V라 하면

$$f_1 w d_1 + f_2 w d_2 + \frac{wv^2}{2g} = E_T \cdots\cdots (1)$$

$$E_T = \frac{1}{2} \frac{w}{g} V^2 \cdots\cdots (2)$$

(2)에서

$$\frac{1}{2} \frac{w}{g} V^2 = E_T$$

$$V^2 = \frac{2gE_T}{w}$$

$$V = \sqrt{\frac{2E_Tg}{w}} = \sqrt{2E_T(\frac{g}{w})} = \sqrt{2E_T(\frac{1}{m})} = \sqrt{\frac{2E_T}{m}}$$

질문2 ㄱ. 마찰력(frictional force)은 물체가 노면에 접촉한 상태로 움직일 때 저지하려는 힘으로
$F_f = \mu N = \mu mg$ ……①라 쓸 수 있다.

ㄴ. 원심력(centrifugal force)은 물체가 곡선을 따라 움직일 때 곡선의 바깥으로 (중심에서 멀어지려는 방향으로) 작용하는 힘으로, $F_c = m\frac{v^2}{r}$ ……②라 쓸 수 있다.

ㄷ. 그런데 마찰력이 원심력을 이겨내지 못하면 자동차의 바퀴 타이어에서 옆미끄럼 하게 되어 요마크가 발생하게 되는데, 이를 방정식으로 쓰면 $F_c \leq F_f$, 즉 $m\frac{v^2}{r} \leq \mu mg$ ……③이 성립한다.

ㄹ. ③을 다시 풀어 쓰면 $\frac{v^2}{R} \leq \mu g$, $v^2 \leq \mu gR$, $v \leq \sqrt{\mu gR}$ 이 된다.

ㅁ. 여기서 $v \leq \sqrt{\mu gR}$ 식을 v가 시속으로 바로 산출되도록 하면 다음 방정식과 같이 쓸 수 있다.
$v \leq \sqrt{\mu gR} \times (3.6)$, $v \leq \sqrt{\mu R(9.8)(3.6)^2}$, $v \leq \sqrt{127\mu R}$

ㅂ. 이상을 정리하면 $v(m/s) \leq \sqrt{\mu gR}$ ……④, $v(km/h) \leq \sqrt{127\mu R}$ ……⑤가 된다.

질문3 수평방향 등속도 운동으로부터 $d = v_c \times t$에서 $t = \frac{d}{v_c}$ ……①

자유낙하 운동으로부터 $h = \frac{1}{2}gt^2$ ……②

위의 두 식에서 ①을 ②에 대입하면 $h = \frac{1}{2}g(\frac{d}{v_c})^2$ ……③

위 ③을 정리하면 $v_c = d\sqrt{\frac{g}{2h}}$ ……④

질문4 내륜차란 자동차가 선회하면서 내측 앞바퀴와 내측 뒷바퀴의 진행궤적 사이에 발생하는 간격 차이이다. 길이가 길어 앞바퀴와 뒷바퀴의 간격(축간거리)이 긴 차량인 대형트럭이나 버스가 회전할 때 생기는 내측 앞·뒤 바퀴 사이로 보행자나 이륜차가 넘어져 끼어 들어가 역과하는 사고를 예로 들 수 있다.

질문5 ㉠ 바깥쪽 앞바퀴 ㉡ 축간거리

정답
질문1 풀이 참조
질문2 풀이 참조
질문3 풀이 참조
질문4 풀이 참조
질문5 ㉠ 바깥쪽 앞바퀴 ㉡ 축간거리

10 용어 설명 관련 정답 및 풀이

문제 01 배점 25점 2019년 기출

[질문 1] 배점 5점
추돌사고시 차량 탑승자에게 대표적으로 발생되는 편타손상(Whiplash Injury)에 대해 설명하시오.

[질문 2] 배점 10점
질량 1,000kg인 A차량과 질량 1,500kg인 B차량이 동일방향으로 진행하다 A차량이 B차량의 후미를 추돌하였고, 사고 후 A차량의 EDR 자료를 추출한 결과 속도변화(ΔV_A)는 -20km/h로 확인되었다. A차량의 속도변화(ΔV_A)를 이용하여 B차량의 속도변화(ΔV_B)를 구하시오.

[질문 3] 배점 5점
충돌속도와 유효충돌속도가 같다고 볼 수 있는 상황에 대하여 예를 들고, 그 이유를 설명하시오.

[질문 4] 배점 5점
차량의 운동형태 6가지(ⓐⓑⓒⓓⓔⓕ) 중 명칭 5개를 선택해 쓰시오.

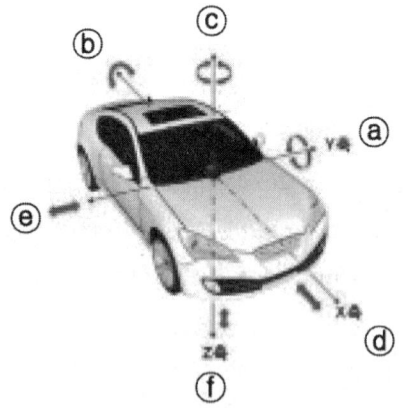

풀이

질문1 편타손상(whiplash injury) : 머리가 앞뒤로 흔들려 머리·목·몸통이 마치 채찍을 휘둘렀을 때 채찍모양처럼 휘어짐으로써 목부위가 충격을 받아 입는 부상을 총칭하는 것으로 외상성경부증후군이라고도 한다.

질문2 v_{10} : A차량의 추돌시 속도, v_{20} : B차량의 추돌시 속도
v_1 : A차량의 추돌직후 속도, v_2 : B차량의 추돌직후 속도라고 하면

A차량의 속도변화는 −20km/h라 하므로

$\Delta V_A = v_{10} - v_1 = -20 km/h$ ...... (1)

후미 추돌로부터 1차원 운동량보존 법칙을 적용하면

$m_1 v_{10} + m_2 v_{20} = m_1 v_1 + m_2 v_2$ ...... (1)

여기서 $1,000(v_1 - 20) + 1,500 v_{20} = 1,000 v_1 + 1,500 v_2$

$1,500(v_{20} - v_2) = 20,000$

$v_{20} - v_2 = \dfrac{20,000}{1,500}$

$\Delta V_B = v_{20} - v_2$ 이므로

$\Delta V_B = 13.33 km/h$

질문3 ㄱ. 유효충돌속도란 충돌속도가 충돌로 인해 소모된 속도를 말함.
즉, 유효충돌속도 = 충돌속도 − 충돌직후속도임.

ㄴ. 따라서 충돌속도와 유효충돌속도가 같다고 볼 수 있는 상황은 충돌직후속도가 0인 경우가 되는 것임.

ㄷ. 완전소성충돌의 경우 또는 질량무한대의 고정장벽에 충돌한 경우임.

질문4 ⓐ 피칭(pitching) : 가로축(y축)을 중심으로 차체가 전/후로 회전하는 진동

ⓑ 롤링(rolling) : 세로축(x축)을 중심으로 차체가 좌/우로 회전하는 진동

ⓒ 요잉(yawing) : 수직축(z축)을 중심으로 차체가 좌/우로 회전하는 진동

ⓓ 서징(surging) : 세로축(x축)을 따라 차체 전체가 전/후 직진하는 진동

ⓔ 트램핑(tramping) : 판 스프링에 의해 현가된 일체식 차축이 세로축(x축)에 나란한 회전축을 중심으로 좌/우 회전하는 진동

ⓕ 시밍(shimmying) : 너클핀을 중심으로 앞바퀴(=조향륜)가 좌/우로 회전하는 진동

정답
- 질문1 풀이 참조
- 질문2 $\Delta V_B = 13.33 km/h$
- 질문3 풀이 참조
- 질문4 풀이 참조(5개 선택)

문제 02 배점 25점 2018년 기출

[질문 1] 배점 5점

도로교통법 제2조 제17호 및 제18호에 차마의 개념에 대해 규정하고 있고 이 규정을 도표화하면 아래와 같다. 도표 안의 빈 칸을 다음 중에서 골라 채우시오(순서 틀리면 불인정).

> 트럭기계차, 견인차, 노면파쇄기, 건설기계, 콘크리트믹서트레일러, 도로보수트럭, 콘크리트믹서트럭, 노면측정장비, 덤프트럭, 우마, 수목이식기, 아스팔트콘크리트재생기, 구난차, 이륜자동차, 터널용고소작업차

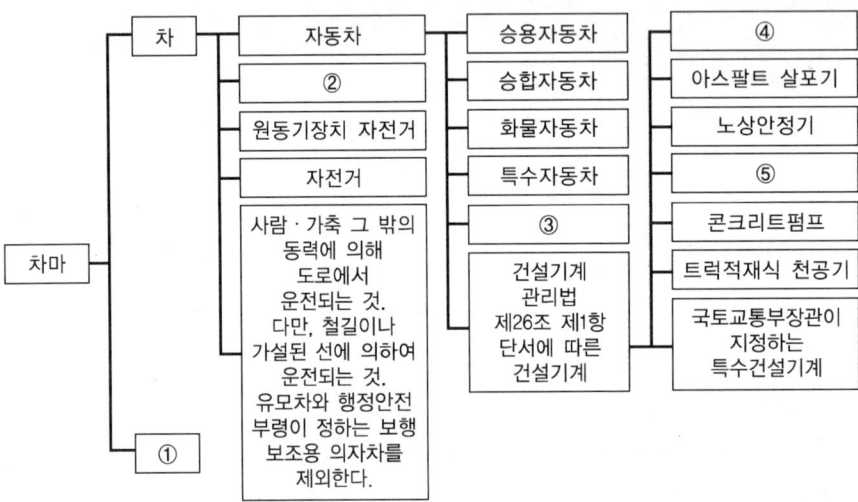

[질문 2] 배점 5점

자동차에 설치된 ADAS(Advanced Driver Assist System) 장치는 사고의 위험을 줄여주는 역할을 한다. 이들 ADAD 장치 중에서 LDWS(Lane Departure Warning System)와 LKAS(Lane Keeping Assit Systme)에 대해 설명하시오.

[질문 3] 배점 5점

타이어 측면에는 타이어 규격이 표기되어 있다. 우측 사진에 표기되어 있는 225/45 R 17(유러피안 메트릭 표기법)의 각 항목이 의미하는 것을 구체적으로 기술하시오.

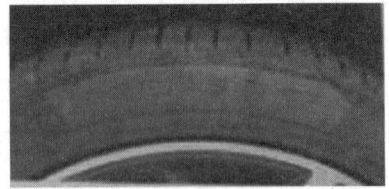

[질문 4] 배점 5점

다음의 설명을 참고하여 운동에너지 방정식을 유도하시오.

> 물체에 힘(Force)이 작용하여 물체가 힘의 방향으로 어떤 거리만큼 이동을 한 경우에 힘은 물체에 일(Work)을 한다고 말한다. 한 물체에서 다른 물체로 옮겨진 에너지의 양은 일과 동일하다고 볼 수 있으며 일을 할 수 있는 능력을 에너지와 같다고 표현할 수 있다.

[질문 5] 배점 5점

최근 과학기술의 발달로 도로교통분야도 많은 변화가 나타났다. 그 중에 대표적인 것이 바로 자율주행자동차이다. 자율주행자동차가 등장하여 사람들의 삶이 크게 달라질 변화는 긍정적인 부분도 많겠지만 새로운 고민거리를 던져주기도 한다.

이와 관련하여 자율주행자동차로 인해 새롭게 등장할 수 있는, 아직 해결하지 못한 법적 윤리적 문제 등 문제점에 대해 5가지를 기술하시오(해결책 제시는 점수와 상관없으며, 5가지 문제점에 대해 간단한 부연설명과 함께 기술 예시문은 정답에서 제외).

> 예시문〉 운전과 관련된 직업을 가진 사람들은 자율주행자동차가 등장하여 직업을 잃을 수 있는데 이러한 사회문제는 어떻게 해결할 것인가

정답

질문1 ① (우마) ② (건설기계) ③ (이륜자동차) ④ (덤프트럭) ⑤ (콘크리트 믹서트럭)

질문2
- LDWS(Lane Departure Warning System)
  1. 도로에는 차들이 일정 간격을 두고 안전하게 주행할 수 있는 차선이 있지만, 빗길이나 안개와 같은 악천후 상황으로 인해 차선이 잘 보이지 않거나 졸음운전으로 인해 차선을 넘어가 큰 사고로 이어지는 경우를 막기 위해 연구 개발된 장치이다.
  2. 이것은 도로에는 이정표와 같은 다양한 표시가 존재하고 다양한 색상의 차선이 존재하기 때문에 차선을 잘 구분하여 인식할 수 있도록 차량 전방에 장착된 카메라를 통해 주행 차선만을 정확하게 인식할 수 있는 기술을 응용한 것이다.
  3. 이러한 차선을 인식하는 기술은 기본적으로 흰색, 황색, 청색에 대해 인식하며, 차선은 직선이고 평행하며 일정한 크기와 폭을 가지고 있어 하나의 소실점에서 만나게 된다는 기하학적 모델링을 기반으로 하는데, 차선은 야간/터널/빗길에서도 인식이 가능하다.
- LKAS(Lane Keeping Assist System)
  1. LDWS보다 업그레이드된 기능으로 단순히 차선 이탈 경보만이 아니라 스티어링 휠(MDPS)을 제어하여 운전자가 차선을 유지할 수 있도록 보조해 주는 역할을 하는 장치이다.
  2. 이 장치를 운행 전 미리 버튼을 눌러 on으로 해 놓으면 차량이 차선을 벗어나려 하면 차량이 벗어나지 않도록 스티어링 휠(운전대)을 제어해준다.

질문3
- 단면폭 : 225
- 편평비 : 45
- 래디얼 타이어 : R
- 림(Rim) 외경 : 17

질문4
$W = Fd = mad$ …… (1)

$E = \dfrac{1}{2}mv^2$ …… (2)

에너지의 양 = 일

$E = W$

$\dfrac{1}{2}mv^2 = mad$

$v^2 = 2ad$

$v = \sqrt{2ad}$ …… (3)

질문5
1. **소프트웨어에 대한 제조물 책임** : 대체설계를 채용하지 않거나 합리적 설명·지시·경고 또는 그 밖의 표시를 하지 않아 안전하지 못한 경우라면 피해나 위험을 줄이거나 피할 수 있었음에도 그렇게 하지 못한 경우로 인정된다. 〈주간경향, 1316호, 2019. 3. 4.〉

2. **윤리적 측면의 논의** : 아직 자율주행자동차와 관련된 윤리적 논의는 초보 단계이다. 특히 한국에서 자율주행자동차와 관련된 윤리적 측면의 이론적 논의는 전무한 상태이다.

3. **윤리적 가이드라인** : 철학, 윤리학, 사회과학, 자연과학, 공학 등의 분야가 협력하여 대안적인 윤리적 가이드라인을 준비할 시기가 왔다. 실제 자율주행자동차의 윤리적 가이드라인을 디자인하는 경우에는 공리주의적 접근 및 의무론적 접근 어느 한쪽에 치우치기보다는 두 접근을 혼합하는 방식이 될 것으로 예상된다.

4. **도로 환경 변화의 조건** : 스스로 인식하고 판단해서 도로를 주행하게 되는 자율주행자동차가 인간이 운전하는 자동차와 혼재될 때 발생할 수 있는 급박한 상황(예컨대, 중앙선 침범이나 교통법규의 위반이 오히려 피해를 최소화할 수 있는 상황 등)뿐만 아니라 프라이버시 보호, 자율주행자동차에 대한 해킹가능성, 충돌사고시 보험문제 들이 계속 제기되고 있다.

5. 원칙으로 행위를 결정할 수 없는 충돌 상황의 경우 결국은 공리주의적인 관점의 도움을 받아야 한다. 인간의 생명은 다른 어떤 것보다 우선되어야 하는 가치이다. 따라서 더욱 신중하게 고려하는 것이 필요하다. 〈변순용, '자율주행자동차의 윤리적 가이드라인에 대한 시론', 한국윤리학회 윤리연구, 112권, 2017 초록에서 전재 인용〉

문제 03 배점 25점 2016년 기출

다음의 문항에 대해 기술하시오.

[질문 1] 배점 5점
휠 리프트(Wheel lift)에 대해 기술하시오.

[질문 2] 배점 5점
갭 스키드마크(Gap Skid Mark)와 스킵 스키드마크(Skip Skid Mark)에 대하여 기술하시오.

[질문 3] 배점 5점
공주거리, 제동거리, 정지거리에 대하여 기술하시오.

[질문 4] 배점 5점
벡터와 스칼라에 대하여 기술하시오.

[질문 5] 배점 5점
마찰계수와 견인계수에 대하여 기술하시오.

정답

질문1 휠 리프트(Wheel lift) : 무리하게 높은 속도로 선회할 때 차체는 롤링(Rolling)을 일으키는데, 설상가상으로 속도마저 높으면 내측의 차륜이 들어 올라가게 되는 현상이다. 심하면 곡선 바깥으로 전도한다.

질문2
- 갭 스키드마크(Gap Skid Mark) : 브레이크를 놓았다가 다시 밟거나 충돌 전에 브레이크를 놓아 중간이 끊어진 제동 타이어자국
- 스킵 스키드마크(Skip Skid Mark) : 일정한 간격을 둔 채 끊기고 이어짐이 연속된 제동 스키드마크

질문3
- 공주거리(Reaction distance) : 운전자가 위험을 느낀 순간부터 제동조치에 들어가 실제 차량 바퀴의 회전이 멈추어 타이어가 미끄러지기 시작할 때까지 어쩔 수 없이 원래의 속도대로 진행하는 거리를 말한다.
- 제동거리(Braking distance) : 운전자가 위험을 인지하고 행동에 들어가 브레이크를 조작하여 실제로 바퀴가 로크(lock : 급정지)될 때부터 최종정지할 때까지 이동한 거리를 말한다.
- 정지거리(Stopping distance) : 운전 중 운전자가 전방의 장애물 또는 위험을 인지한 순간부터 제동장치를 작동시켜 자동차가 완전 정지하기까지 이동한 총거리로서 공주거리와 제동거리를 합한 것을 말한다.

질문4
- 벡터 : 방향과 크기를 동시에 가지는 물리량으로, 힘, 가속도 등이다.
- 스칼라 : 크기만 가지는 물리량, 즉 거리, 길이 등을 말한다.

질문5
- **마찰계수** : 개별 바퀴타이어가 도로의 접촉면과의 사이에서 감속하는 비율로서 미끄러지는 물체의 표면상에 작용하는 힘(수직)에 대하여 물체를 이동시키기 위한 접선력의 비율이다.
- **견인계수** : 가속 또는 감속하기 위해 필요한 힘을 물체(차량)의 무게로 나눈 것이며, 견인계수는 자동차의 차체 전체를 감속하는 것과 관련되어 있다.
- **마찰계수와 견인계수의 관계** : 자동차의 가속과 감속은 견인계수 f와 마찰계수 μ에 관련되어 있는데, 도로 표면이 평탄한 수평일 때와 차량의 모든 타이어가 잠겨 미끄러졌을 때는 동일한 값을 갖지만, 노면이 경사가 있거나 각 바퀴별 마찰계수가 차이가 있을 때는 다르다.

문제 04 배점 25점 2015년 기출

다음 7개 문항 중 반드시 5개 문항만을 선택하여 답하시오. (각 5점)
※ 선택한 문항의 번호를 쓰고 답을 기술하시오.

[질문 1]
크룩(crook)에 대해 간략히 기술하시오.

[질문 2]
이륜차량 선회주행시 특성과 관련하여 뱅크각(bank angle)에 대해 간략히 기술하시오.

[질문 3]
편타손상(whiplash injury)에 대해 간략히 기술하시오.

[질문 4]
위치 측정방법 중 삼각법에 대해 간략히 기술하시오.

[질문 5]
액체흔적 중 튀김(spatter)에 대해 간략히 기술하시오.

[질문 6]
페이드(fade)에 대해 간략히 기술하시오.

[질문 7]
트랙터-트레일러의 운동 특성 중 잭나이프(jack-knife)에 대해 간략히 기술하시오.

정답

질문1 크룩(Crook) : 미끄러지는 과정에서 직선으로 발생하던 스키드마크가 큰 충격외력의 작용 방향으로 갑자기 방향이 바뀌면서 나타난 타이어 자국으로 충돌이 일어난 순간 타이어의 위치(충돌 전 스키드마크의 끝 부분과 충돌 후 스키드마크의 첫 부분)에 발생한다.

질문2 이륜차량 선회주행시 특성과 관련하여 뱅크각(bank angle) : 오토바이가 코너링을 할 때는 반드시 차체를 안쪽으로 기울인다. 이는 선회운동으로 인하여 발생하는 원심력과의 균형을 맞추기 위한 것으로서 이것을 뱅킹(banking)이라 하고 차체의 기울임 각도를 뱅크각이라고 한다.

질문3 편타손상(whiplash injury) : 머리가 앞뒤로 흔들려 머리·목·몸통이 마치 채찍을 휘둘렀을 때 채찍모양처럼 휘어짐으로써 목부위가 충격을 받아 입는 부상을 총칭하는 것으로 외상성경부증후군이라고도 한다.

질문4 위치 측정방법 중 삼각법(Triangulation) : 둘 이상의 지점으로부터 측정하여 한 지점을 찾아내는 방법이다.

[질문5] 액체흔적 중 튀김(spatter) : 차량 충돌시 용기가 파손되어 안에 있던 액체가 분출되어 도로 노면 또는 자동차의 부품에 뿌려져 젖은 얼룩이나 반점 같은 형태로 묻어 발생하는 자국으로서 자동차가 멀리 움직여 나가기 전에 이미 노면에 튀기 때문에 충돌이 어느 지점에서 발생했는지 추측할 수 있는 중요한 근거가 된다. 충돌시 라디에이터 안에 있던 액체가 엄청난 압력에 의해 밖으로 튕겨져 나오는 것이 그 예이다.

[질문6] 페이드(Fade) 현상 : 고속주행 중 또는 내리막길 등에서 짧은 시간 동안 발 브레이크(Foot brake)를 많이 사용하면 브레이크 슈(shoe)와 드럼(drum)이 과열되어 마찰계수가 급격히 낮아져 브레이크가 잘 듣지 않게 되는 것을 말한다.

[질문7] 트랙터-트레일러의 운동 특성 중 잭나이프(jack-knife) : 트랙터와 트레일러는 연결부위(제5륜 또는 coupling)에 의하여 요잉(yawing)이 자유롭게 되도록 연결되어 있으므로 제동을 잘못하면 마치 잭나이프를 접어 구부리는 것과 같이 되는 현상이다.

문제 05 배점 25점 2014년 기출

다음의 질문에 답하시오.

[질문 1] 배점 5점
뉴턴(Newton)의 운동법칙 3가지를 설명하시오.

[질문 2] 배점 10점
자동차의 진동 좌표계는 자동차의 무게중심을 원점으로 하여 원점에서 세운 수직축을 z축, 세로방향은 x축, 좌우 방향은 y축으로 표시, 이에 입각하여 자동차의 운동특성 중 피칭(Pitching), 롤링(Rolling), 요잉(Yawing)의 운동방향을 아래 그림의 좌표계를 참고하여 그림으로 표시하고 각각에 대하여 설명하시오.

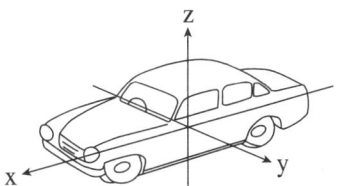

[질문 3] 배점 10점
차 대 보행자 사고에서 보행자 충돌형태에 따른 충돌 후 보행자의 운동유형 5가지를 기술하고 각각의 유형에 대하여 설명하시오.

정답

[질문1] 뉴턴의 3가지 운동법칙
① 뉴턴의 운동 제1법칙 : 물체에 외부에서 힘이 작용하지 않는다면, 정지하고 있는 물체는 계속 정지해 있고, 운동하고 있는 물체는 계속 등속직선운동을 한다. 이것을 관성의 법칙이라 한다.
② 뉴턴의 운동 제2법칙 : 물체에 힘이 작용할 때 물체에는 힘의 방향으로 가속도가 생기며, 가속도의 크기 a는 힘의 크기 F에 비례하고 질량 m에 반비례한다. 이것을 가속도 법칙이라 한다.
③ 뉴턴의 운동 제3법칙 : 한 물체가 다른 물체에 힘을 미칠 때는 언제나 다른 물체도 그 물체에 힘을 미치는데, 이 때 서로 미치는 힘은 크기가 같고 방향은 정반대이다. 이것을 작용·반작용의 법칙이라 한다.

[질문2] 피칭(Pitching) : 가로축(Y)을 중심으로 전/후로 회전하는 운동이다.
롤링(Rolling) : 세로축(X)을 중심으로 좌/우로 회전하는 운동이다.
요잉(Yawing) : 수직축(Z)을 중심으로 좌/우방향으로 회전하는 운동이다.

[질문3] 충돌 후 보행자의 5가지 운동 유형
- Wrap Trajectory : 보행자가 차량을 감싼 상태로 낙하하는 형태
- Forward projection : 보행자가 전방으로 튕겨 날아가는 형태
- Fender Vault : 보행자가 펜더 옆으로 넘어가 떨어지는 형태
- Roof Vault : 보행자가 지붕을 타고 넘어가는 형태
- Somer Vault : 보행자가 차량 위에서 공중회전하는 형태

문제 06 배점 25점 2013년 기출

다음 용어에 대하여 설명하시오.

[질문 1] 배점 5점
반발계수 값에 따른 충돌의 종류를 3가지로 구분하고 서술하시오.

[질문 2] 배점 5점
하이드로플래닝에 대해 설명하시오.

[질문 3] 배점 5점
플립과 볼트에 대해 설명하시오.

[질문 4] 배점 5점
시트벨트(seat belt)의 프리텐셔너(pretensioner) 역할에 대하여 설명하시오.

[질문 5] 배점 5점
내륜차와 외륜차의 차이를 설명하시오.

정답

질문1 반발계수 값에 따른 충돌의 종류 3가지
- **탄성충돌** : 고무공을 벽에 던지면 튕겨 나오는 것과 같은 충돌이다.
- **소성충돌** : 진흙으로 만든 구를 벽에 던지면 전혀 튕겨 나오지 않는 것과 같은 충돌이다.
- **거의 완전한 소성충돌** : 자동차는 충돌 후도 그다지 벽에서 튕겨 나와 움직인다고 볼 수 없으므로 자동차의 충돌은 이에 해당한다.

질문2 하이드로플래닝(hydroplaning) : 자동차가 물이 고인 도로를 고속으로 주행하면 타이어의 트레드가 물을 완전히 배출시키지 못하고 물위를 슬라이딩하면서 노면과 타이어 사이의 마찰력이 상실되는 수막현상을 말한다. 이것은 수막으로 덮힌 상태에서 고속 주행하면 물의 유체 역학적인 압력으로 타이어와 노면과의 접촉이 차단되면서 일어나는 것이다.

질문3 플립과 볼트 : 자동차가 공중회전 운동하는 것으로서 플립(Flip)은 공중에서 옆방향으로 회전하는 공중 횡회전, 볼트(Vault)는 세로방향으로 회전하는 공중 종회전을 말한다.

질문4 시트벨트(seat belt)의 프리텐셔너(pretensioner) 역할 : 충격센서가 충격을 감지하면 화약을 터트려 가스의 힘으로 안전띠를 출구 쪽에서 일정량(약 12cm) 역회전시킴으로써 벨트를 강제로 잡아 당겨주어 안전벨트를 착용한 승객을 시트에 확실하게 고정시켜 안전벨트와 에어백의 효과를 높이는 장치이다.

질문5 내륜차와 외륜차의 차이 : 내륜차란 자동차가 선회를 하면서 내측 앞바퀴와 내측 뒷바퀴의 진행 궤적 사이에 발생하는 차이이고, 외측 앞바퀴와 외측 뒷바퀴의 진행 궤적 사이에 발생하는 차이를 외륜차라고 하며, 따라서 내륜차와 외륜차의 차이는 내측바퀴끼리와 외측바퀴끼리의 차이가 된다.

문제 07 배점 25점 2012년 기출

다음 용어에 관하여 간단히 설명하시오.

[질문 1] 배점 10점
뉴턴의 운동법칙(3가지)

[질문 2] 배점 5점
베이퍼 록 현상

[질문 3] 배점 5점
페이드 현상

[질문 4] 배점 5점
클리프 현상

정답

질문1 뉴튼의 운동법칙
① 제1법칙(관성의 법칙) : 물체에 외부에서 힘이 작용하지 않는다면, 정지하고 있는 물체는 계속 정지해 있고, 운동하던 물체는 계속 등속운동을 하는 것을 말한다.
② 제2법칙(가속도 법칙) : 물체에 힘이 작용할 때 물체에는 힘의 방향으로 가속도가 생기는 것을 말하며, 가속도의 크기(a)는 힘(F)의 크기에 비례하고 질량(m)에 반비례한다.
③ 제3법칙(작용·반작용의 법칙) : 한 물체가 상대 물체에 힘을 미칠 때는 언제나 상대 물체도 그 물체에 정반대 방향의 힘을 미치는 것을 말한다. 이 때 힘은 반드시 같은 크기를 같고 방향이 반대인 힘과 같이 존재한다.

질문2 베이퍼 록 현상 : 베이퍼 록(Vapor lock) 현상이란 더운 날 내리막길에서 발 브레이크를 계속하여 사용하면 브레이크의 드럼과 라이닝(lining)이 과열되어 휠 실린더 등의 브레이크 오일이 가열되어 기포가 생김으로써 기포가 스폰지 역할을 하여 브레이크 페달을 밟아도 유압이 전달되지 않아 브레이크가 잘 듣지 않게 되는 것을 말한다.

질문3 페이드 현상 : 페이드(Fade) 현상이란 고속주행 중 또는 내리막길 등에서 짧은 시간 동안 발 브레이크(Foot brake)를 많이 사용하면 브레이크 슈(shoe)와 드럼(drum)이 과열되어 마찰계수가 급격히 낮아져 브레이크가 잘 듣지 않게 되는 것을 말한다.

질문4 클리프 현상 : 클리프(Creep) 현상이란 자동변속기 차량은 시동이 켜진 상태에서 변속기 레버(Shift lever)를 Drive 위치에 두게 되면 점점 전방으로 나아가게 되는 것을 말한다. 자동변속기는 유성기어식 변속기에 연결된 토크 컨버터(Torque converter)의 특성에 의해 발생하게 된다. 브레이크 페달을 가볍게 밟고 있으면 제어되지만 브레이크 밟는 것에 소홀하면 자동적으로 전방으로 진행함으로써 앞차를 추돌하게 될 염려가 있다.

문제 08 배점 25점 2011년 기출

다음 용어를 간단히 설명하시오.

[질문 1] 배점 5점
충돌스크럽, 크룩

[질문 2] 배점 5점
공주거리, 제동거리, 정지거리

[질문 3] 배점 5점
잭나이프 현상

[질문 4] 배점 5점
튀김(spatter), 방울짐(dribble)

[질문 5] 배점 5점
스탠딩 웨이브 현상, 최소 회전반경, 하이드로 플래닝 현상

정답

[질문1]
① **충돌스크럽(Collision scrub)** : 자동차가 강하게 충돌하면 충돌의 힘에 의해 파괴된 부분이 자동차의 차륜을 꽉 눌러 굴러가던 바퀴가 그 회전을 방해받아 고정되면서 순간적으로 아래를 향한 힘이 강하게 발생되어 노면에 심하게 문질러진 타이어 자국이다.

② **크룩(Crook)** : 미끄러지는 과정에서 직선으로 발생하던 스키드마크가 큰 충격외력의 작용 방향으로 갑자기 방향이 바뀌면서 나타난 타이어 자국으로 충돌이 일어난 순간 타이어의 위치(충돌 전 스키드마크의 끝 부분과 충돌 후 스키드마크의 첫 부분)에 발생한다.

[질문2]
① **공주거리(Reaction distance)** : 운전자가 위험을 느낀 순간부터 제동조치에 들어가 실제 차량 바퀴의 회전이 멈추어 타이어가 미끄러지기 시작할 때까지 어쩔 수 없이 원래의 속도대로 진행하는 거리를 말한다.

② **제동거리(Braking distance)** : 운전자가 위험을 인지하고 행동에 들어가 브레이크를 조작하여 실제로 바퀴가 로크(lock : 급정지)될 때부터 최종정지할 때까지 이동한 거리를 말한다.

③ **정지거리(Stopping distance)** : 운전 중 운전자가 전방의 장애물 또는 위험을 인지한 순간부터 제동장치를 작동시켜 자동차가 완전 정지하기까지 이동한 총거리로서 공주거리와 제동거리를 합한 것을 말한다.

> [참고사항]
> 1. 공주시간의 앞에 위험을 인지하는 지각시간이 있음.
> 2. 공주시간은 반응시간, 바꿔 밟는 시간, 밟는 시간을 합한 것임(공주시간 = 반응시간 + 바꿔 밟는 시간 + 밟는 시간).
> 3. 정리하면 제동이 시작되기까지 위험 인지시간과 공주시간이 있어 이중의 지체시간이 존재함.
> 4. 제동이 시작되기까지의 지체시간 = 지각시간 + 공주시간

질문3 **잭나이프 현상(Jack-knife)** : 앞에서 끄는 견인차(tractor)와 뒤에서 끌려가는 피견인차(trailer)를 연결한 차량이 제오륜(the fifth wheel) 또는 커플링(coupling)이라 불리는 연결부를 중심으로 주로 급제동시나 급 핸들 조작에 의해 잭나이프를 접어 구부리는 모양처럼 꺾이는 현상을 말한다.

질문4 ① **튀김(spatter)** : 차량 충돌시 용기가 파손되어 안에 있던 액체가 분출되어 도로 노면 또는 자동차의 부품에 뿌려져 젖은 얼룩이나 반점 같은 형태로 묻어 발생하는 자국으로서 자동차가 멀리 움직여 나가기 전에 이미 노면에 튀기 때문에 충돌이 어느 지점에서 발생했는지 추측할 수 있는 중요한 근거가 된다. 충돌시 라디에이터 안에 있던 액체가 엄청난 압력에 의해 밖으로 튕겨져 나오는 것이 그 예다.

② **방울짐(dribble)** : 충돌 후 자동차가 계속 이동하면서 파열된 용기로부터 액체가 흘러내려 충돌지점부터 최종정지위치까지의 이동경로를 설명해 주는 자국이다.

질문5 ① **스탠딩 웨이브 현상** : 회전하는 타이어의 변형이 중복되면서 타이어의 접지부 후방이 마치 파도치듯 심하게 우그러지는 현상을 말한다. 심한 경우에는 트레드의 고무가 떨어져 나가면서 타이어가 파열될 수도 있기 때문에 이를 방지하기 위해서는 고속 주행시(약 80km/h 이상)에는 표준 공기압보다 약 10~20% 정도 공기압을 더 높여 주어야 한다.

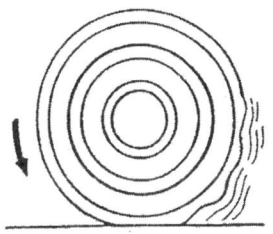

② **최소 회전반경(Minimum turning radius)** : 자동차의 최저속도에서 최대의 핸들조작(조향각)으로 회전할 때 바깥쪽 앞바퀴가 그리는 궤적의 반경을 말한다.

③ **하이드로 플래닝 현상(Hydroplaning : 수막현상)** : 자동차가 물이 고인 도로를 고속으로 주행하면 타이어의 트레드가 물을 완전히 배출시키지 못하고 물위를 슬라이딩하면서 노면과 타이어 사이의 마찰력이 상실되는 현상을 말한다. 이것은 수막으로 덮힌 상태에서 고속주행하면 물의 유체 역학적인 압력으로 타이어와 노면과의 접촉이 차단되면서 일어나는 현상이다.

문제 09 배점 25점 2010년 기출

[질문 1] 배점 10점
마찰력과 원심력 관계식을 이용하여 요마크 속도 공식을 유도하고 임계속도에 대하여 기술하시오.

[질문 2] 배점 5점
가속도에 대하여 기술하고 단위를 쓰시오.

[질문 3] 배점 5점
벡터와 스칼라에 대해 기술하시오.

[질문 4] 배점 5점
Over steering과 Under steering에 대해 기술하시오.

정답

질문1 ⓐ 마찰력(frictional force)이란 물체가 노면에 접촉한 상태로 움직일 때 저지하려는 힘을 말하며, 이를 식으로 쓰면 $F_f = \mu N = \mu mg$ ······①가 된다. 또한 원심력(centrifugal force)은 물체가 곡선을 따라 움직일 때 곡선의 바깥으로 (중심에서 멀어지려는 방향으로) 작용하는 힘이며, 크기가 구심력과 같아 식으로 쓰면 $F_c = m\dfrac{v^2}{r}$ ······②가 된다. 그런데 마찰력이 원심력을 극복하지(이겨내지) 못하면 자동차의 바퀴 타이어에서 옆미끄럼 하게 되어 요마크가 발생하게 된다. 이를 방정식으로 쓰면 $F_c \leq F_f$, 즉, $m\dfrac{v^2}{r} \leq \mu mg$ ······③이 성립한다. ③을 다시 풀어 쓰면 $\dfrac{v^2}{R} \leq \mu g$, $v^2 \leq \mu g R$, $v \leq \sqrt{\mu g R}$ 이 된다. 여기서 $v \leq \sqrt{\mu g R}$ 식을 v가 시속으로 바로 산출되도록 하면 아래 방정식과 같이 쓸 수 있다.
$v \leq \sqrt{\mu g R} \cdot (3.6)$, $v \leq \sqrt{\mu R (9.8)(3.6)^2}$, $v \leq \sqrt{127 \mu R}$
이상을 정리하면 $v(m/s) \leq \sqrt{\mu g R}$ ···④, $v(km/h) \leq \sqrt{127 \mu R}$ ···⑤이 됨.

ⓑ 요마크 속도 산출 공식 : $v(m/s) = \sqrt{\mu g R}$ 또는 $v(km/h) = \sqrt{127 \mu R}$
임계속도 : $v(m/s) \leq \sqrt{\mu g R}$ 또는 $v(km/h) \leq \sqrt{127 \mu R}$

질문2 가속도란 단위 시간당 속도의 변화량으로 가속도 $a = \dfrac{\Delta v}{\Delta t} = \dfrac{v - v_0}{t - t_0}$ 로 계산하며 단위는 m/s^2이다.

질문3 벡터란 방향과 크기를 동시에 가지는 물리량으로, 힘, 가속도 등이며, 스칼라란 크기만 가지는 물리량, 즉 거리, 길이 등을 말한다.

질문4 ① Under steering : 조향장치 조작시 자기가 커브길을 회전하려할 때 자신이 의도한 각도보다 크게 회전, 즉 회전 반경이 크게 회전하는 현상으로 눈길에서 주로 나타난다.

② Over steering : 조향장치 조작시 자기가 커브길을 회전하려할 때 자신이 의도한 각도보다 작게 회전, 즉 회전 반경이 작게 회전하는 현상으로 비탈길을 회전할 때 주로 나타난다.

문제 10 배점 25점 2009년 기출

다음 용어에 관하여 간단히 설명하시오.

[질문 1] 배점 5점
장벽충돌환산속도(EBS)

[질문 2] 배점 5점
반발계수

[질문 3] 배점 5점
마찰계수와 견인계수의 차이점

[질문 4] 배점 5점
최초접촉(First Contact)과 최대접촉(Maximum Engagement)의 차이

[질문 5] 배점 5점
정지거리와 공주거리, 제동거리(Braking Distance)를 설명

정답

질문1 장벽충돌환산속도(EBS : Equivalent Barrier Speed)

승용차의 차체는 연강판을 용접해서 만든 상자 형상의 것이므로 쉽게 찌그러지는 소성 변형성이 강한 특성을 지닌다. 따라서 다수의 차를 여러 속도로 콘크리트 고정벽에 충돌시켜 소성변형량과의 관계로부터 환산한 속도를 말한다.

질문2 반발계수

두 물체의 충돌 속도의 차($V_{10}-V_{20}$)에 대한 충돌 직후 속도의 차(V_2-V_1)의 비율을 말한다. 반발계수는 충돌 전의 물체의 질량과는 관계가 없고 물체를 구성하는 물질에 따라 결정된다. 반발계수에 따라 완전탄성충돌, 소성충돌 또는 비탄성충돌, 완전비탄성충돌로 구분되며, 완전탄성충돌은 반발계수가 1이고, 완전소성충돌 또는 완전비탄성충돌은 0이며, 소성충돌 또는 비탄성충돌은 0과 1 사이가 된다.

질문3 마찰계수와 견인계수의 차이점

① 자동차의 가속과 감속은 견인계수 f와 마찰계수 μ에 관련되어 있다.
② 마찰계수는 개별 바퀴타이어가 도로의 접촉면과의 사이에서 감속하는 비율이며, 견인계수는 자동차의 차체 전체를 감속하는 것과 관련되어 있다.
③ 견인계수란 가속 또는 감속하기 위해 필요한 힘을 물체(차량)의 무게로 나눈 것이며, 마찰계수는 미끄러지는 물체의 표면상에 작용하는 힘(수직)에 대하여 물체를 이동시키기 위한 접선력의 비율이다.
④ 마찰계수와 견인계수는 도로표면이 평탄한 수평일 때와 차량의 모든 타이어가 잠겨 미끄러졌을 때는 동일한 값을 갖지만, 노면이 경사가 있거나 각 바퀴별 마찰계수가 차이가 있을 때는 다르다.

질문4 최초접촉(First Contact)과 최대접촉(Maximum Engagement)의 차이

최초접촉은 차량충돌이 시작하는 단계로 두 물체 사이에 작용되는 힘이 나타나기 시작하는 시작 순간을 의미하고, 최대접촉은 차량 충돌에서 충돌 접촉이 진행하여 양 차량의 차체가 최대로 결합된 상태를 말한다.

질문5 정지거리와 공주거리, 제동거리를 설명

① **정지거리** : 운전 중 운전자가 전방의 장애물 또는 위험요인을 발견하고 제동장치를 작동시켜 자동차가 정지하기까지 이동한 총거리를 말한다.

② **공주거리** : 운전자가 위험을 느낀 순간부터 제동조치에 들어가 실제 차량 바퀴의 회전이 멈추어 타이어가 미끄러지기 시작할 때까지 어쩔 수 없이 원래의 속도대로 진행하는 거리를 말한다.

③ **제동거리** : 운전자가 위험을 인지하고 행동에 들어가 브레이크를 조작하여 실제로 바퀴가 로크(lock : 급정지)될 때부터 최종정지할 때까지 이동한 거리를 말한다.

문제 11 배점 25점 2008년 기출

다음 용어에 대해 간략하게 설명하시오. 5가지를 골라 쓰시오.

[질문 1] 배점 5점
전구의 흑화현상

[질문 2] 배점 5점
요마크

[질문 3] 배점 5점
충돌스크럽

[질문 4] 배점 5점
플립과 볼트

[질문 5] 배점 5점
요잉과 롤링현상

[질문 6] 배점 5점
원심력과 구심력

정답

질문1 전구의 흑화현상 : 코일의 텅스텐이 증발하여 유리 내벽에 증착할 때, 전구 내부의 할로겐 사이클이 비정상적으로 작동할 때 일어난다.

질문2 요마크 : 바퀴타이어가 굴러감과 동시에 미끄럼을 하는 경우에 노면에 남기는 타이어자국을 말한다.

질문3 충돌스크럽(Collision scrub) : 자동차가 강하게 충돌하면 충돌의 힘에 의해 파괴된 부분이 자동차의 차륜을 꽉 눌러 굴러가던 바퀴가 그 회전을 방해받아 고정되면서 순간적으로 아래를 향한 힘이 강하게 발생되어 노면에 심하게 문질러진 타이어자국을 말한다.

질문4 플립과 볼트 : 자동차가 공중회전 운동하는 것으로서 플립(Flip)은 공중에서 옆방향으로 회전하는 공중 횡회전, 볼트(Vault)는 세로방향으로 회전하는 공중 종회전을 말한다.

질문5 요잉과 롤링현상 : 요잉(yawing)현상은 자동차가 수직축(z축)을 중심으로 차의 앞뒤가 좌우로 진동하는 것을 말하며, 롤링(rolling)현상은 자동차가 세로축(x축)을 중심으로 좌우가 상하로 진동하는 것을 말한다.

질문6 원심력과 구심력 : 원심력(centrifugal force)은 물체가 곡선을 따라 움직일 때 곡선의 바깥으로(중심에서 멀어지려는 방향으로) 작용하는 힘이며, 구심력(centripetal force)은 원의 중심으로 끌리는 힘이다.

[전구 이상 현상의 발생원인]

구 분	발생원인
흑화현상	• 코일의 텅스텐이 증발하여 유리 내벽에 증착할 때 • 전구 내부의 할로겐 사이클이 비정상적으로 작동할 때
백화현상	• 전구의 리크나 균열로 인하여 산소가 내부로 들어갔거나 전구 내부의 오염에 의하여 내부가스 성분의 연소로 발생 • 전구 내부에 미량의 수분이 유입되었을 경우 청화가 발생하다가 시간이 경과함에 따라 연소에 의한 백화로 진전
청화현상	• 물(수분)의 발광색으로 전구 내부에 수분이 존재할 때 할로겐 사이클이 정상적으로 작동하지 못하고 수분 사이클이 일어날 경우에 발생 • 필라멘트가 산화하였을 경우 산화막의 산소와 할로겐가스의 수소성분이 결합하여 물이 생성되어 발생할 수 있음.
황화현상	• 할로겐 분자의 색으로 전구 내부에 할로겐가스가 너무 많을 경우 분리되어 유리벽에 증착할 때 발생

문제 12 배점 25점 [2007년 기출]

[질문 1] 배점 15점

다음 용어에 대해 간략하게 설명하시오. 3개를 골라 쓰시오. (각 5점)

① 노즈 다운(Nose down)

② 완화구간

③ 황화현상

④ 타이어의 스탠딩웨이브(standing wave)

⑤ 편타손상(whiplash injury)

[질문 2] 배점 10점

ABS브레이크와 일반 브레이크의 기능상 차이점을 비교설명하시오.

정답

질문1 용어 설명

① **노즈 다운(Nose down)** : 급브레이크를 밟으면 차의 중심은 서스펜션 스프링보다 높은 위치에 있으므로 관성력에 의해 앞 서스펜션은 수축되고, 뒤 서스펜션은 늘어나 차체가 앞으로 넘어지는 듯이 피칭(pitching)운동을 하는 것을 말하는데, 노즈 다이브(nose dive)라고도 한다.

② **완화구간** : 편경사와 확폭이 변화하는 구간을 말하는데, 평면선형에서 완화곡선이 있을 경우에는 완화구간을 완화곡선구간에 두게 되고 평면선형에서 완화곡선 없이 직선과 원곡선으로 구성되어 있을 경우에는 일정 길이 이상이 되도록 하는 구간을 말한다.

③ **황화현상** : 할로겐 분자(Br_2)색으로 전구 내부에 할로겐가스가 너무 많을 경우 분리되어 유리벽에 증착할 때 일어나는 것을 말한다.

④ **타이어의 스탠딩웨이브(standing wave)현상** : 자동차가 고속으로 주행하여 타이어의 회전속도가 빨라지면 접지부에서 받은 타이어의 변형(찌그러짐)이 다음 접지 시점까지도 복원되지 않고 접지의 뒤쪽에 진동의 물결이 되어 남아 파도치는 현상을 말한다.

⑤ **편타손상(whiplash injury)** : 머리가 앞뒤로 흔들려 머리·목·몸통이 마치 채찍을 휘둘렀을 때 채찍모양처럼 휘어짐으로써 목 부위가 충격을 받아 입는 부상을 총칭하는 것으로 외상성경부증후군이라고도 한다.

질문2 ABS(Anti-locked Brake Bystem)와 일반 브레이크의 기능상 차이점

자동차를 운행 중 브레이크를 밟으면 양쪽 브레이크 라이닝이 브레이크 디스크나 드럼을 조여 자동차를 정지시키게 되는데, ABS가 장착되지 않은 일반 브레이크의 경우 페달을 밟고 있는 동안 라이닝이 디스크나 드럼이 조여 있는 상태가 지속된다. 그러나 ABS 브레이크는 1초 동안에 여러 번 디스크나 드럼이 조임과 풀림을 반복한다. 다시 말하면 ABS 브레이크는 계속 밟고 있으면 일반 브레이크를 아주 빠른 속도로 여러 번 밟는 효과가

난다고 할 수 있다. ABS는 디스크를 여러 번 조이므로 일반 브레이크에 비해 마찰력이 훨씬 크게 작용하기 때문에 일반 브레이크보다 제동거리가 짧다. 또한 일반 브레이크는 계속해서 디스크나 드럼을 조이고 있기 때문에 바퀴의 회전을 방해하는데 비하여 ABS 브레이크는 디스크를 조였다 푸는 것을 반복하여 바퀴의 회전을 방해하지 않기 때문에 차체가 미끄러지지 않는다는 점을 들 수 있다.

11 도면 그리기 관련 정답 및 풀이

문제 01 배점 25점 2011년 기출

다음 조건에 맞도록 도면을 작성하시오.

축척 1:100(도면상 1cm는 실제거리 1m), 직각 4지 교차로 각 모서리의 반지름은 2m, 남북간 도로 폭 6m, 동서간 도로 폭 5m, RL : 동서간 도로 차도 오른쪽 가장자리선, RP : 남북간 도로 차도 아래쪽 가장자리선, 두 줄 스키드마크 시·종점의 실선 표시 위치 좌표 : a(-1, 1), b(8, 1), c(-2, 3), d(8, 3), 보행자 전도위치(X 표시) : e(10, 3)

정답

RL : 위치(지점)을 선정하기 위한 측정시 임의로 그은 선
RP : 위치(지점)을 선정하기 위한 측정시 임의로 정한 점

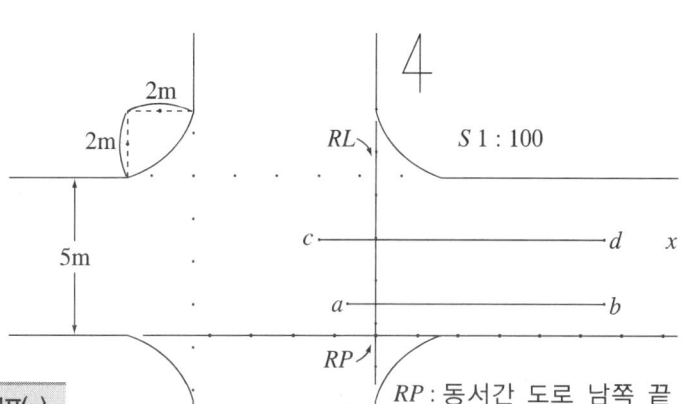

지 점	횡좌표(x)	종좌표(y)
좌측스키드		
시점 C	-2	3
종점 D	8	3
우측스키드		
시점 a	-1	1
종점 b	8	1
보행자 전도 위치	10	3

문제 02 배점 25점 2009년 기출

편도 5m, 왕복 10m의 남북간 도로와 편도 7.5m, 왕복 15m의 동서간 도로가 직각으로 교차하는 모서리의 반지름이 2.5m인 교차로에서 서에서 동으로 진행하던 승용차가 발생시켜 크룩(crook) 모양으로 교차로 정중앙 지점에서 좌전방으로 꺾인 스키드마크(꺾이기 전 12m, 꺾인 후 3m)가 발생하였고, 후사경 조각(a)과 방향지시등 커버(b)의 낙하물이 북쪽과 동쪽의 교차로 모퉁이 주변에 떨어져 있다고 한다. RL은 남북간 도로의 중앙선, RP는 동서간 도로의 차도 남쪽 끝 가장자리선으로 하여 다음 물음에 따라 축척 1:400(도면상 1cm는 실제거리 4m)으로 도면을 작성하시오.

1. 스키드마크 c(-12, 4.4), d(0, 4.4), e(4, 7.5), f(-12, 3.1), g(0, 3.1), h(4, 6.2)를 도면에 표시하시오.

2. 후사경 조각 a(4, 14)과 방향지시등 커버 b(6, 11.5)를 도면에 표시하시오.

정답

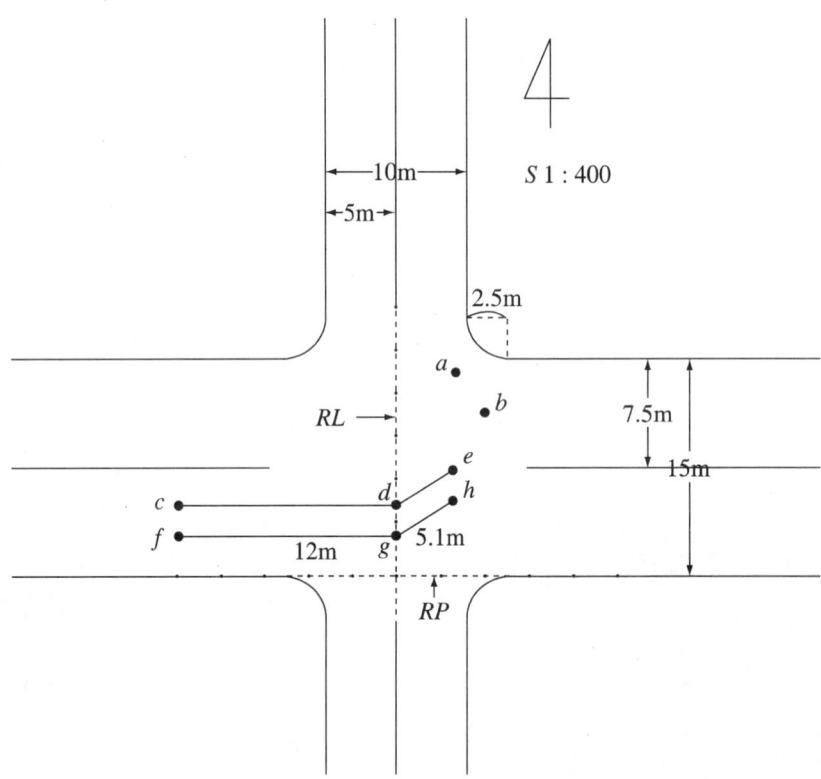

문제 03 배점 25점 2008년 기출

현의 길이 20m, 중앙종거 2.2m의 곡선반경을 가진 동쪽에서 서쪽으로 향하는 우곡선도로(편도 3.2m, 왕복 6.4m)에서 길가장자리선 위에 설정한 간격 10m의 두 기준점(RP1, RP2)으로부터 두 차량의 최종정지위치상 네 바퀴 위치를 측정한 아래 표를 참조하여 축척 1:400(도면상 1cm는 실제거리 4m)으로 도면을 작성하시오.

구분	A차량				B차량			
	좌전	우전	좌후	우후	좌전	우전	좌후	우후
RP1	5.2m	5.9m	4.5m	5.5m	6.5m	6.0m	7.5m	7.1m
RP2	5.8m	5.1m	5.7m	4.9m	6.8m	7.0m	7.7m	8.0m

정답

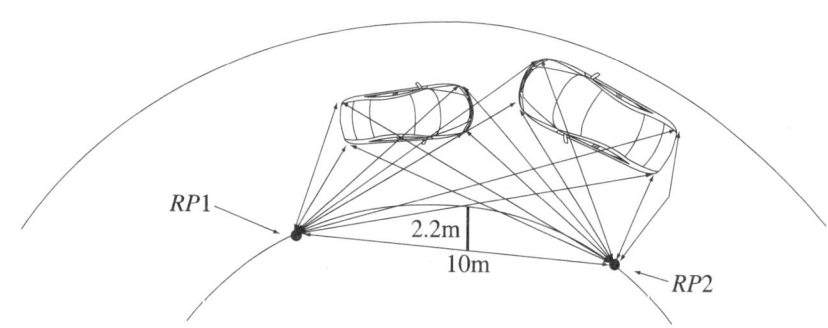

문제 04 배점 25점 2007년 기출

동서방향의 직선도로(편도 5m, 왕복 10m)에 북쪽으로 뻗은 직선도로(폭 10m)가 직각으로 교차하고 서쪽과 동쪽 모서리의 반지름이 각각 2m(R4)와 1.5m(R5)인 3지 교차로에서 존재하는 교차로 내 3개 파편물의 위치를 RP1, RP2 기준(북쪽도로 각각 서쪽 끝과 동쪽 끝 연석선 연장선, 단, RL은 동서도로의 중앙선)으로 삼각법을 이용하여 측정한 아래 표를 참조하여 다음 물음에 답하시오.

기준점\파편물	A	B	C
RP1	5m	10m	2m
RP2	10m	4m	9m

1. 1 : 500의 축척으로 도로 기하구조를 작도하시오.

2. 위와 동일한 축척으로 도로상 파편물의 위치도 함께 표시하시오.

정답

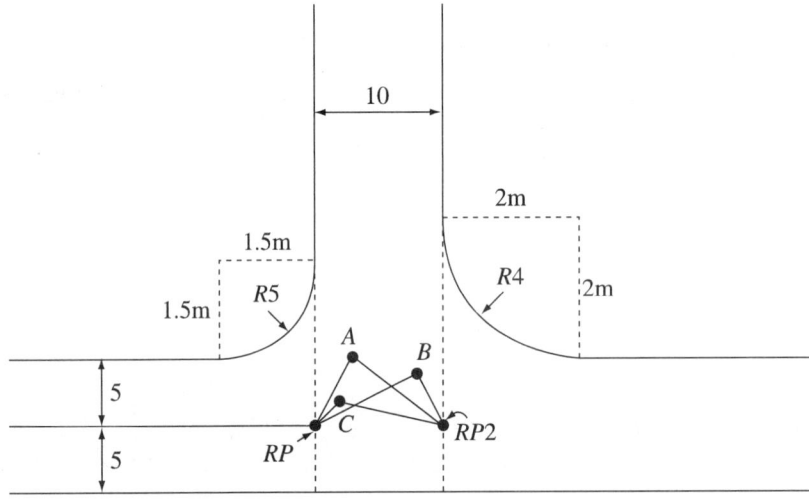

교통사고분석서 작성 및 재현실무

도로교통사고감정사 2차
PART III 주관식
부록

1 12가지 기본 운동 방정식

산출요소	조 건	사용 방정식
가속도 a (m/s^2)	t v_i v_e	1. $a = \dfrac{v_e - v_i}{t}$
	t v_i d	2. $a = \dfrac{2d - 2v_i t}{t^2}$
	v_i v_e d	3. $a = \dfrac{v_e^2 - v_i^2}{2d}$
처음속도 v_i (m/s)	t a v_e	4. $v_i = v_e - at$
	t a d	5. $v_i = \dfrac{d}{t} - \dfrac{at}{2}$
	a v_e d	6. $v_i = \sqrt{v_e^2 - 2ad}$
나중속도 v_e (m/s)	t a v_i	7. $v_e = v_i + at$
	a v_i d	8. $v_e = \sqrt{v_i^2 + 2ad}$
거리 d (m)	t a v_i	9. $d = v_i t + \dfrac{1}{2} at^2$
	a v_i v_e	10. $d = \dfrac{v_e^2 - v_i^2}{2a}$
	t v_i v_e	11. $d = \dfrac{t(v_i + v_e)}{2}$
시간 t (sec)	a v_i v_e	12. $t = \dfrac{v_e - v_i}{a}$

기타 공식

운동 속도

제동속도 (skidmark)	옆미끄럼속도 (yaw mark)	단순추락속도 (Fall)	회전추락속도 (Flip or Vault)
초속: $v = \sqrt{2\mu g d}$ 시속: $v = \sqrt{254\mu d}$	초속: $v = \sqrt{\mu g R}$ 시속: $v = \sqrt{127\mu R}$	$v = d\sqrt{\dfrac{g}{2(dG-h)}}$	$v = d\sqrt{\dfrac{g}{d-h}}$

전도 · 전복속도	보행자의 충돌속도와 전도거리	
$V = \sqrt{\dfrac{R \cdot g \cdot b}{h}}$	$v = \sqrt{2g}\,\mu\left(\sqrt{h+\dfrac{x}{\mu}} - \sqrt{h}\right)$	$D = v\sqrt{\dfrac{2h}{g}} + \dfrac{v^2}{2\mu g}$

일 · 에너지

미끄럼 일	운동에너지	속도
$W = E = fwd$	$KE = 1/2\, mv^2$ or $KE = \dfrac{wv^2}{2g}$	$v = \sqrt{\dfrac{2E}{m}}$ or $v = \sqrt{\dfrac{2gE_T}{w}}$

운동량

#1차량	#2차량
$v_1 = \dfrac{w_1 v_1' \cos\theta_1' + w_2 v_2' \cos\theta_2' - w_2 v_2 \cos\theta_2}{w_1 \cos\theta_1}$	$v_2 = \dfrac{w_1 v_1' \sin\theta_1' + w_2 v_2' \sin\theta_2'}{w_2 \sin\theta_2}$

유효충돌속도

#1차량	#2차량
$V_{e1} = \dfrac{w_2}{w_1+w_2}(v_1 - v_2)$	$V_{e2} = \dfrac{w_1}{w_1+w_2}(v_1 - v_2)$
$V_{e1} = v_{c1} - v_1$	$V_{e2} = v_{c2} - v_2$

반발계수 · 곡선반경

반발계수	곡선반경
$e = \dfrac{v_2' - v_1'}{v_1 - v_2}$	$R = \dfrac{C^2}{8M} + \dfrac{M}{2}$

12가지 기본 운동방정식의 유도 · 숙련 방법

구 분	v, a, v_i, v_e 관련	t, v_i, d, a, v_e 관련	d, v_i, v_e, a 관련
가속도 (a)	① $a = \dfrac{v_e - v_i}{t}$	② $a = \dfrac{2d - 2v_i t}{t^2}$	③ $a = \dfrac{v_e^2 - v_i^2}{2d}$
처음속도 (v_i)	④ $v_i = v_e - at$	⑤ $v_i = \dfrac{d}{t} - \dfrac{at}{2}$	⑥ $v_i = \sqrt{v_e^2 - 2ad}$
나중속도 (v_e)	⑦ $v_e = v_i + at$	—	⑧ $v_e = \sqrt{v_i^2 + 2ad}$
거리 (d)		⑨ $d = v_i t + \dfrac{1}{2} at^2$ ⑪ $d = \dfrac{t(v_i + v_e)}{2}$	⑩ $d = \dfrac{v_e^2 - v_i^2}{2a}$
시간 (t)	⑫ $t = \dfrac{v_e - v_i}{a}$	—	—

기억 요령 포인트 : 거리, 시간, 속도의 관계(↓ 방향 참조)

1. ①④⑦⑫ 방정식 관련

   ①식 → v_i로 풀면 → ④식 , v_e로 풀면 → ⑦식 → t로 풀면 → ⑫식

2. ②⑤⑨⑪ 방정식 관련

   $d = vt$ → v에 평균속도 $v = \dfrac{v_i + v_e}{2}$를 대입 → ⑪식 $d = \dfrac{t(v_i + v_e)}{2}$ → ⑪식의 v_e에 ⑦식 $v_e = v_i + at$를 대입
   → 정리하면 ⑨식 $d = v_i t + \dfrac{1}{2} at^2$ → ⑨식을 a에 대하여 풀면 → ②식 → ②식을 v_i에 대하여 풀면 → ⑤식

3. ③⑥⑧⑩ 방정식 관련

   ③식을 v_i에 대하여 풀면 ⑥식이 되고, v_e에 대하여 풀면 ⑧식이 되며, d에 대하여 풀면 ⑩식이 된다.

1 평균속력, 제동속도

① 두 속도의 산술평균값 : $v_a = \dfrac{v_i + v_e}{2}$

② 한 구간(등가속 주행 구간)의 평균속력 : $d = (\dfrac{v_i + v_e}{2})t$

③ 두 구간의 평균속력 : $V = \dfrac{d_1 + d_2}{t_1 + t_2}$

　(단, 두 구간의 각각의 가속도는 같을 수도 있고, 다를 수도 있음)

> - 평균속력은 총거리를 총시간으로 나눈 값이다(과학용어사전).
> - 물체가 이동하는 동안 속력이 일정하지 않을 때 이동한 전체 거리를 이동한 시간으로 나눈 값이다(두산백과).

④ 복합 평균속력 : 각 구간의 평균속력에 대한 산술평균값
　(단, 두 구간의 거리가 주어지지 않은 경우 사용)

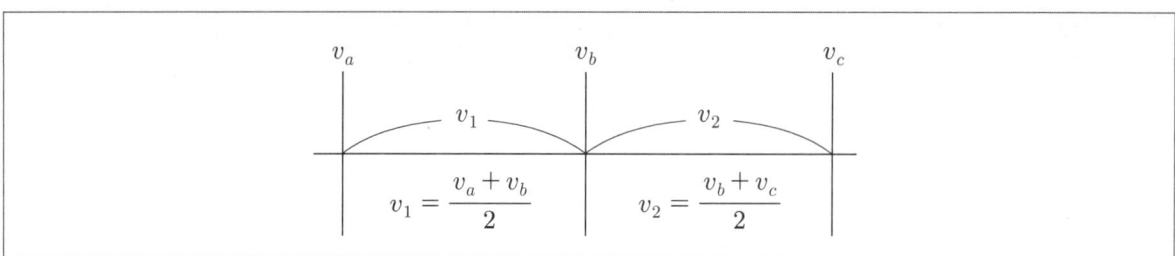

⑤ 거리(d)와 시간(t) 또는 거리(d)와 속도(v)의 관계는 1차방정식이 되기도 하고 2차방정식이 되기도 함. 주로 거리(d)는 종속변수, 시간(t) 또는 속도(v)는 독립변수로 표시됨.
　예 $x = -6t + 3t^2$ (x는 거리로서 종속변수, t는 시간으로서 독립변수)
　　$x = 0.27v^2 + 0.4v - 8.5$ (x는 거리로서 종속변수, v는 속도로서 독립변수)

2. 정지거리 · 제동거리 · 합성속도

미끄럼 마찰계수가 작을수록 정지거리는 길어지는데, 양자의 관계는 대개 2차식으로 주어지며 다음과 같이 나타낼 수 있다.

$$D = \frac{V \cdot t}{3.6} + \frac{V^2}{254 \cdot (\mu \pm i)}$$

$D =$: 제동을 걸 필요가 생기고 나서 차량이 정지하기까지 활주한 거리(m)
$V =$: 제동을 걸기 직전의 주행속도(km/h)
$t =$: 지각반응시간, 즉 일이 생기고 나서 제동개시까지의 시간(sec)
$\mu =$: 마찰계수, $i =$: 종단구배(오르막 +, 내리막 −)

운전자가 전방의 위험한 상황을 보고 정지하는 데에는 인지반응거리와 제동거리를 이동하여 최종정지하게 된다. 즉, 운전자가 위험한 상황을 보고 제동을 해야겠다는 생각을 할 때까지 소요되는 시간을 인지반응시간이라고 하는데 운전자의 신체적 특성에 따라 다소 다르게 나타날 수 있으나 도로설계에 있어서 인지반응시간은 약 2.5초로 적용하고 있으나, 교통사고조사에서 보편적으로 승용차 운전자는 약 0.7~1.0초가 소요되는 것으로 알려져 있으며, 실제 적용을 하고 있다.

제동거리는 실제 차량의 바퀴가 제동되어 차량이 완전히 정지하기까지 이동한 거리를 말하며, 최소안전정지거리란 인지반응거리와 제동거리를 합한 값으로 아래와 같고, 수식으로 표현하면 다음과 같다.

정지거리(D) = 인지반응거리(d_1) + 제동거리(d_2)

$$D = v_i t + \frac{v_i^2 - v_e^2}{2a}$$

여기서, v_i : 처음속도(m/s),
v_e : 나중속도(m/s),
t : 인지반응시간(sec),
a : 가속도 또는 감속도($a = \mu g$),
g : 중력가속도($9.8 m/s^2$)

3. 곡선주행 · 곡선반경

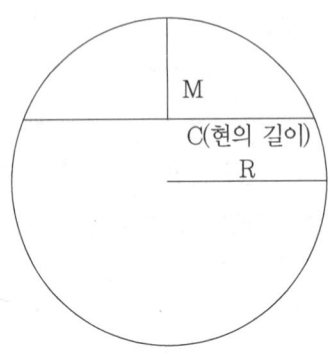

$$R = \frac{C^2}{8M} + \frac{M}{2}$$

여기서, R : 곡선반경(m), M : 중앙종거(m), C : 현의 길이(m)

[산출] 곡선 측정 결과 중앙종거가 3m, 현의 길이 30m인 경우 곡선반경은?

$$R = \frac{30^2}{8 \times 3} + \frac{3}{2} = \frac{900}{24} + \frac{3}{2} = 37.5 + 1.5 = 39m$$

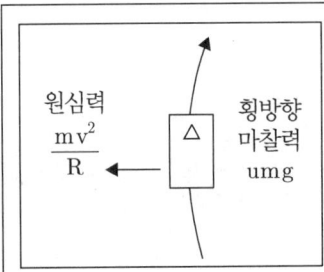 

- 원심력 : 속도의 제곱에 비례하고, 곡선반경에 반비례
- 마찰력 : 힘의 작용에 대한 반력

원심력 < 횡방향마찰력

$$\frac{mv^2}{R} < \mu N$$

$$\frac{mv^2}{R} < \mu mg$$

$$v < \sqrt{\mu gR}$$

여기서, v : 차의 속도(m/s), R : 커브의 곡선반경(m), g : 중력가속도, μ : 타이어 · 노면 간의 횡미끄럼 마찰계수이다.

4. 자유낙하운동 · 포물선 낙하운동

(1) 자유낙하운동

1) 중력가속도(g)

높은 곳에서 물체를 떨어뜨리면 순식간에 떨어진다. 이것은 공중에 있는 모든 물체를 지구가 끌어당기고 있기 때문이다. 이와 같이 지구가 끌어 당기는 힘(引力)인 중력에 의한 가속도를 중력가속도(gravity)라 하며, 기호는 g를 쓰고, 중력가속도 값은 주로 $9.8 m/s^2$을 사용한다.

2) 자유낙하운동

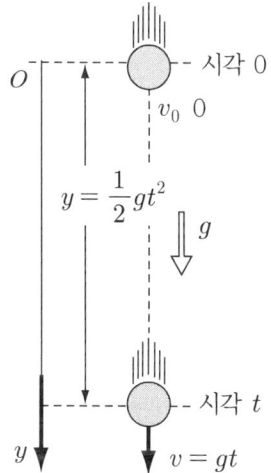

공중에서 물체를 떨어뜨리면 처음속도는 0이다. 물체의 무게와 상관없이 처음속도 0으로 출발하여 일정한 가속도 $9.8 m/s^2$으로 낙하하는 연직하방운동으로 가속도(a)는 중력가속도(g)와 동일하고 처음속도(v_0)는 0이므로 등가속도운동 공식에 적용하여 정리하면, ⑦번 공식 $v = v_0 + at$ 로부터 $v = gt$가 되고 ⑨번 공식 $d = v_0 t + \frac{1}{2}at^2$ 에서 거리(d)는 높이(h)에 해당하며, 가속도(a) 대신 중력가속도(g)를 대입하면 아래 공식이 유도된다.

$v = v_0 + at$ 로부터 $v = gt$ …… (가)

$h = \frac{1}{2}gt^2$ 로부터 $t = \sqrt{\frac{2h}{g}}$ …… (나)

따라서 물체의 지상도달속도는

$v = \sqrt{2gh}$ …… (다)

(2) 포물선 낙하운동

① 수평으로 던져진 물체의 운동은 수평방향으로는 등속직선운동을 하고 수직방향으로는 등가속도운동을 한다.
- 수평방향 : 등속도운동
- 수직방향 : 등가속도운동

② 포물선운동의 원리는 지상으로부터 일정 높이에서 튕겨 날아가 떨어지는 사안의 경우의 거리, 속도, 시간 등의 산출에 효과적으로 활용된다.

　예 자동차의 추락, 파편·적재물, 보행자의 낙하(전도)거리, 속도 등

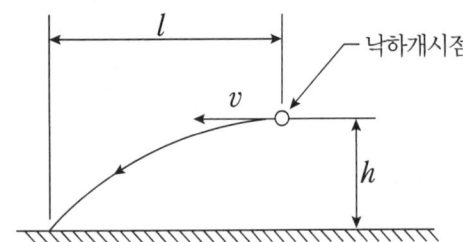

$$d = v\sqrt{\frac{2h}{g}}$$

$$v = d\sqrt{\frac{g}{2h}}$$

포물선운동(등속도운동과 자유낙하의 합성운동)의 원리

수평으로 던져진 물체의 운동 그림과 같이 초속도 v_0로 수평방향으로 던져진 물체는 수평방향으로는 등속직선운동을 하고 연직방향으로는 등가속도운동을 하게 된다. 이것은 물체가 운동하는 동안 물체에 작용하는 힘은 중력 mg뿐이고 수평방향의 힘이 없기 때문에 **연직방향의 운동은 등가속 직선운동**이 되고, 수평방향으로는 초속도 v_0의 등속직선운동을 하게 되는 것이다. 그림과 같이 던져진 지점을 원점으로 잡고 수평방향을 x축, 그림 수평으로 던져진 물체의 운동 연직하방을 y축의 (+) 방향으로 잡으면 t시간 후의 수평거리 x와 낙하거리 y는 각각 $x = v_0 t$, $y = \frac{1}{2}gt^2$ …… ①이 되며, t시간 후의 속도는 수평성분 $v_x = v_0$, 연직성분 $v_y = gt$ …… ②가 된다.

식 ①에서 $t = x/v_0$를 y의 식에 대입, t를 소거하면 아래 궤도방정식이 얻어진다.

$$y = \frac{g}{2v_0^2}x^2 \qquad \cdots\cdots ③$$

여기서, 수직낙하거리 y를 h로, 추락시 속도 v_0를 v로, 수평이동거리 x를 d로 바꾸고 정리하면

$$v^2 = d^2 \cdot \frac{g}{2h}, \ v = d\sqrt{\frac{g}{2h}} \qquad \cdots\cdots ④$$

(3) 추락과 공중회전(횡회전·종회전)

차량의 단순추락이나 공중회전은 『포물선운동의 원리』에 의해 차량운동을 분석한다. 포물선운동은 수평방향의 등속도운동과 자유낙하(일정한 높이에서 중력에 의해 지면을 향해 떨어지는 운동)의 원리에 의한 수직방향의 등가속도운동의 합성운동이다. 지면을 이탈하여 공중을 날아간 차량은 단순추락(Fall)이나 회전추락을 하게 된다. 회전추락에는 공중횡회전(Flip)과 공중종회전(Vault)이 있다.

$$\text{단순추락시 속도} : v = d\sqrt{\frac{g}{2(dG-h)}}$$

여기서 v : 사고차량의 속도(m/s), d : 수평거리(m), g : 중력가속도
G : 차량이탈지점의 도로구배(+ : 상향구배, − : 하향구배)
h : 도로이탈로부터 추락지점까지 수직거리(m)(+ : 상승, − : 추락)

$$\text{공중회전추락시 속도} : v = d\sqrt{\frac{g}{d-h}}$$

여기서, v : 차량속도(m/s), d : 수평거리(m),
h : 도로이탈로부터 추락지점까지 수직거리(m)(+ : 상승, − : 추락)

유의할 점은 차량의 이륙과 착륙의 높이 차인 h는 착륙지점이 이륙지점보다 높은 위치면 양(+)의 값, 낮은 위치이면 음(−)의 값을 갖는 것이다.

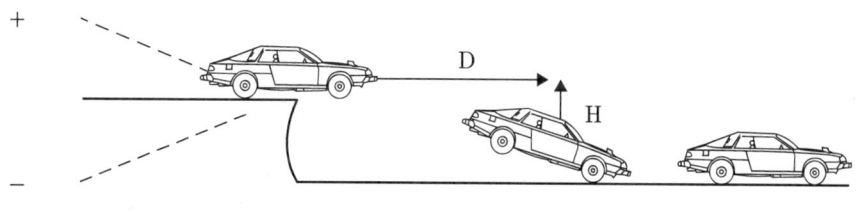

[그림 1] 단순추락(Fall)

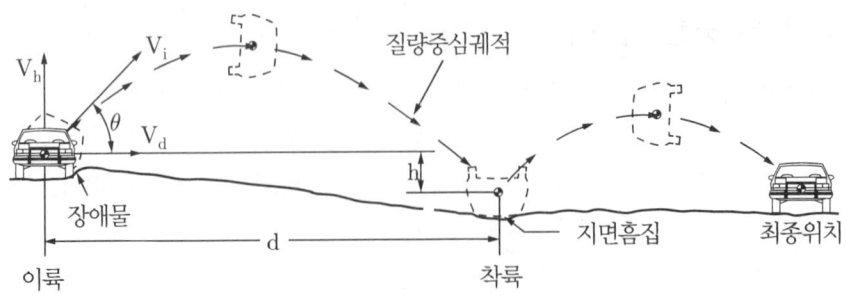

[그림 2-A] 공중횡회전 추락(Flip)

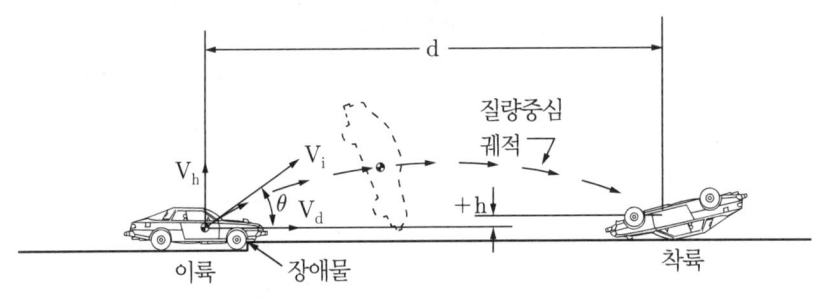

[그림 2-B] 공중종회전 추락(vault)

5 일·에너지·에너지 보존법칙

(1) 일

1) 일(Work)

일(W)은 힘(F)가 물체에 작용하는 것으로 힘의 크기(F), 힘에 의한 물체의 이동거리(d)로 정의된다. 일의 단위로는 N-m 또는 J(Joule)이 있다.

$$W = Fd$$

여기서, W : 일($N \cdot m$), F : 힘(N), d : 이동거리(m)

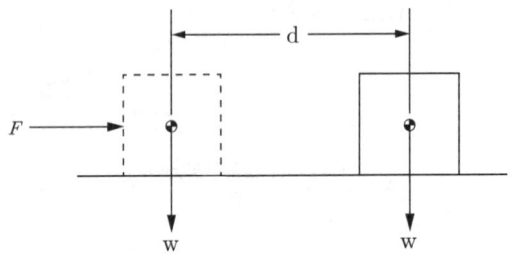

① 일은 물체에 힘을 가했을 때 생기는 변화를 측정하여 나타낸다.
② 일은 물체에 발생하는 변화 발생의 양으로서 물체의 속도변화가 된다.
③ 일이란 힘이 물체에 작용하여 얼마만큼의 거리를 이동하였나를 의미한다.
④ 일이란 물체를 한 장소에서 다른 장소로 옮길 때 갖는 에너지를 나타내는 것으로서 일과 에너지는 사실상 동일성을 가지고 있다.
⑤ 일은 작용한 힘(F)과 이동한 거리의 곱으로서 힘과 거리는 같은 방향이어야 하며, 기호는 W, 단위는 N-m, Joule, kg중·m를 사용한다.
⑥ 일은 방향과는 관계가 없으므로 스칼라(scalar)양이다(예 양의 일, 음의 일).

$$일 = 힘(벡터) \cdot 거리(스칼라) \rightarrow 벡터와 스칼라의 곱은 스칼라이다.$$

⑦ 힘의 작용방향으로 물체를 움직이게 하면 언제나 일이 행해진다. 그러나 움직임의 결과가 없으면 일은 없다.
  ㉠ 물체를 붙잡고 있는 것만으로는 일을 행한 것이 아니다.
  ㉡ 고정담벼락을 미는 행위는 결과적으로 일을 행한 것이 아니다.
  ㉢ 위 2가지 상황이 일이 아닌 것은 움직임이 발생하지 않았기 때문이다.

[예제]

1. 조건 : 수평노면 위에서 90kg의 힘으로 나무상자를 9m 끌었다.
   구하기 : 위에서 한 일은?
   $$W = F \cdot d = (90)(9) = 810 J$$

2. 조건 : 수평노면 위에서 90kg의 나무상자를 3m 밀어 내는데 27kg의 힘이 들었다.
   구하기 : 일이 행해진 것은 얼마인가?
   $$W = F \cdot d = (27)(3) = 81 J$$

2) 차량의 미끄러짐과 일

수평노면 위에서 차량을 감속시키면 마찰력이라는 힘에 의해 일을 한 것이다. 차량이 미끄러질 때 일이 행해진다. 차량이 수평면 위를 미끄러질 때 마찰력은 차량을 감속시키도록 일을 하는 힘이다. 힘이 작용한 거리는 미끄러진 거리에 해당된다. 이것을 방정식으로 쓰면 아래와 같다.

$$W = fwd$$

여기서, W : 일(J), f : 견인계수, w : 중량(kg중), d : 이동거리(m)

1. 조건
   - 중량 1,800kg의 차량이 60m를 미끄러졌다.
   - 견인계수(f)는 0.80이다.
2. 구하기 : 차량이 미끄러지는 동안 소비한 에너지는 얼마인가?
3. 풀이
   $E = fwd = (0.80)(1,800)(60) = 86,400 J$

행해진 일의 양은 운동하는 동안 소모된 에너지양과 같기 때문에 $KE = fwd$가 성립한다. 즉, $\frac{1}{2}mv^2 = fwd$으로부터 $v = \sqrt{2fgd}$ 가 성립함을 알 수 있다.

(2) 에너지

1) 에너지

일을 할 수 있는 능력의 척도로서 에너지를 더 가지면 가질수록 더 많은 일을 할 수 있다. 한 형태에서 다른 형태로 변형될 수 있으며, 에너지의 전체 양이 일이다.

2) 에너지의 존재 상태

차량의 운동은 다음 2가지 종류 중 하나의 에너지 상태로 존재한다.
① 운동에너지(Kinetic Energy) : 물체가 운동함에 따라 가지는 에너지
② 위치에너지(Potential Energy) : 물체가 위치에 따라 가지는 에너지

3) 운동에너지(Kinetic Energy)

물체가 움직일 때 보유하고 있는 에너지를 운동에너지(KE)라고 한다.

① 에너지의 변형

차량이 미끄러질 때 행해지는 일은 에너지가 한 형태에서 다른 형태로 변형된다는 것을 의미한다. 차량이 미끄러지는 경우에 에너지는 원래 운동에너지의 형태이지만 열에너지로 소모된다(운동에너지의 다른 형태).

② 운동에너지의 양

(공식 1)

$$E = \frac{1}{2}mv^2, \quad E = wv^2/2g$$

여기서, KE : 운동에너지(Joule), m : 질량, w : 중량(kg), v : 속도(m/s), g : 중력가속도(m/s^2)

4) 차량의 속도

에너지는 일을 할 수 있는 능력으로 일로 전환되므로 에너지와 일은 같다. 즉, 차량이 이동하면 일을 한 것이고, 각 위치에서 에너지를 갖는 것이다.

$$W = E$$

운동에너지(E)를 질량으로 나타낸 식 $E = \frac{1}{2}mv^2$

$$E = \frac{1}{2}mv^2 = \frac{1}{2}(\frac{w}{g})v^2 = \frac{wv^2}{2g}$$

⇩

위 두 식을 변형하여 정리

⇩

에너지의 양을 알고 있을 때의 속도 산출공식

$$v = \sqrt{\frac{2E}{m}}, \ v = \sqrt{\frac{2gE}{w}}$$

w : 중량(kg중), g : 중력가속도, E : 운동에너지(N·m, J)

[예제]

1. 조건 : 질량 2,000kg인 자동차가 견인계수 0.7인 노면을 10m 미끄러진 후 정지하였다.
   구하기 : 미끄러지기 시작할 때의 속도를 구하시오.
2. 풀이
   $W = fwd$에 $f = 0.7$, $w = 2,000 \cdot 9.8$, $d = 10$을 대입하면,
   $W = (0.7)(2,000 \cdot 9.8)(10) = 137,200$N·m $= 137,200$J
   식 $v = \sqrt{\frac{2E}{m}}$, $v = \sqrt{\frac{2gE}{w}}$ 를 사용하면, $v = \sqrt{\frac{2 \cdot (137,200)}{2,000}} ≒ 11.7$m/s or
   $v = \sqrt{\frac{2 \cdot 9.8 \cdot 137,200}{2,000 \cdot 9.8}} ≒ 11.7$m/s 가 된다.

차량이 갖고 있는 운동에너지나 차량의 미끄러짐과 같은 소모된 에너지의 양을 알면 차량의 속도는 운동에너지 또는 소모된 에너지 공식을 속도에 대한 식으로 변형하여 풀면 된다.

$$E = wv^2/2g, \ v = \sqrt{2gE/w}$$

v : 속도(m/s), E : 소모된 에너지(Joule), g : 중력가속도(m/s^2), w : 중량(kg)

[예제]

1. 조건 : 무게 1,800kg의 차량이 86,400Joule의 에너지를 갖고 있다.
2. 구하기 : 이 만큼의 운동에너지를 갖기 위한 차량의 속도는?
3. 풀이
$v = \sqrt{2gE/w}$
$v = \sqrt{(2)(9.8)(86,400)/(1,800)} ≒ 30.7\text{m/s} ≒ 110\text{km/h}$

(3) 에너지 보존의 법칙

① 일이 행해졌을 때 에너지는 한 형태에서 다른 형태로 변형된다. 에너지 보존의 법칙에 의하면, 에너지는 창조되지도 않고 파괴되지도 않으므로 전체 에너지 양은 항상 같은 양이며 단지 형태만 바뀔 뿐이다.

② 에너지 보존의 법칙은 다음과 같이 정리된다.

$$E_T = E_1 + E_2 + E_3 + \ldots + E_i$$

E_T : 총에너지, E_1 : 처음 소모된 에너지 양, E_2 : 두번째 소모된 에너지 양, E_3 : 세번째 소모된 에너지 양, $E_i = i$번째(마지막) 소모된 에너지 양

[예제]

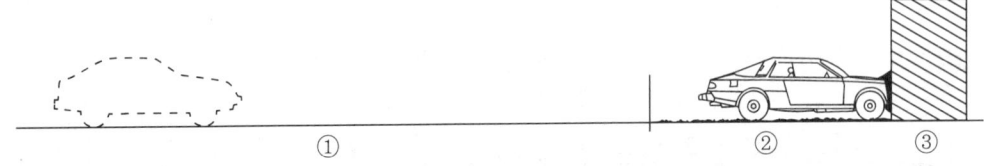

1. 조건 : 중량 980kg의 차량이 모든 바퀴가 구름을 멈춘 상태(skid)로 두 노면 위를 미끄러졌을 때, 견인계수가 0.85인 첫번째 노면에서는 27.5m를 미끄러졌고, 견인계수가 0.40인 두번째 노면에서는 45m를 미끄러졌다.
2. 구하기 : 두번째 노면 끝에서 9.0m/sec의 속도로 돌담에 부딪쳤다면 처음 노면을 미끄러지기 시작할 때 차량의 속도는 얼마인가?
3. 풀이
   a. 차량이 돌담을 부딪칠 때 차량이 갖고 있는 에너지는 얼마인가?
   $KE = \frac{1}{2}mv^2 = \frac{1}{2} \cdot (\frac{980}{9.8}) \cdot (9.0)^2 = 4,050\text{J}$

b. 두번째 노면에서 차량이 미끄러지는 동안 소모된 에너지의 양은?
$E_2 = f_2 w d_2 = (0.40)(980)(45) = 17,640 \text{J}$

c. 첫번째 노면상을 차량이 미끄러지는 동안 소모된 에너지의 양은?
$E_1 = f_1 w d_1 = (0.85)(980)(27.5) = 22,908 \text{J}$

d. 차량이 처음 미끄러지기 시작할 때 차량이 갖고 있던 전체 에너지는?
$E_T = E_1 + E_2 + KE = 22,908 + 17,640 + 4,050 = 44,598 \text{J}$

e. 차량이 처음 미끄러지기 시작할 때 차량속도는?
$v = \sqrt{2gE_T/w} = \sqrt{(2)(9.8)(44,598)/(980)} = \sqrt{891.96} \fallingdotseq 29.9 \text{m/s} \fallingdotseq 107.5 \text{km/h}$

〈중량 980kg의 조건 대신 질량 100kg이 주어졌을 경우〉

a. $KE = \dfrac{1}{2}mv^2 = \dfrac{1}{2} \cdot 100 \cdot (9.0)^2 = 4,050 \text{J}$

b. $E_2 = f_2 w d_2 = (0.40)(100 \cdot 9.8)(45) = 17,640 \text{J}$

c. $E_1 = f_1 w d_1 = (0.85)(100 \cdot 9.8)(27.5) = 22,908 \text{J}$

d. $E_T = E_1 + E_2 + KE = 22,908 + 17,640 + 4,050 = 44,598 \text{J}$

e. 처음 미끄러지기 시작할 때 차량속도
$v = \sqrt{2E_T/m} = \sqrt{(2)(44,598)/(100)} = \sqrt{891.96} \fallingdotseq 29.9 \text{m/s} \fallingdotseq 107.5 \text{km/h}$

6. 운동량 보존의 법칙 · 운동량과 충격량

(1) 운동량 보존의 법칙

1) 1차원 충돌

① 두 차량의 충돌 직후 속도가 같은 경우 : 두 차량이 한 덩어리가 됨

$$w_1 v_1 + w_2 v_2 = (w_1 + w_2) V$$

② 두 차량의 충돌 직후 속도가 다른 경우 : 각각 미끄러진 경우로 산출

$$w_1 v_1 + w_2 v_2 = w_1 v_1' + w_2 v_2'$$

2) 2차원 충돌

① 좌표축에 따른 진입방향 설정 : 둘 중 한 차량을 정동 또는 정서쪽으로 설정
② 진입각도 및 방출각도 산정

③ 충돌 후 이동거리에 의한 충돌 직후 속도 산출
④ 공식 대입

$$v_1 = \frac{w_1 v_1' \cos\theta_1' + w_2 v_2' \cos\theta_2' - w_2 v_2 \cos\theta_2}{w_1 \cos\theta_1}$$

$$v_2 = \frac{w_1 v_1' \sin\theta_1' + w_2 v_2' \sin\theta_2'}{w_2 \sin\theta_2}$$

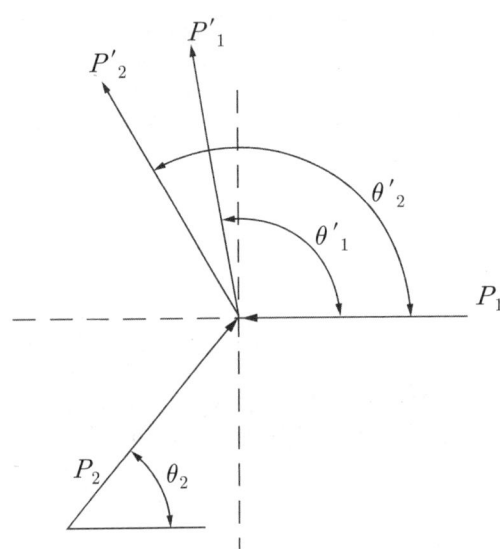

[운동량방정식을 사용하기 위해 필요한 좌표계]

Lynn B. Fricke, Traffic Accident Investigation Manual, Northwestern University Traffic Institute, p. 90-29, 1990

(2) 운동량과 충격량

1) 운동량

운동량은 물체 운동의 크기로서 두 요인인 물체의 질량(m)과 속도(v)의 곱이다. 운동량을 P라 하고 수식으로 나타내면 $P = mv$(단위는 kg·m/s)가 된다.

2) 운동량의 변화

이동 중인 물체에 다른 물체가 힘(외력)을 가하면 이동 중인 물체는 속도에 변화가 발생하고, 속도에 질량을 곱한 운동량에도 변화가 생긴다. 즉, 일정 속도 v로 직선운동을 하는 질량 m의 물체에 힘 F가 $\triangle t$시간 동안 가해지면 이 물체의 속도가 변하는데, 이 때 속도의 변화에 따라 운동량에 변화가 생긴다. 결국 힘이 작용되면 속도가 변화하고 속도의 변화에 따라 운동량도 변화한다. 이를 식으로 나타내면 아래와 같다.

$$\triangle P = m \triangle v = m(v' - v)$$

3) 충격량

물체 A에 다른 물체가 힘 F로 충격을 가하면 물체 A는 운동량의 변화가 발생하는데 이 운동량의 변화는 물체 A에 작용한 충격량과 같고, 동시에 충격력(F)과 충격지속시간(Δt)의 곱과 같다. 또한 단위시간에 생기는 운동량의 변화는 물체 A에 작용한 다른 물체의 힘인 충격력(F)과 같다. 이들을 아래에 식으로 나타낸다.

$$\Delta P = m\Delta v = m(v' - v) = F\Delta t, \quad F = \frac{\Delta P}{\Delta t}$$

4) 충격력과 충격가속도

어떤 물체에 가해지는 외부의 힘(F)을 충격력이라 하는데, 이 작용된 물체에 생기는 가속도는 $a = \frac{F}{m}$이고, 이것을 속도변화(Δv)와 충격력의 작용시간(충격지속시간 : Δt)으로 표시하면 아래와 같다. 또한 어떤 물체에 외부의 충격력이 가해질 때 발생하는 단위시간당 속도변화를 충격가속도라 하는데, 흔히 중력가속도(G: $9.8 m/s^2$)에 대한 비율로 나타낸다.

$$a = \frac{\Delta v}{\Delta t} = \frac{F}{m} \quad (F : 충격력)$$

7 반발계수 · 상대충돌속도 · 유효충돌속도

(1) 반발계수

① 고무로 만든 공과 같이 잘 튕기는 충돌을 탄성충돌이라 하고, 찰흙으로 만든 공과 같이 전혀 되튕기지 않는 충돌을 소성충돌(비탄성충돌)이라고 한다. 자동차사고에 있어서는 충돌속도가 약 10km/h 이하에서는 탄성충돌에 가깝다고 볼 수 있으나 고속충돌에 있어서는 거의 소성충돌의 특성을 가진다.

② 반발계수란 충돌 전의 속도 차에 대한 충돌 후의 속도 차의 비율로서 0보다 작지 않고, 1보다 크지 않다. 반발계수를 e라 하고 식으로 쓰면 $0 \leq e \leq 1$이 된다.

$$e = \frac{v_2' - v_1'}{v_1 - v_2}$$

여기서, e : 반발계수,
v_1 : #1의 충돌 직후 속도,
v_2 : #2의 충돌 직후 속도,
v_{10} : #1의 충돌시 속도,
v_{20} : #2의 충돌시 속도

반발계수는 충돌상대속도와 반발상대속도의 비이고 충돌이라는 변형현상에 의해 일단 변형에너지로 전환된 운동에너지가 어느 정도 다시 운동에너지로 회복되는가를 나타내는 계수이다. 완전탄성충돌은 일단 속도가 0으로 되기까지 탄성변형한 다음 다시 충돌속도 그대로 튀어나오게 되므로 반발계수가 1이고, 완전소성충돌은 충돌에너지가 전부 영구변형에 의해 흡수되므로 반발계수는 0이다. 반발계수가 0인 충돌을 완전소성충돌, 0에 가까우면 소성충돌, 반발계수가 1인 충돌을 완전탄성충돌, 1에 가까우면 탄성충돌이라고 하는데, **자동차끼리의 충돌은 완전소성충돌은 아니고 소성충돌**이라고 할 수 있다.

③ 자동차끼리의 충돌에서 반발계수는 유효충돌속도가 높을수록 낮다. 정면충돌의 경우, 유효충돌속도 15km/h에서 약 0.3으로부터 점차 낮아져 유효충돌속도 70km/h 이상이 되면 0에 가깝다. 추돌의 경우는 유효충돌속도 5km/h 이하에서는 0.2 내외로부터 점차 낮아져 유효충돌속도 20km/h가 되면 0에 가깝다.

(2) 상대충돌속도 · 유효충돌속도

① "상대"란 "서로 다른 두 차량끼리의 비교 또는 차이"라는 의미이다.
② "유효"란 "차량 자체(단독)에서 충돌시와 충돌 직후의 비교 또는 차이"이다.

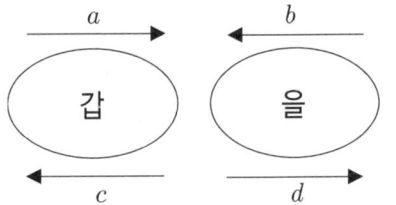

a : "갑"의 충돌속도
b : "을"의 충돌속도
c : "갑"의 충돌 직후 속도
d : "을"의 충돌 직후 속도

③ 상대충돌속도는 "다른 차량끼리의 비교"이므로 $|a-b|$가 된다.
④ 유효충돌속도는 "차량 자체에서 충돌시와 충돌 직후의 비교"이므로 $|a-c|$ 또는 $|b-d|$가 된다.

8 마찰계수 · 견인계수

(1) 마찰계수

1) 마찰계수의 정의

마찰은 두 개의 표면이 접촉상태로 움직일 때 움직임에 저항하는 힘이라 정의한다. 다시 말하면 마찰계수는 물체에 수직방향으로 작용하는 힘에 대한 표면에 평행으로 작용하는 힘의 비율이다. 마찰계수 μ는 다음 식으로 나타낸다.

$$\mu = \frac{F}{W}$$

F : 노면에 평행으로 작용하는 힘, W : 수직방향으로 작용하는 힘(무게)

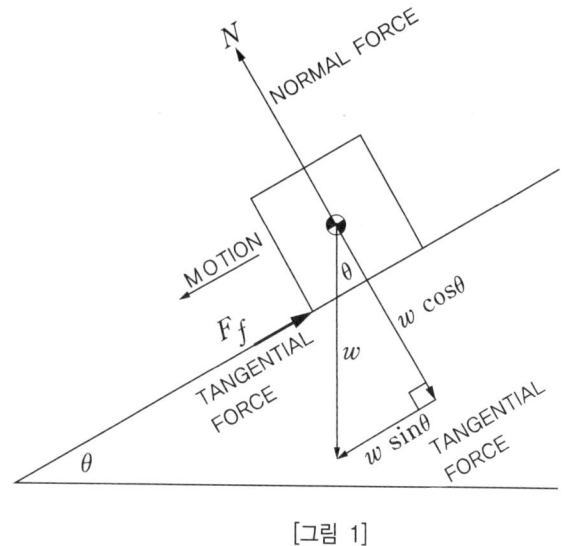

[그림 1]

노면에 수직으로 작용하는 무게 성분은 $w \sin\theta$이고 노면에 평행한 무게 성분은 $w \cos\theta$이다.

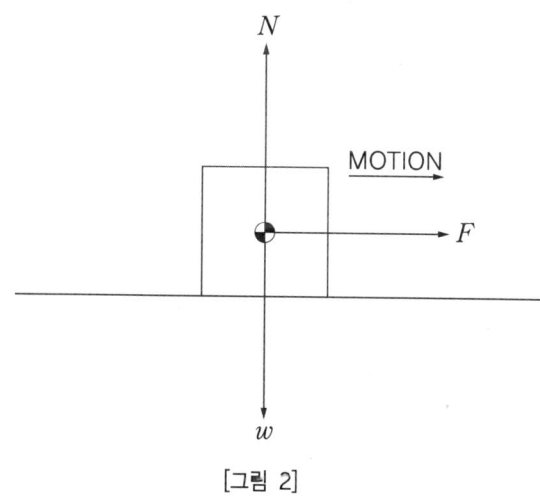

[그림 2]

물체가 미끄러지는데 필요한 수평력과 물체의 무게의 비를 마찰계수라 한다.

(2) 슬립비(slip ratio)

슬립비는 타이어의 유효반경과 주행속도에 따라 $s = \dfrac{V - R\omega}{V}$가 성립한다.

단, V : 주행속도(m/s), R : 타이어 유효반경(m), ω : 타이어 회전각속도(rad/s)

(3) 견인계수와 마찰계수의 관계

마찰계수(μ)와 견인계수(f)는 서로 아래 식과 같은 관련이 있다.

$$f = \mu \pm i$$

여기서, f : 견인계수, μ : 마찰계수, i : 구배(%), + : 오르막, − : 내리막

(4) 견인계수

견인계수는 통상 기계공학 및 물리학 책에서는 나와 있지 않다. 견인계수는 오랜 동안 교통사고의 재현에서 사용되고 있는 용어인데 물체(차체)를 가속(또는 감속)방향으로 가속(또는 감속)하는데 필요한 힘을 물체의 무게로 나눈 값으로 중력가속도에 대한 가속도의 비율이 되고, 기호는 f로 쓰며 관련 방정식은 아래와 같다.

ⓐ $f = \dfrac{F}{w}$ 에서 $F = fw$,

ⓑ $F = ma$ 에서 $F = \dfrac{w}{g}a$, 좌변의 F에 fw를 대입,

ⓒ $fw = \dfrac{w}{g}a$ 를 정리하면 $f = \dfrac{a}{g}$ 또는 $a = fg$ 성립,

ⓓ 중력가속도에 대한 가속도의 비율이 되는 견인계수를 사용하여 가속도의 크기를 표시할 수 있다.

견인계수는 수평노면에서 모든 바퀴가 잠겨 미끄러질 때만 마찰계수와 같다.
가속도 a와 견인계수 f와의 관계식은 $a = fg$이다.

$$f = \dfrac{a}{g}, \quad \mu = \dfrac{a}{g}$$

여기에서 f는 중력가속도에 대한 물체의 가속도의 비라는 것을 알 수 있다. 차가 $0.5g$로 속력을 감속하였다고 하면 이는 견인계수가 0.5라는 의미이다.

9. 보행자 충돌속도 · 전도거리

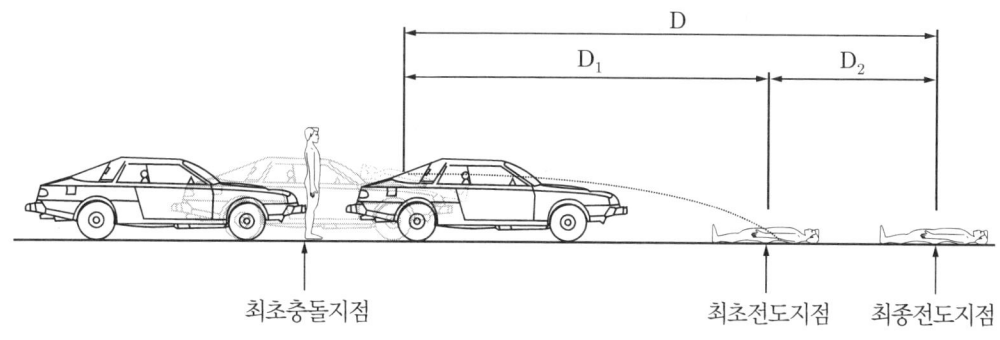

[보행자 충돌속도]

① 내던져지는 속도 $v = D_1\sqrt{\dfrac{g}{2h}}$ 의 식에서 D_1으로 정리하면 $D_1 = v\sqrt{\dfrac{2h}{g}}$,

② 보행자가 노면에 끌리면서 마찰운동(D_2)으로 스키드마크 공식 유도와 같이 $\dfrac{1}{2}mv^2 = m\mu g D_2$에서 D_2로 정리하면 $D_2 = \dfrac{v^2}{2\mu g}$ 로서 $D = D_1 + D_2$는 아래와 같다.

$$D = D_1 + D_2 = v\sqrt{\dfrac{2h}{g}} + \dfrac{v^2}{2\mu g}$$

위 식을 v로 정리하면 보행자 이동거리에 따른 속도를 추정할 수 있다.

$$v = \sqrt{2g} \times \mu \times \left(\sqrt{h + \dfrac{D}{\mu}} - \sqrt{h}\right)$$

여기서, v : 충돌속도($m/\sec$)

μ : 보행자 노면마찰계수,

h : 보행자의 낙하높이(무게중심높이),

D : 보행자의 총이동거리(m),

10 전도·전복된 차량의 최저속도 산출

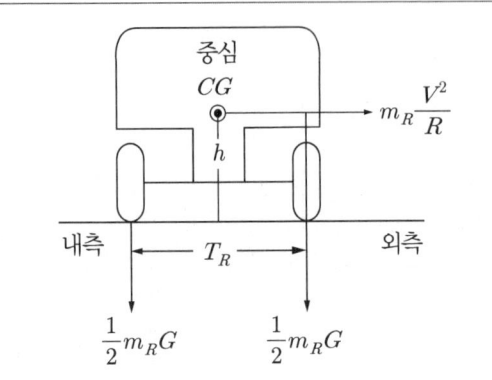

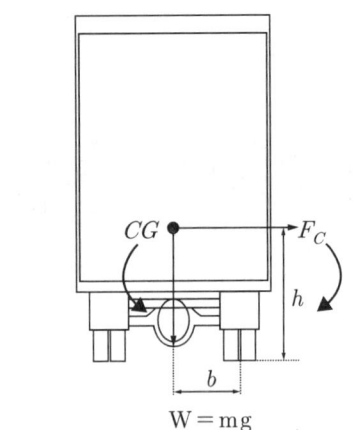

자동차의 곡선 주행시 전도는 아래 식과 같이 차체를 내측으로 되돌리려는 모멘트보다 차체를 바깥으로 쓰러뜨리려는 모멘트(moment)가 클 때 성립한다.

$$F_c \cdot h \leq mg \cdot b$$

원심력 $F_c = \dfrac{mV^2}{R}$ 이므로

$$\dfrac{mV^2}{R} \cdot h \leq mg \cdot b$$

정리하면

$V = \sqrt{\dfrac{R \cdot g \cdot b}{h}}$ 이 된다.

여기서, V : 전도시 최저속도(m/s),
R : 주행궤적의 곡선반경,
g : 중력가속도,
b : 윤거의 1/2,
h : 무게중심의 높이(m)

11. 삼각함수 연습문제 및 풀이

[1] 경사면의 각도가 5도인 경우 경사율은 몇 %인가?

(풀이) $\tan 5° ≒ 0.0875 ≒ 0.088 = 8.8\%$

[2] 경사율 0.05인 경사면의 경우 경사각도는 얼마인가?

(풀이) $\theta = \tan^{-1} 0.05$

$\theta ≒ 2.86° ≒ 2.9°$

[3] 빗변의 길이 10m, 경사율 0.0312인 경사면에서 수직높이는?

(풀이) $\theta = \tan^{-1} 0.0312$

$\theta ≒ 1.79° ≒ 1.8°$

$\dfrac{h}{10} = \sin\theta$

$h = 10 \cdot \sin\theta = 10 \cdot \sin 1.8°$

$= 10 \cdot 0.0314 = 0.314 ≒ 0.31 m$

[4] 경사율 7%, 밑변의 길이 12m인 경우 수직높이는?

(풀이) $\tan\theta = 0.07$

$\tan\theta = \dfrac{수직높이(h)}{밑변(b)} = \dfrac{h}{12}$

$\dfrac{h}{12} = 0.07$

$h = 12 \cdot 0.07 = 0.84 \text{m}$

[5] 빗변의 길이 12m, 수직높이 7m인 경우 경사율은 몇 %이고, 경사각도는 몇 도인가?

(풀이) 밑변$(b) = \sqrt{12^2 - 7^2} ≒ 9.75$, $\tan\theta = \dfrac{h}{b} = \dfrac{7}{9.75} ≒ 0.718$, $\theta = \tan^{-1} 0.718 ≒ 35.7°$

[6] 경사노면의 마찰계수가 0.7이고, 견인계수가 0.73인 경우 경사각도는?

(풀이) $f = (\mu \pm i)$, $i = f - \mu$, $f = 0.73$, $\mu = 0.7$

$i = 0.73 - 0.7 = 0.03$, $i = \tan\theta$, $\theta = \tan^{-1} 0.03 ≒ 1.7°$

12 신호 관련 기본 지식

(1) 용어의 정의

① 주기(週期, cycle) : 신호등의 등화가 완전히 한 바퀴 도는 것 또는 시간
② 현시(顯示, Phase) : 한 주기 중에서 등화 표시가 변하지 않고 지속되는 한 종류의 신호 또는 신호 기간(시간)
③ 신호간격(信號間隔, Interval) : 한 현시 또는 한 진행방향의 시간 길이
④ 옵셋(Off-set) : 어떤 기준값으로부터 녹색 등화가 켜질 때까지의 시간차를 초(sec) 또는 %로 나타낸 값
⑤ 차두시간(車頭時間, Headway) : 기준선(일시정지선)을 통과할 때 선행차량과 후속차량의 통과시간의 간격

(2) 신호등의 배열순서와 점등순서

신호종류	신호등 배열순서(좌 → 우)	신호 순서
4색등	적색, 황색, 녹색화살표, 녹색	녹색 → 황색 → 녹색화살표 → 황색 → 적색
3색등	적색, 황색, 녹색	녹색 → 황색 → 적색

(3) 신호등화의 적용

① 적색신호는 교차로나 통제지역으로 차마의 진입을 금지하려고 할 때 적색 단독으로 등화하고, 직진(진입)을 금지하고 좌회전을 허용할 경우 적색과 녹색화살표의 동시 등화 신호를 사용해야 한다.
② 황색신호는 녹색 다음에 등화하며, 적색에서 녹색으로 바뀔 때는 등화되어서는 아니 된다. 황색 다음에는 적색을 등화해야 한다(2색등 제외).
③ 직진과 우회전을 허용하는 경우는 녹색신호를, 좌회전과 직진을 동시 허용하는 경우는 녹색화살표신호 및 녹색신호를 등화해야 한다.
④ 녹색화살표신호는 보행자의 횡단을 금지한 상태에서 적색 및 황색신호에 관계없이 화살표 방향으로 진행을 허용(적색 및 녹색화살표)할 때 또는 직진과 동시에 허용할 때 등화(녹색화살표 및 녹색)해야 한다.

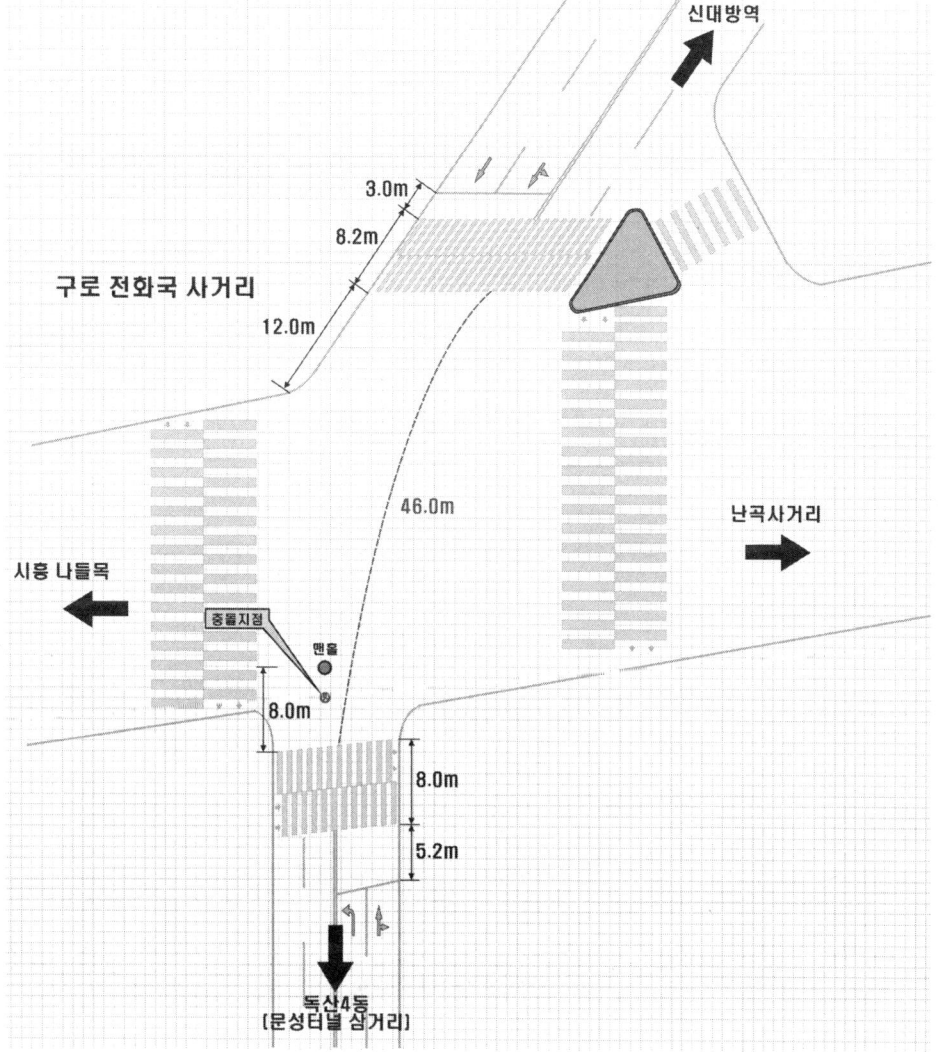

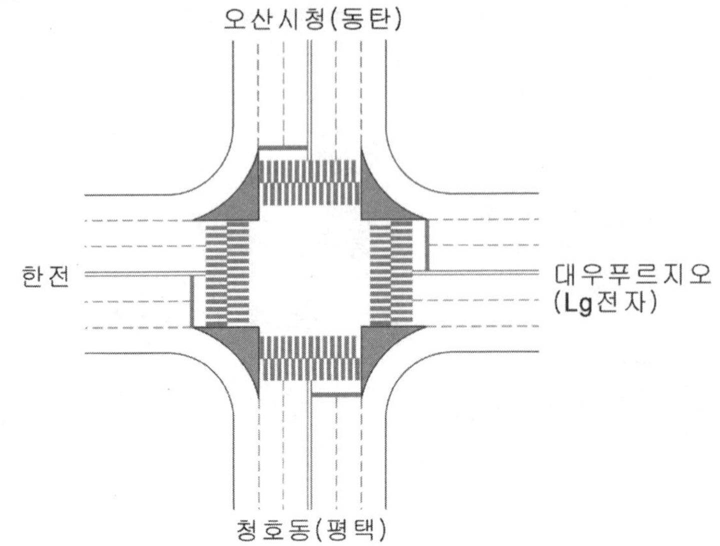

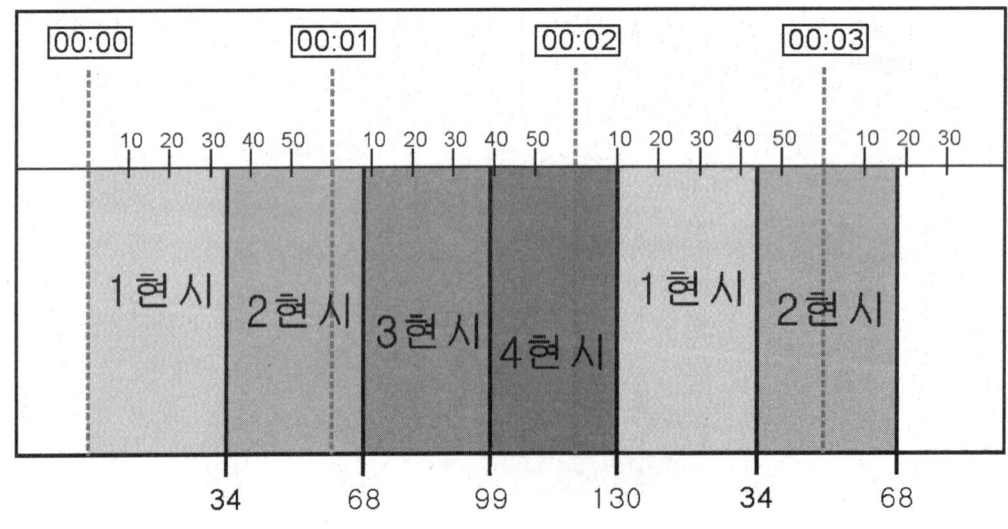

구 분	00:00~06:00 10:00~17:00		06:00~10:00		17:00~20:00		20:00~24:00	
	패턴	시간	패턴	시간	패턴	시간	패턴	시간
1현시	↱	31/3	↦	41/3	↱	31/3	↱	31/3
2현시	↤	31/3	↤	28/3	↤	28/3	↤	31/3
3현시	⊥→	28/3	→	41/3	⊥→	42/3	⊥→	28/3
4현시	←⊤	28/3	←	28/3	←	37/3	←⊤	28/3
주 기	130		150		150		130	

2 관련 연습문제 및 풀이

1 옵셋

문제 01 배점 50점

교차로 신호기에 있어서 옵셋과 관련한 다음 질문에 답하시오.

절대 옵셋값 A 35초 B 20초 C 20초 D 5초

교차로	A	B	C	D
사이 거리	–	300m	250m	180m	–
절대 옵셋값	35초	20초	20초	5초
옵셋값	–	-15초	0초	+15초	–
1현시 지속시간	40초	40초	35초	20초

각 교차로별 1현시 지속시간: A 40초, B 40초, C 35초, D 20초

> **조건**
>
> ┌───┐
> │   ITS 용어사전, 국토교통부, 2010, 한국지능형교통체계협회   │
> └───┘
> • 절대 옵셋 : 기준시점에서 각 신호등의 녹색신호 개시시점의 시간
> • 옵셋 : 인접신호등 간의 녹색신호 개시시점의 시간
>
> 1. 위 A, B, C, D 교차로 모두 1현시는 서동, 동서 양 방향 직진신호임.
>
> 2. '㉮차량'은 A교차로, '㉯차량'은 B교차로, '㉰차량'은 D교차로, '㉱차량'은 C교차로 각각의 정지선 앞에서 대기 중 직진 녹색신호가 점등되자 곧바로 출발함.
>
> 3. '㉮차량'은 A교차로에서 0.2g의 가속도로 출발하여 30km/h, 이후 0.1g의 가속도로 70km/h까지 가속한 다음에는 같은 속도로 주행하여 B교차로를 계속 통과하였음.
>
> 4. 문제의 질문에 대한 산출 과정에서 최종 결과는 초속의 경우 소수점 이하 둘째 자리까지, 시속의 경우 첫째 자리까지 답하시오.

[질문 1] **배점** 10점

1현시가 가장 먼저 점등되는 곳은 어느 교차로인지 옵셋 관련 용어와 관련지어 간단히 설명하시오.

[질문 2] **배점** 10점

'㉮차량'이 A교차로를 출발하여 B교차로를 신호위반하지 않고 통과하려면 몇 초 이내에 도달하여야 하는지 그 이유를 간단히 설명하시오.

[질문 3] **배점** 10점

'㉰차량'이 B교차로 정지선에서 출발한 후 C교차로에 도달하기까지 소요시간이 몇 초 이상이면 C교차로를 통과할 때 신호위반이 되는지 설명하시오.

[질문 4] **배점** 20점

'㉮차량'의 B교차로 통과시 신호위반 여부를 소요시간 산출내역을 제시하면서 설명하시오.

[질문1] ㄱ. 기준시점에서 각 신호등의 녹색신호 개시시점까지의 시간을 '절대 옵셋'이라고 정의함.

ㄴ. 가장 작은 절대 옵셋값을 가진 교차로가 가장 먼저 녹색신호가 시작됨.

ㄷ. 녹색신호(1현시)가 가장 먼저 점등된 것은 가장 작은 절대 옵셋값을 가진 D교차로임.

[질문2] ㄱ. A교차로와 B교차로 각각의 절대 옵셋값은 35초와 20초로서 A교차로와 B교차로 사이의 옵셋값은 −15초임.

ㄴ. 녹색신호 시작에 있어 A교차로는 B교차로보다 15초 늦음.

ㄷ. B교차로의 녹색신호 1현시의 지속시간인 40초에서 A교차로와 B교차로 사이의 옵셋값 15초 + 황색신호 3초 = 18초를 뺀 시간인 22초 이내에 B교차로에 도달하여야 신호위반이 되지 않음.

[질문3] ㄱ. B교차로와 C교차로 각각의 절대 옵셋값은 똑같이 20초이므로 B교차로와 C교차로 사이의 옵셋값은 0초임.

ㄴ. 녹색신호 시작에 있어 B교차로는 C교차로와 동시임.

ㄷ. C교차로의 직진 녹색신호의 계속시간인 35초에서 B교차로~C교차로 사이의 옵셋값 0초 + 황색신호 3초 = 3초를 뺀 시간인 32초를 초과하면 C교차로에서 신호위반이 됨.

[질문4] ㄱ. 가속하는데 소요된 시간($t_1 + t_2$)

$$t_1 = \frac{v_{30} - v_0}{a_{30}} = \frac{(30/3.6) - 0}{0.2 \cdot 9.8} ≒ 4.25\text{sec}$$

$$t_2 = \frac{v_{70} - v_{30}}{a_{70}} = \frac{(70/3.6) - (30/3.6)}{0.1 \cdot 9.8} ≒ 11.34\text{sec}$$

$$t_1 + t_2 = 4.25 + 11.34 = 15.59\text{sec}$$

ㄴ. 가속하여 70km/h될 때까지 주행한 거리($d_1 + d_2$)

$$d_1 = \frac{v_{30} - v_0}{2a_{30}} = \frac{(30/3.6)^2 - 0}{2 \cdot (0.2 \cdot 9.8)} ≒ 17.7m$$

$$d_2 = \frac{v_{70} - v_{30}}{2a_{70}} = \frac{(70/3.6)^2 - (30/3.6)^2}{2 \cdot (0.1 \cdot 9.8)} ≒ 157.5m$$

$$d_1 + d_2 = 17.7 + 157.5 = 175.2m$$

ㄷ. B교차로까지 70km/h의 등속도로 주행할 거리 및 소요시간

$$d_3 = D - (d_1 + d_2) = 300m - 175.2m = 124.8m$$

$$t_3 = \frac{d_3}{v_{70}} = \frac{124.8}{(70/3.6)} ≒ 6.42\text{sec}$$

ㄹ. A교차로에서 B교차로까지 총주행 소요시간(T)

$$T = t_1 + t_2 + t_3 = 4.25 + 11.34 + 6.42 = 22.01\text{sec} ≒ 22.0\text{sec}$$

ㅁ. 앞 **[질문2]** 풀이에서와 같이 22초 이내에 B교차로에 도달하여야 신호위반이 되지 않는 바와 같이 A교차로에서 B교차로까지 똑같은 약 22초 소요되었으므로 아슬아슬하게 신호위반하지 않고 겨우 통과하게 됨.

문제 02 배점 50점

다음 도면과 신호체계 및 옵셋, 조건을 고려하여 질문에 답하시오.

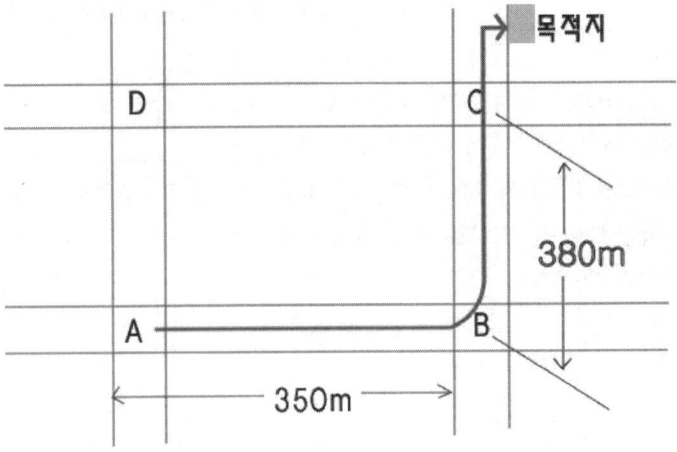

교차로	A	B	C
사이 거리	–	350m	380m	–
옵셋값	–	0초	0초	–
각 현시 지속시간	1현시 : 50초, 2현시 : 30초, 3현시 : 35초, 4현시 : 25초		
신호주기 1cycle	140초		

'A, B, C교차로' 모두 똑같음.
1현시 : 동 ↔ 서 직진신호, 2현시 : 동 ↔ 서 좌회전 신호
3현시 : 남 ↔ 북 직진신호, 4현시 : 남 ↔ 북 좌회전 신호

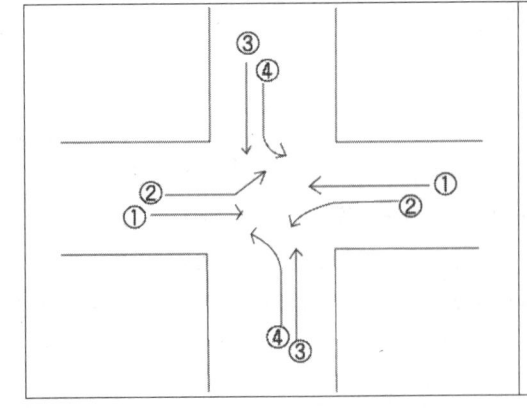

현시별	1현시	2현시	3현시	4현시
신호방향	← →	↗ ↙	↓ ↑	↖ ↘

> **조건**
>
> 1. '가'차량은 A교차로 앞 정지선에서 신호대기 중이다.
> 2. '가'차량의 목적지는 B교차로에서 좌회전, C교차로에서 직진해야 도달 가능하다.
> 3. 위의 약도상에 나타난 도로의 제한속도는 60km/h인데, '가'차량은 C교차로에 도달하기 직전 목적지까지 속도위반 및 신호위반하지 않고 도달하였다.
> 4. '가'차량은 A교차로 정지선 앞 정지상태에서 제한속도(60km/h)까지 평균가속도는 0.15g로 가속한 후 제한속도로 계속 주행하여 B교차로에 도달한다. 단, B교차로에 근접하여 정지를 위한 감속에 소요된 시간은 감안하지 않는다.
> 5. 문제의 질문에 대한 산출 과정에서 최종 결과는 초속의 경우 소수점 이하 둘째 자리까지, 시속의 경우는 소수점 이하 첫째 자리까지, 기타 소요시간, 거리는 소수점 이하 첫째 자리까지 답하시오.

[질문 1] 배점 10점

'가'차량은 A교차로 정지선을 출발하여 B교차로 정지선까지 도달하는데 소요된 시간을 구하시오.

[질문 2] 배점 10점

'가'차량은 A교차로 정지선 앞에서 대기 중 직진신호를 받자마자 출발하여 B교차로에 도달한 후 좌회전 시작하기까지 신호 대기한 시간은?

[질문 3] 배점 15점

'가'차량은 B교차로 정지선에서 대기 중 2현시 좌회전 신호가 터지자마자 가속 출발하여 40m의 거리는 0.15g의 가속도, 이후 제한속도(60km/h)가 되기까지 0.10g의 가속도로 진행한 후 등속도로 계속 진행하면서 C교차로 정지선에 접근하면서 정차 및 대기하지 않고 계속 직진할 경우 '가'차량의 C교차로 통과시 신호위반 여부를 판정하시오.

[질문 4] 배점 15점

'가'차량이 C교차로 정지선을 통과한 순간으로부터 사고없이 주행하여 목적지까지 1분이 소요되었다면, 위의 질문 3가지에 관한 답의 산출결과를 기반으로 하여 '가'차량이 A교차로 정지선을 출발하여 목적지에 도달하기까지 소요된 총소요시간은?

풀이

질문1 ㄱ. $t_1 = \dfrac{v_e - v_i}{a} = \dfrac{(60/3.6) - 0}{0.15 \cdot 9.8} ≒ 11.3 \sec,$

$d_1 = \dfrac{(v_e)^2 - (v_i)^2}{2a} = \dfrac{(60/3.6)^2}{2 \cdot (0.15 \cdot 9.8)} ≒ 94.5 m$

$d_2 = D_{A \leftrightarrow B} - d_1 = 350 - 94.5 = 255.5 m$

$$t_2 = \frac{d_2}{V} = \frac{255.5}{(60/3.6)} ≒ 15.3\text{sec}$$

$$T_{A \to B} = t_1 + t_2 = 11.3 + 15.3 = 26.6\text{sec}$$

질문2 모든 교차로의 옵셋값은 0초, 신호체계상 각 현시도 모두 동일하므로 1현시 지속시간 50초에서 A교차로에서 B교차로까지 도달 소요시간 26.6초(풀이 1에서 구한 시간)을 뺀 시간이므로 좌회전 대기 시간은 23.4초(= 50초 − 26.6초)임.

질문3 ㄱ. 가속하는데 소요된 시간(= 0.15g 가속 + 0.10g 가속)

$$v_{e0.15} = \sqrt{(v_i)^2 + 2a_{0.15}d_{0.15}} = \sqrt{0^2 + 2 \cdot (0.15 \cdot 9.8) \cdot 40} ≒ 10.84 m/s$$

$$t_{0.15} = \frac{v_e - v_i}{a_{0.15}} = \frac{10.84}{0.15 \cdot 9.8} ≒ 7.4\text{sec}$$

$$t_{0.10} = \frac{(60/3.6) - 10.84}{0.10 \cdot 9.8} ≒ 6.0\text{sec}$$

$$d_{0.10} = \frac{(v_{60})^2 - (v_i)^2}{2a_{0.10}} = \frac{(60/3.6)^2 - 10.84^2}{2 \cdot (0.10 \cdot 9.8)} ≒ 81.8m$$

ㄴ. 가속 완료 후 등속도로 다음 C교차로 정지선까지 주행시간

$$d_3 = D - (40 + 81.8) = 380 - 121.8 = 258.2m$$

$$t_3 = \frac{d_3}{v_e} = \frac{258.2}{60/3.6} ≒ 15.5\text{sec}$$

$$T = t_{0.15} + t_{0.10} + t_3 = 7.4 + 6.0 + 15.5 = 28.9\text{sec}$$

ㄷ. 다음 교차로까지의 진행 소요시간과 신호체계의 대조 : 2현시 좌회전 신호의 계속시간은 30초인데, '가'차량은 2현시 시작하자마자 바로 출발하여 C교차로 정지선에 도달하기까지 소요시간은 약 28.9초이므로 C교차로에서 직진신호인 3현시가 시작되려면 2현시 지속시간인 30초가 지나야 하는데, C교차로 정지선에서 정지하지 않고 계속 통과하였다면 3현시가 시작되기 1.1초 전 정지선을 적색신호에 통과한 결과가 되어 신호를 위반한 것이다.

질문4 '가'차량의 A교차로에서 목적지까지 도착하는 과정은 아래와 같음.

소요시간 관련 항목	소요시간
① A교차로에서 출발로부터 0.15g로 가속시간	11.3초
② 60km/h의 등속도로 B교차로까지 진행하는데 소요시간	15.3초
③ 1현시의 잔여시간(B교차로 정지선에서 대기시간)	23.4초
④ B교차로에서 출발로부터 0.15g 및 0.10g로 가속시간	7.4 + 6.0초
⑤ B교차로에서 출발하여 가속 완료 지점에서 가속 후 속도로 다음 교차로까지 등속도로 주행하는데 소요된 시간	15.5초
⑥ C교차로 정지선에서 목적지까지 소요시간	60초
합계	138.9초

따라서 총소요시간은 138.9초로 산출됨.

2. 위치에너지

문제 03 배점 35점

아래 고정벽 충돌시험과 조건을 고려하여 운동에너지 및 위치에너지 관련 질문에 답하시오.
(충돌시험) 미국 NHTSA에서 고정벽 정면충돌시험을 아래와 같이 4회 실시하였다.

테스트	1회	2회	3회	4회
속력	48km/h	64km/h	80km/h	96km/h

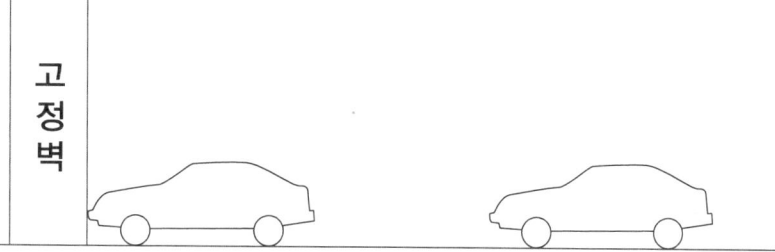

조건

1. 고정벽 충돌시험이란 질량무한대로 간주할 수 있는 고정 구조물에 시험 자동차를 충돌시키는 것으로 정의한다.

2. 위 시험에 의한 충돌로 운동에너지는 모두 소모되었다고 한다.

3. 교통안전상 일반인에게 과속의 위험성 및 경각심을 불러일으키기 위하여 고정벽 정면충돌시험에서 발생하는 충격을 건물의 몇 층에서 추락할 때의 충격과 비교하여 설명하는 것은 보편적이다.

4. 고정벽 정면충돌시험과 건물에서 아래 지상으로 추락하는 것은 각각 운동에너지, 위치에너지의 원리를 활용하기로 한다.

5. 각 1개층의 수직 높이는 3.0m로 간주한다.

[질문 1] **배점** 5점

테스트 회수별로 고정벽에 충돌시 운동에너지 값을 $\frac{1}{2}m$의 비율로 산출하여 표로 작성하시오(예 $\frac{1}{2}m \cdot 150m^2/s^2$로 나타냄).

[질문 2] **배점** 10점

건물에서 추락(수직낙하)하는 경우의 충격에 대하여 위치에너지의 양과 지면도달시 속도에 관하여 설명하시오.

[질문 3] **배점** 20점

고정벽 정면충돌시의 운동에너지를 같은 크기의 위치에너지로 비유하는 건물 추락 지면충돌의 층수를 산출하여 표로 작성하시오(단, 높이 h, 비탈면 d, 밑변 b로 표기하여 나타낼 것).

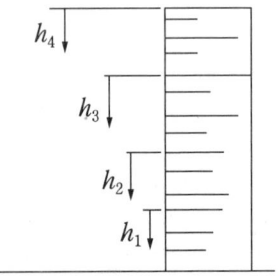

[풀이]

[질문1] $E_1 = \frac{1}{2}m(v_1)^2 = \frac{1}{2}m(\frac{48}{3.6})^2 = \frac{1}{2}m \cdot 178m^2/s^2$

$E_2 = \frac{1}{2}m(v_2)^2 = \frac{1}{2}m(\frac{64}{3.6})^2 = \frac{1}{2}m \cdot 316m^2/s^2$

$E_3 = \frac{1}{2}m(v_3)^2 = \frac{1}{2}m(\frac{80}{3.6})^2 = \frac{1}{2}m \cdot 494m^2/s^2$

$E_4 = \frac{1}{2}m(v_4)^2 = \frac{1}{2}m(\frac{96}{3.6})^2 = \frac{1}{2}m \cdot 711m^2/s^2$

테스트	1회	2회	3회	4회
속력별 운동에너지값	$\frac{1}{2}m \cdot 178m^2/s^2$	$\frac{1}{2}m \cdot 316m^2/s^2$	$\frac{1}{2}m \cdot 494m^2/s^2$	$\frac{1}{2}m \cdot 711m^2/s^2$

| 질문2 | 물체의 이동으로 인한 일(Work)의 양은 $W = F \cdot d$, $F = ma$, 수직하강에서 $a = g$이므로 $a = g$, $d = h$이므로 W를 E_h로 바꾸면 운동에너지는 $E_h = mgh$가 됨.

| 질문3 | ⟨1회 시험⟩ : 위치에너지는 $E_{h1} = mgh_1 = m \cdot 9.8 \cdot h$,

운동에너지는 $E_1 = \frac{1}{2}m \cdot 178 m^2/s^2$, 위치에너지 = 운동에너지에서 $E_{h1} = E_1$이므로

$$m \cdot 9.8\,(m/s^2) \cdot h_1 = \frac{1}{2}m \cdot 178\,(m^2/s^2)$$

$$\therefore h_1 = \frac{178}{2 \cdot 9.8}(m) \fallingdotseq 9.1(m)$$

1층의 높이는 3.0m이므로 3층 높이에 해당함.

⟨2회~4회 시험⟩ 위와 같은 방법으로 각 시험회수별 높이는 아래와 같음.

$$\therefore h_2 = \frac{316}{2 \cdot 9.8}m \fallingdotseq 16.1m, \quad \therefore h_3 = \frac{494}{2 \cdot 9.8}m \fallingdotseq 25.2m, \quad \therefore h_3 = \frac{711}{2 \cdot 9.8}m \fallingdotseq 36.3m$$

테스트	1회	2회	3회	4회
속력별 운동에너지값	$\frac{1}{2}m \cdot 178 m^2/s^2$	$\frac{1}{2}m \cdot 316 m^2/s^2$	$\frac{1}{2}m \cdot 494 m^2/s^2$	$\frac{1}{2}m \cdot 711 m^2/s^2$
추락높이 (h)	약 9.1m	약 16.1m	약 25.2m	약 36.3m
층수	3층	5층~6층 중간	8층~9층 중간	12층

3. 교차로

문제 04 배점 50점

다음 교차로 사이 주행에서 발생한 신호위반 여부에 대하여 답하시오.

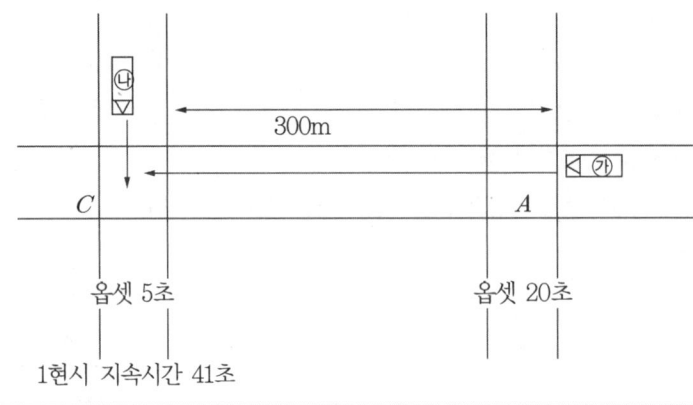

조건

1. ㉮차량은 A교차로 정지선에서 대기 중 직진신호가 터져 곧바로 출발하여 60km/h까지 평균 0.2g로 가속한 이후 같은 속력으로 C교차로까지 진행하였는데, A교차로 정지선에서 C교차로 정지선까지의 거리는 300m이다.

2. A교차로의 옵셋은 20초, C교차로의 옵셋은 5초이고, A교차로와 C교차로의 1현시는 동↔서 양 방향 직진신호이며, C교차로의 1현시는 41초 지속된다.

3. 동쪽에서 서쪽으로 진행하는 ㉮차량은 C교차로 안으로 15m 진입하고, 북쪽에서 남쪽으로 진행하는 ㉯차량은 C교차로 안으로 10m 진입한 지점에서 충돌이 일어났다.

4. ㉮차량 운전자는 C교차로에 근접하여 직진신호를 보고 교차로를 통과하였다고 주장하고, ㉯차량 운전자는 정지선 앞 정지상태에서 직진신호가 터져 출발하였다고 주장한다.

5. 두 차량의 충돌시 속도 산출결과 ㉮차량은 60km/h, ㉯차량은 40km/h로 밝혀졌다.

6. ㉮, ㉯차량 모두 승용차로서 자동차 성능상 출발시 최대가속도는 최대 0.3g를 초과하지 못하는 것으로 밝혀졌다고 한다.

[질문 1] 배점 20점

정지상태로부터 출발한 ㉮차량은 C교차로에서 신호를 지켰는지, 위반하였는지 여부에 관하여 산출근거를 토대로 설명하시오.

[질문 2] 배점 10점

㉯차량이 정지상태에서 출발했다는 주장의 타당성을 검증하시오.

[질문 3] 배점 10점

㉮차량 운전자가 ㉯차량과 충돌할 것을 인지하고 제동조치(견인계수 0.6)를 취하여 사고를 회피하려면 인지반응 시간을 1.0초라고 할 때 적어도 C교차로의 정지선 후방 몇 m지점 이전에 발견하여야 가능한가?

[질문 4] 배점 10점

이 교차로가 신호등 없는 교차로라 가정할 경우 두 차량 모두 교차로 이전부터 충돌시 속도와 같은 속도로 교차로를 통과 중이었다면 교차로 선진입 여부는?

풀이

[질문1]
ㄱ. 가속한 거리 : $d_1 = \dfrac{(v_e)^2 - (v_i)^2}{2a} = \dfrac{(60/3.6)^2 - (0)^2}{2 \cdot (0.2 \cdot 9.8)} ≒ 70.9m$

ㄴ. 가속 소요시간 : $t_1 = \dfrac{v_e - v_i}{a} = \dfrac{(60/3.6) - (0)}{(0.2 \cdot 9.8)} ≒ 8.5\sec$

ㄷ. 나머지 등속 거리 : $d_2 = D - d_1 = 300 - 70.9 = 229.1m$

ㄹ. 등속 진행 소요시간 : $t_2 = \dfrac{d_2}{v_e} = \dfrac{229.1}{60/3.6} ≒ 13.7\sec$

ㅁ. 출발(A교차로 정지선)에서 도달(C교차로 정지선)까지 소요시간
$T = t_1 + t_2 = 8.5 + 13.7 = 22.2\sec$

ㅂ. A교차로와 C교차로의 옵셋은 각각 20초, 5초이므로 A교차로의 1현시 직진신호의 시작은 15초 늦게 시작되는데, C교차로에서 통과 가능한 1현시 신호의 지속시간은 41초이므로 황색신호 3초를 고려할 때 ㉮차량은 A교차로의 출발로부터 C교차로에 도착시까지 23초(= 41초 - 15초 - 3초)를 초과하지 않아야 하는 바, 앞서 산출한 바와 같이 22.2sec가 소요되었으므로 0.8초의 아슬아슬한 여유로 신호 준수하여 교차로 통과함.

[질문2] 정지상태에서 최대가속도 0.3g로 출발한다면 ㉯차량은 정지선에서 교차로 안으로 10m 진행한 지점에서 충돌하였으므로 충돌시 최대속도는 27.6km/h가 됨.

$v_2 = \sqrt{(v_i)^2 + 2a_2 d_2} = \sqrt{0^2 + 2(0.3 \cdot 9.8)(10)} = 7.7m/s ≒ 27.6km/h$

그러나 ㉯차량의 속도는 40km/h로 밝혀졌으므로 ㉯차량 운전자의 진술은 거짓임.

[질문3] ㉮차량은 충돌 직전 60km/h로 진행하였다고 하므로 정지거리(= 인지반응거리 + 제동거리)는 아래 산출내역과 같이 40.3m가 되므로 교차로 안으로 충돌지점까지 진입한 거리 15m를 빼면 일시정지선으로부터의 후방거리는 25.3m지점 이전에 발견하여야 함.

$$D = (\frac{v_1}{3.6})t_1 + \frac{(v_1/3.6)^2}{2fg} = (\frac{60}{3.6})(1.0) + \frac{(60/3.6)^2}{2 \cdot 0.6 \cdot 9.8} \fallingdotseq 40.3m, \ 40.3m - 15m = 25.3m$$

질문4 ㉮차량의 교차로 내부 진행 소요시간 : $t_{가} = \dfrac{d_{가}}{v_1} = \dfrac{15}{(60/3.6)} = 0.9\sec$

㉯차량의 교차로 내부 진행 소요시간 : $t_{나} = \dfrac{d_{나}}{v_2} = \dfrac{10}{(40/3.6)} = 0.9\sec$

따라서 두 차량은 동시에 진입하였음.

4. 위치에너지 및 경사면 운동

[문제] 05 배점 50점

- 경사도 4.5°의 내리막 도로를 진행하던 사고승용차가 급제동하며 충돌하였다.
- 급제동 구간의 노면 마찰계수값을 알아보기 위해 이 사고장소에서 오르막 방향으로 제동실험을 2회 실시하였다.
- 실험 결과 제동시 속도와 미끄러진 거리는 1회의 경우 60km/h에서 22.0m, 2회의 경우 50km/h에서 18.0m로 나타났다.

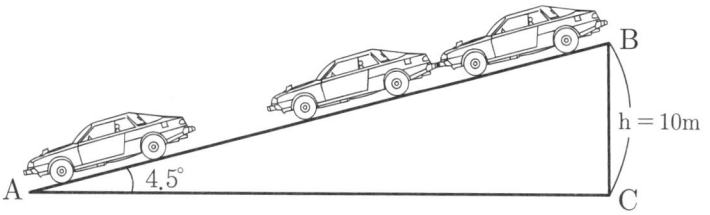

조건

1. 계산된 속도값은 소수점 둘째 자리에서 반올림함.
2. 단, 노면 마찰계수는 각각 산출하여 소수점 셋째 자리에서 반올림값을 평균 적용함.
3. 풀이과정 전체를 관계식 및 단위와 함께 기술함.

[질문 1] 배점 5점

위 도로 내리막 경사 4.5°는 몇 % 노면인가?

[질문 2] 배점 20점

위 제동실험 결과의 평균 마찰계수를 통해 사고지점 내리막 구간의 견인계수를 구하시오.

[질문 3] 배점 5점

당시 사고승용차는 내리막 구간에서 24m 급제동 후 정지한 경우 사고승용차의 급제동 전 진행속도를 구하시오.

[질문 4] 배점 10점

위 질량 2,000kg의 사고자동차가 도로 경사면 꼭대기 B지점에 정지(수직높이인 B~C간 거리는 10m)해 있다고 할 경우의 위치에너지 값을 구하시오.

[질문 5] 배점 10점

만일 B지점에 정지해 있던 위 사고자동차가 주차브레이크가 풀려 아래쪽으로 내려가 A지점에 위치한 건물 외벽을 차체 앞부분으로 충돌하였는데, 비탈면을 내려가는 동안 노면의 마찰저항이 없다(공기저항은 무시)고 할 경우 B지점에서 A지점까지 이동 중 수행한 일(work)의 양을 구하시오.

풀이

질문1: $\tan\theta = \tan 4.5° = 0.0787 = 7.87\%$

질문2: $a_1 = \dfrac{(v_e)^2 - (v_b)^2}{2d_b} = \dfrac{0^2 - (60/3.6)^2}{2 \cdot 22.0} ≒ -6.31 m/s^2$

$a_2 = \dfrac{(v_e)^2 - (v_b)^2}{2d_b} = \dfrac{0^2 - (50/3.6)^2}{2 \cdot 18.0} ≒ -5.36 m/s^2$

$a = (\mu + i) \cdot g$에서 $\mu = \dfrac{a}{g} - i$ 이므로

$\mu_1 = \dfrac{a_1}{g} - i = \dfrac{-6.31}{-(9.8)} - 0.0787 ≒ 0.64 - 0.0787 = 0.5613$

$\mu_2 = \dfrac{a_2}{g} - i = \dfrac{-5.36}{-(9.8)} - 0.0787 ≒ 0.55 - 0.0787 = 0.4713$

평균마찰계수 $\mu_b = \dfrac{\mu_1 + \mu_2}{2} = \dfrac{0.5613 + 0.4713}{2} ≒ 0.5163$

$i = 0.0787$이므로 견인계수는 $f_b = \mu_b - i = 0.5163 - 0.0787 = 0.4376 ≒ 0.44$

질문3: $v_b = \sqrt{2f_b g d_b} = \sqrt{2 \cdot 0.44 \cdot 9.8 \cdot 24} ≒ 14.4 m/s$

질문4: $E_h = mgh = 2,000 \cdot 9.8 \cdot 10 = 196,000 J$

질문5: $E_p = mg \cdot d \cdot \sin 4.5° = 2,000 \cdot 9.8 \cdot \left(\dfrac{10}{\sin 4.5°}\right) \cdot \sin 4.5° ≒ 196,000 J$

$\left(\because \dfrac{h}{d} = \sin 4.5°, \ d = \dfrac{h}{\sin 4.5°}\right)$

5. 추락 도약

문제 06 배점 50점

100km/h로 평탄한 도로를 주행 중 방향을 잘못 잡은 질량 1,200kg의 승용차가 제동조치에 의해 아래 그림과 같이 미끄러진 후 높이 h미터 위로 도약하였다.

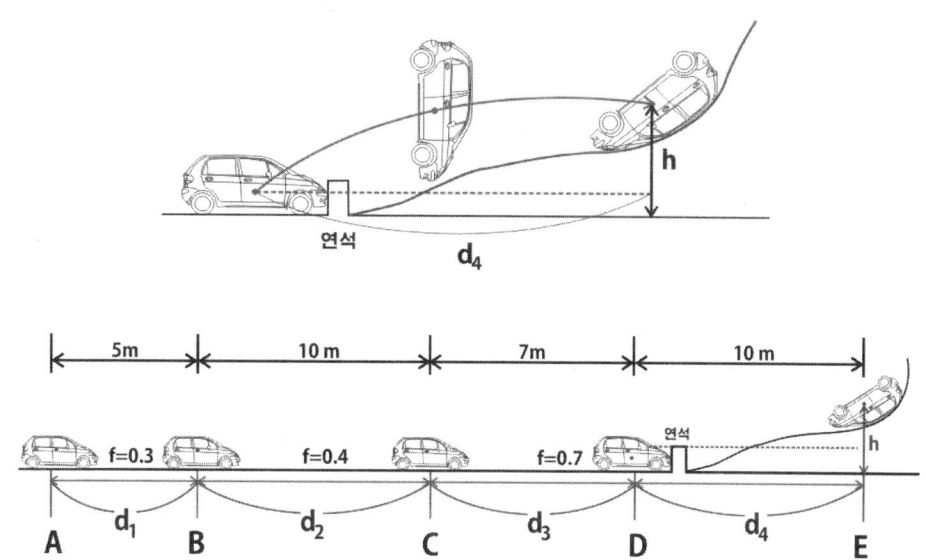

각 구간별 견인계수는 위 그림에 나타낸 바와 같다. 전 구간에서 이동방향은 직선운동으로 가정할 때, 다음 질문에 답하시오.

조건

중력가속도 g = 9.8m/s² 적용

1. D지점에서 연석 충격에 의한 속도감속은 없는 것으로 간주한다.
2. 풀이과정을 기술하고 속도단위는 m/s로 사용

[질문 1] **배점** 5점

그림의 B위치에서 승용차 속도(V_B)를 계산하시오. 단, V_B는 소수 첫째 자리까지 답하시오.

[질문 2] **배점** 5점

그림의 C위치에서 승용차 속도(V_C)를 계산하시오. 단, V_C는 소수 첫째 자리까지 답하시오.

[질문 3] **배점** 15점

승용차가 연석을 충돌한 순간의 속도, 즉 D위치에서의 속도(V_D)를 계산하시오. V_D는 소수 첫째 자리까지 답하시오.

[질문 4] **배점** 10점

앞의 결과를 토대로 승용차가 도로를 이탈하여 비행한 수직 상승거리(h)를 계산하시오. 단, 공기저항은 무시하고, h는 소수 첫째 자리까지 답하시오.

[질문 5] **배점** 15점

A-B, B-C, C-D 구간별 KE(Kinetic Energy)를 구하고, 에너지법을 통해 산출한 속도와 앞에서 산출된 도로 이탈 직전의 속도 및 최초 운행하던 속도(A지점 통과시 속도)를 비교 검증하시오(다음을 산출하시오 : ① 구간별 KE, ② KE에너지의 총합, ③ 도로 이탈 직전 속도 산정 ④ 비교 검증).

[풀이]

[질문1] $V_B = \sqrt{(V_A)^2 + 2a_1 d_1} = \sqrt{(100/3.6)^2 + 2\{-(0.3)(9.8)\} \cdot 5}$
$= \sqrt{742.2} ≒ 27.2 m/s$

[질문2] $V_C = \sqrt{(V_B)^2 + 2a_2 d_2} = \sqrt{(27.2)^2 + 2\{-(0.4)(9.8)\} \cdot 10}$
$= \sqrt{661.44} ≒ 25.7 m/s$

[질문3] $V_D = \sqrt{(V_C)^2 + 2a_3 d_3} = \sqrt{(25.7)^2 + 2\{-(0.7)(9.8)\} \cdot 7}$
$= \sqrt{564.45} ≒ 23.8 m/s$

[질문4] $V_D = 23.8 m/s$, $d_4 = 10m$ 이므로

$V_D = d_4 \sqrt{\dfrac{g}{d_4 - h}}$, $23.8 = 10\sqrt{\dfrac{9.8}{10-h}}$, $\sqrt{\dfrac{9.8}{10-h}} = \dfrac{23.8}{10}$

$\dfrac{9.8}{10-h} = (\dfrac{23.8}{10})^2$, $\dfrac{9.8}{10-h} = (2.38)^2$, $10-h = \dfrac{9.8}{(2.38)^2}$

$h = 10 - \dfrac{9.8}{(2.38)^2} ≒ 8.3m$

질문5 ① $KE_{A-B} = f_{A-B} \cdot w \cdot d_{A-B} = 0.3 \cdot (1200 \cdot 9.8) \cdot 5 = 17,640J$

$KE_{B-C} = f_{B-C} \cdot w_1 \cdot d_{B-C} = 0.4 \cdot (1200 \cdot 9.8) \cdot 10 = 47,040J$

$KE_{C-D} = f_{C-D} \cdot w \cdot d_{C-D} = 0.7 \cdot (1200 \cdot 9.8) \cdot 7 = 57,624J$

② $KE_D = \frac{1}{2}m(V_D)^2 = \frac{1}{2} \cdot 1,200 \cdot (23.8)^2 ≒ 339,864J$

$KE_T = KE_{A-B} + KE_{B-C} + KE_{C-D} + \frac{1}{2}mV_D^2$
$= 17,640 + 47,040 + 57,624 + 339,864 = 462,168J$

③ $V_D = \sqrt{\frac{2E_D}{m}} = \sqrt{\frac{2 \cdot 339,864}{1,200}} ≒ \sqrt{566.44} ≒ 23.8m/s$

$V_A = \sqrt{\frac{2E_T}{m}} = \sqrt{\frac{2 \cdot 462,168}{1,200}} ≒ \sqrt{770.28} ≒ 27.8m/s ≒ 100km/h$

④ 검증 위 질문3 에서 산출한 도로 이탈 직전 속도(V_D) 및 최초 운행속도(A지점 통과시의 속도 100km/h)와 질문5 에서 에너지법에 의한 산출 속도는 같다. 두 가지의 어느 속도 산출방법으로든 결과는 같다.

6. 교차로 신호

문제 07 배점 50점

사고개요 및 현장상황도

신호기가 설치된 교차로에서 #1차량은 남→북 방향 직진, #2차량은 서→북 방향 좌회전, 각각 주행 중 충돌하였다. 신호체계는 동서남북 4방향 모두 직·좌 동시신호로서 #1 진행방향이 1현시, #2 진행방향이 2현시이었다.

- 충돌시 속도는 #1은 35km/h
- #1의 충돌 전 스키드마크의 길이 9.0m
- #1이 발생시킨 스키드마크의 시작지점은 정지선에서 12.5m
- #2은 정지선 앞 정지상태에서 출발, 교차로 내부로 18m 진입한 지점에서 충돌
- 1현시와 2현시는 똑같이 40초로서 황색 점등 3초 포함
- 각 방향별 횡단보도의 보행자 신호는 직진 및 좌회전방향 도로의 직진·좌회전 동시신호시에 우측에 위치한 횡단보도의 보행자 신호가 점등되는데, 보행자 신호의 시작은 차량신호 시작보다 2초 늦게 시작함
- 교차로의 남서쪽 모퉁이의 남쪽 횡단보도에서 대기 중이던 목격자는 보행자 신호 시작에 따라 동쪽방향으로 건너기 시작하여 5.0m를 보행 중인 순간에 쾅하는 충돌소음을 들었다고 진술하는데, 위 목격자의 보행속도는 1.0m/sec라고 함

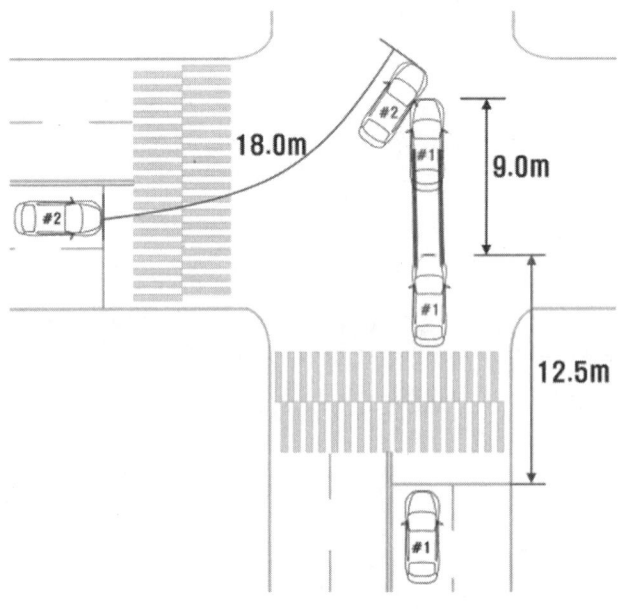

> **조건**
>
> 1. #1차량의 스키드마크 발생시 노면 견인계수 0.8
> 2. #1차량 앞 오버행 길이 1m − #1차량의 인지반응시간은 1.0sec − #2차량의 발진가속도 0.1g
> 3. 질문에 대해 풀이과정과 단위(m/sec)를 기술하고, 소수 셋째 자리에서 반올림할 것

[질문 1] 배점 10점

#1차량의 제동시작 속도를 구하시오.

[질문 2] 배점 10점

#2차량의 충돌속도를 구하시오.

[질문 3] 배점 10점

<u>정지선을 기준으로</u> #1차량의 위험 인지지점 위치를 구하시오.

[질문 4] 배점 10점

#1, #2차량 각각 정지선에서 충돌지점까지 시간을 구하시오.

[질문 5] 배점 10점

보행자의 진술과 신호현시 조건을 바탕으로 신호위반 차량을 구분하시오.

풀이

질문1 $V_b = \sqrt{V_{1c} - 2a_b d_b} = \sqrt{(35/3.6)^2 - 2\{-(0.8 \cdot 9.8) \cdot 9.0\}} \fallingdotseq 15.35 m/s$

질문2 $V_{2c} = \sqrt{V_{2i}^2 + 2a_2 d_2} = \sqrt{0^2 + 2 \cdot (0.1 \cdot 9.8) \cdot 18} \fallingdotseq 5.94 m/s$

질문3 $d_{ir} = V_b \cdot t_{ir} = 15.35 \cdot 1.0 = 15.35m$, 정지선으로부터 제동시작지점까지 12.5m이지만 오버행 길이 1m를 감안하면 정지선으로부터 제동시작시까지 이동한 거리는 13.5m가 됨. <u>따라서 위험 인지는 정지선 후방 15.35m − 13.5m = 1.85m 지점임.</u>

질문4 $t_b = \dfrac{V_{1c} - V_b}{a_b} = \dfrac{(35/3.6) - 15.35}{-(0.8 \cdot 9.8)} \fallingdotseq 0.72 \sec$, $t_1 = \dfrac{d_1}{V_b} = \dfrac{13.5}{15.35} \fallingdotseq 0.88 \sec$

$T_1 = t_b + t_1 = 0.72 + 0.88 = 1.60 \sec$

$t_2 = \dfrac{V_{2c} - V_{2i}}{a_2} = \dfrac{5.94 - 0}{0.1 \cdot 9.8} \fallingdotseq 6.06 \sec$

질문5 ㄱ. 충돌시점은 2현시 시작으로부터 2.0초 지난 순간부터 목격자의 횡단 보행시간 만큼 경과한 후의 시각이므로 $t_p = \dfrac{d_p}{v_p} = \dfrac{5.0}{1.0} = 5.0 \sec$에 2.0초를 합한 7.0초 지난 시점임. 즉, 2현시 시작으로부터 7.0sec 경과한 시각임.

ㄴ. #1차량의 정지선에서 충돌지점까지 소요시간은 1.60초이므로, 위 소요시간을 뺀 시간만큼 2현시 시작 시점의 이후 시각이 됨. 즉, 7.0초 – 1.6초 = 5.4초, 충돌 순간은 2현시 시작으로부터 5.4초 경과한 시각이므로 1차량은 자기 신호가 끝나고 5.4초 후에 정지선을 통과하였으므로 8.4초(= 5.4초 + 3.0초) 만큼 신호위반 하였음.

ㄷ. #2차량은 정지선에서 충돌시까지 교차로 내부에 진입한 시간은 6.06초이고, 앞 ㄴ에서 산출된 바와 같이 충돌 순간은 2현시 시작 순간으로부터 5.4초 후이므로 #2차량은 자기 신호 시작 이전 6.06초 – 5.4초 = 0.66초 순간에 정지선을 통과하였으므로 #2차량은 자기 신호인 직좌 동시신호가 점등되지도 않았는데 0.66초 미리 적색일 때 정지선 앞에서 출발한 것임.

결국 #1은 8.4초 신호 위반, #2는 0.66초 신호 위반임.

7 교차로 옵셋 및 신호

문제 08 배점 50점

사고개요 및 현장상황도

사고차량은 아래 도면과 같이 서→동 방향으로 직진하여 ㉠교차로 → ㉡교차로 → ㉢교차로 → ㉣교차로를 경유해야 목적지에 도달할 수 있다. 주행상태는 아래 시공도(時空圖 ; Time Space Diagram)와 같은 옵셋과 등가속도 산출방정식(12가지) 또는 등속도 방정식(1가지)를 활용하여 다음 질문에 답하시오.

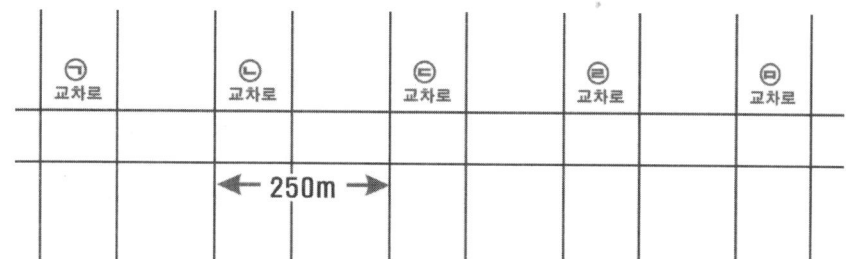

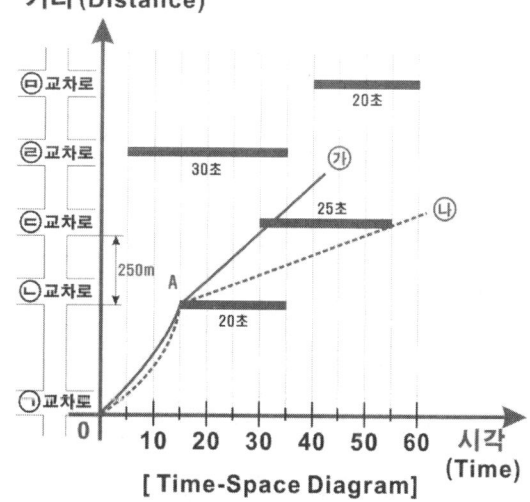

[Time-Space Diagram]

- 다이어그램의 가로축은 시간의 경과, 세로축은 교차로 방향으로 진행 거리를 표시함.
- OA는 포물선 이동, A-㉮와 A-㉯는 각각 ㉮차량과 ㉯차량의 직선 이동 경로를 좌표로 표시한 것으로, 포물선은 등가속도 운동, 직선은 등속도 운동을 나타냄.
- 위 포물선 방정식은 $D = v_i t + \frac{1}{2}at^2$, 직선 방정식은 $D = v_i t$로 나타낼 수 있음.

조건

1. ㉮차량과 ㉯차량은 모두 ㉠교차로의 정지선에서 정지상태로부터 가속하여 출발함.

2. ㉮차량은 ㉠교차로를 출발하여 ㉡교차로 정지선에 도달시까지 가속도는 $1.1113 m/s^2$임.

3. ㉯차량의 가속도는 ㉮차량과 다른데, A-㉯ 직선을 활용하여 산출 가능함.

4. ㉡교차로와 ㉢교차로의 정지선 간의 거리는 250m임.

5. 질문에 대해 풀이과정과 단위(속도는 m/sec)를 기술하고, 소수 셋째 자리에서 반올림함.

6. 절대 옵셋이란 "기준시점에서 각 신호등의 녹색신호 개시시점의 시간"으로 정의하고, 옵셋이란 "인접신호등 간의 녹색신호 개시시점의 시간"으로 정의함.

[질문 1] 배점 5점

　기준시점을 O점으로 할 때 ㉡교차로와 ㉢교차로의 절대 옵셋은 각각 몇 초인가?

[질문 2] 배점 10점

　㉮차량이 A점 도달(가속 완료)하였을 때의 속력을 O-A 포물선, A-㉮ 직선을 각각 이용한 2가지 방법으로 산출하시오.

[질문 3] 배점 10점

　㉯차량이 A점 도달(가속 완료)하였을 때의 속력을 A-㉯ 직선을 활용하여 산출하고, 그 속력을 활용하여 ㉯차량의 O-A 포물선 이동시 가속도는 몇 g(중력가속도에 대한 비율)인가요?

[질문 4] 배점 10점

　문제에서 주어진 조건과 위 ㉮차량의 진행상황에 의한 산출결과를 토대로 ㉠교차로와 ㉡교차로의 정지선 간의 거리를 산출하시오.

[질문 5] 배점 15점

　이상 위의 ㉯차량의 진행상황을 제외한 모든 조건 및 산출결과를 기초로 하여 ㉰차량은 ㉠교차로 정지선에서 정지상태로부터 출발하여 0.1g로 10초 동안 가속한 이후 계속 등속도로 ㉡교차로를 거쳐 ㉢교차로도 정지하지 않고 계속 주행하였다고 한다. ㉰차량의 ㉢교차로 통과시 신호위반 여부를 판정하시오.

풀이

질문1 기준시점 O점으로부터 녹색신호 개시시점은 ㉡교차로와 ㉢교차로 각각 15초와 30초이므로 절대 옵셋이 됨.
즉, ㉡교차로 : 15초, ㉢교차로 : 30초

질문2 ⓐ 포물선(가속 이동)에 의한 산출 : 주어진 조건 $v_i = 0m/s$, $t = 15\sec$, $a = 1.1113m/s^2$ 이므로
$$v_e = v_i + at = 0 + (1.1113 \cdot 15) ≒ 16.67m/s ≒ 60km/h$$

ⓑ 직선(등속 이동)에 의한 산출 : 주어진 조건 진행거리(세로 방향) 250m, 소요시간(가로 방향) 15sec이므로
$$v = \frac{250m}{15\sec} ≒ 16.67m/s ≒ 60km/h$$

질문3 ⓐ A-㉯ 직선에 의한 속력 산출 : 진행거리 250m, 소요시간 40초(= 15초~55초)이므로
$$v_e = \frac{250m}{40\sec} = 6.25m/s = 22.5km/h$$

ⓑ 포물선에 의한 가속도 산출 : 출발속력 $0m/s$, 소요시간(가로축) 15초, A점 도달(가속 완료)시 속력 $v_e = 6.25m/s$ 이므로 가속도는 $a = \frac{v_e - v_i}{t} = \frac{6.25 - 0}{15} ≒ 0.42m/s^2 ≒ 0.043g$

질문4 ㉠교차로와 ㉡교차로의 정지선 간의 거리는 $D_1 = v_i t + \frac{1}{2}at^2$ 임.

주어진 조건은 $a = 1.1113m/s^2$, $t = 15\sec$ 이므로 $D_1 = 0 \cdot 15 + \frac{1}{2} \cdot 1.1113 \cdot 15^2 ≒ 125m$ 임.

질문5 가속거리 산출 : 주어진 조건 $v_i = 0m/s$, $t = 10\sec$, $a = 0.10 \cdot 9.8m/s^2$

$d_1 = v_i t_1 + \frac{1}{2}at_1^2 = 0 \cdot 10 + \frac{1}{2} \cdot (0.10 \cdot 9.8) \cdot 10^2 = 49m$,

$d_2 = D - d_1 = 125 - 49 = 76m$,

$v_e = v_i + at = 0 + (0.1 \cdot 9.8) \cdot 10 = 9.8m/s$,

$t_2 = \frac{d_2}{v_e} = \frac{76}{9.8} ≒ 7.8s$, $t_3 = \frac{d_3}{v_e} = \frac{250}{9.8} ≒ 25.5s$,

$T = t_1 + t_2 + t_3 = 10 + 7.8 + 25.5 = 43.3\sec$

즉, ㉠교차로에서 출발하여 ㉢교차로 정지선까지 진행하는데 소요된 시간은 43.3초인데, 시공도에서 ㉢교차로의 녹색신호 개시시점~종료시점은 ㉠교차로에서 출발한 시각으로부터 30초~52초(황색시간 제외) 후이므로 ㉯차량은 신호를 준수하였음.

문제 09 배점 25점

- 15° 경사면에 주차되어 있던 질량 1,500kg인 차량이 경사면 아래로 10m를 밀려 내려가 질량무한대의 장벽을 정면으로 충돌하는 사고가 발생하였다.

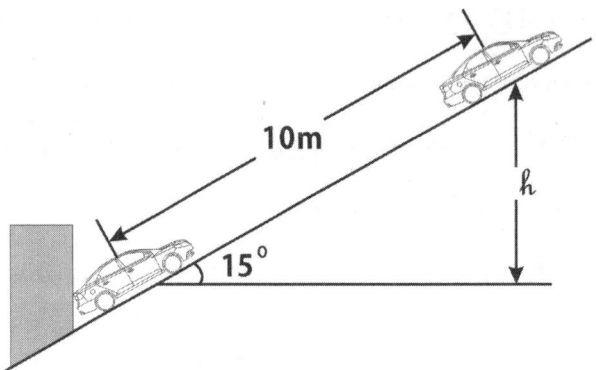

조건

1. 사고차량이 내려가는 동안 노면 마찰력(저항력)과 공기저항은 없는 것으로 전제함.
2. 계산식의 경우, 관계식 및 풀이과정을 단위와 함께 기술하시오.
3. 속도에 관하여는 소수점 셋째 자리에서 반올림, 다른 항목은 자연수로 답하시오.

[질문 1] 배점 5점

h 높이에서 정차 중인 A차량의 위치에너지를 구하시오.

[질문 2] 배점 5점

사고차량이 경사면을 내려가는 동안 한 일(work)의 양을 구하시오.

[질문 3] 배점 10점

충돌 당시 사고차량의 속도를 구하시오.

[질문 4] 배점 5점

사고차량 전면 손상부위에 작용된 유효충돌속도를 구하시오.

풀이

질문1 $E_h = mgh = 1{,}500 \cdot 9.8 \cdot (10 \cdot \sin 15°) = 38{,}046 J$

질문2 $E_p = mg \cdot (d \cdot \sin 15°) = 1{,}500 \cdot 9.8 \cdot (10 \cdot \sin 15°) \fallingdotseq 38{,}046 J$

질문3 $v = \sqrt{2gh} = \sqrt{2 \cdot 9.8 \cdot (10 \cdot \sin 15°)} \fallingdotseq 7.12 m/s$

질문4 질량 무한대의 장벽에 충돌한 경우는 충돌속도와 유효충돌속도가 같으므로 유효충돌속도는 7.12m/sec임.

문제 10 배점 50점

〈사고개요〉

- A차량은 A교차로에서 B차량은 B교차로에서 각각 출발하여 C교차로를 향해 직진 주행(A차량은 서→동 방향, B차량은 남→북 방향을 각각 향함)하다가, C교차로에서 서로 충돌한 사고임.
- A교차로 ~ C교차로, B교차로 ~ C교차로의 정지선 간 각각의 거리는 400m 및 300m임.
- 두 차량이 출발하여 가속한 후 일정 속도(A차량은 70km/h, B차량은 60km/h)에 도달한 후에는 충돌시까지 등속 주행하였다고 함.
- 출발 당시 가속 정도에 있어 A차량 운전자는 '비교적 빠른 가속'이었다고 주장하고, B차량 운전자는 '보통 가속'이었다고 주장하므로, 비교적 빠른 가속은 0.20g를 취하고, 보통 가속은 0.15g를 취하여 속도 산출하기로 함.
- 충돌 직전 두 차량 모두 급제동 감속 또는 가속은 없었으며, 사고 발생한 C교차로의 정지선에서 충돌지점까지 진입한 거리를 측정한 결과 정지선을 기준으로 A차량은 10m, B차량은 20m라고 함.
- C교차로의 신호현시 순서는 A차량 진행방향의 직진·좌회전 동시 신호 40초(황색신호 3초 포함)에 뒤이어 B차량 진행방향의 직진·좌회전 동시 신호 30초(황색신호 3초 포함)가 이어지며, C교차로의 신호 주기 1cycle은 140초(2분 20초)라고 함.
- C교차로에는 신호위반 및 과속 단속용 CCTV가 설치되어 어떤 차량이 신호위반하였는지 알 수 있었으나, 사고 발생 1시간 후 천둥 벼락이 쳐 고장으로 촬영 영상이 지워졌음.
- 서→동 방향인 A교차로 ~ C교차로 방향으로만 신호기의 연동 시스템이 운영되고 있고, 신호주기표상 A교차로와 C교차로의 오프셋(offset)은 각각 15초, 25초라고 확인됨.

> 오프셋(offset)이란 어떤 기준값으로부터 녹색등화가 켜질 때까지의 시간차를 초 또는 %로 나타낸 값으로 연동 신호 교차로 간의 녹색등화가 켜지기까지의 시차를 말함.

사고차량 운전자들의 진술

- 두 차량 운전자들은 모두 출발 교차로 정지선 앞에서 정차상태로부터 출발하였다고 함.
- 두 차량 운전자들은 모두 C교차로에 진입 전 자신의 진행방향 신호기에 녹색등화를 보았고, 교차로를 진입한 후에도 계속된 녹색등화였다고 주장함.

> **조건**
> 1. 계산식의 경우, 관계식 및 풀이과정을 단위와 함께 기술하시오.
> 2. 각 질문마다 소수점 둘째 자리에서 반올림함.

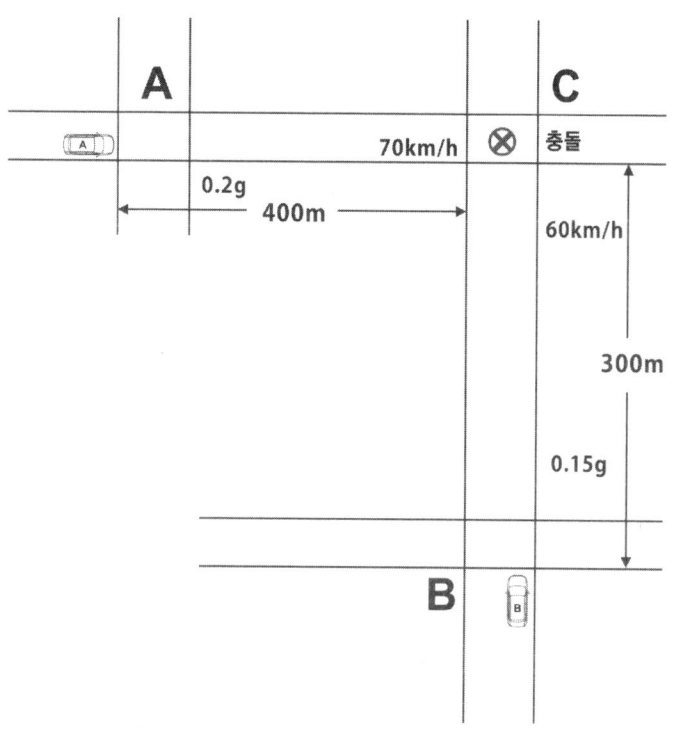

[질문 1] 배점 15점

A차량과 B차량이 각각 A교차로와 B교차로 정지선에서 출발하여 각각 가속을 완료하기까지의 소요시간과 진행거리를 각각 구하시오.

[질문 2] 배점 10점

A차량과 B차량이 각각 등속 주행 시작으로부터 C교차로 정지선까지의 소요시간과 진행거리를 각각 구하시오.

[질문 3] 배점 10점

A차량과 B차량이 각각 정지상태로부터 출발하여 C교차로 정지선까지의 소요시간을 구하시오.

[질문 4] 배점 15점

[질문 1~3] 내용과 신호 관련 데이터를 종합하여, A차량이 C교차로 정지선을 통과할 당시 신호관계를 규명하여 두 차량 운전자 진술의 타당성을 검증하시오.

질문1 ㄱ. A차량의 출발부터 가속을 완료하기까지 소요된 시간(t_{1A})과 거리(d_{1A})

$$t_{1A} = \frac{v_{1A} - v_0}{a_{1A}} = \frac{(70/3.6) - 0}{0.2 \cdot 9.8} \fallingdotseq 9.9 \sec, \quad d_{1A} = \frac{(v_{1A})^2 - (v_0)^2}{2a_{1A}} = \frac{(70/3.6)^2 - 0^2}{2 \cdot (0.2 \cdot 9.8)} \fallingdotseq 96.5m$$

ㄴ. B차량의 출발부터 가속을 완료하기까지 소요된 시간(t_{1B})과 거리(d_{1B})

$$t_{1B} = \frac{v_{1B} - v_0}{a_{1B}} = \frac{(60/3.6) - 0}{0.15 \cdot 9.8} \fallingdotseq 11.3 \sec, \quad d_{1B} = \frac{(v_{1A})^2 - (v_0)^2}{2a_{1A}} = \frac{(60/3.6)^2 - 0^2}{2 \cdot (0.15 \cdot 9.8)} \fallingdotseq 94.5m$$

질문2 ㄱ. A차량의 등속 주행 거리(d_{2A}) 및 소요시간(t_{2A})

d_{2A} = 정지선 간의 거리 - 가속 소요거리 = $400 - d_{1A} = 400 - 96.5 = 303.5m$

등속 주행 소요시간 $t_{2A} = \dfrac{d_{2A}}{v_{1A}} = \dfrac{303.5}{70/3.6} \fallingdotseq 15.6 \sec$

ㄴ. B차량의 등속 주행 거리(d_{2B}) 및 소요시간(t_{2B})

d_{2B} = 정지선 간의 거리 - 가속 소요거리 = $300 - d_{1B} = 300 - 94.5 = 205.5m$

등속 주행 소요시간 $t_{2B} = \dfrac{d_{2B}}{v_{1B}} = \dfrac{205.5}{60/3.6} \fallingdotseq 12.3 \sec$

질문3 출발로부터 C교차로 정지선까지의 총소요시간(T)

A차량 $T_A = t_{1A} + t_{2A} = 9.9 + 15.6 = 25.5 \sec$, B차량 $T_B = t_{1B} + t_{2B} = 11.3 + 12.3 = 23.6 \sec$

질문4 ㄱ. A교차로와 C교차로의 옵셋은 신호주기표에서 각각 15초와 25초라고 되어 있으므로 A교차로의 서→동 방향의 직·좌 신호가 C교차로의 서→동 방향의 직·좌 신호보다 10초 일찍 점등됨.

ㄴ. C교차로의 직·좌 신호는 신호주기상 37초 동안 점등(계속)되고 A교차로 직·좌 신호보다 10초 늦게 점등(시작)되므로 A교차로 정지선을 출발한 A차량은 47초 이내에 C교차로를 통과하여야 신호위반하지 않고 C교차로를 통과할 수 있음.

ㄷ. A차량이 A교차로 정지선을 출발하여 C교차로의 정지선까지 주행하는데 소요된 시간이 위 **질문3** 풀이에서 산출된 바와 같이 25.5초이므로 A차량은 C교차로의 정지선에 도달한 순간뿐만 아니라 이후 21.5초(= 47 - 25.5) 동안 신호위반 없이 진행 가능한 직·좌 신호가 더 계속되는 결과가 되어 신호를 준수한 것이고, B차량 운전자는 신호위반한 것으로 판단됨.

8. 추락 및 일 관련

문제 11 배점 50점

무게 2,000kg인 차량이 A포장 노면(마찰계수 0.8)에서 22m, B포장 노면(마찰계수 0.65)에서 15m 미끄러졌다. 내리막 5%의 B포장 노면의 끝 지점을 이탈하여 3m 언덕 아래로 추락하여 수평거리 10m를 날아가 착지하였다.

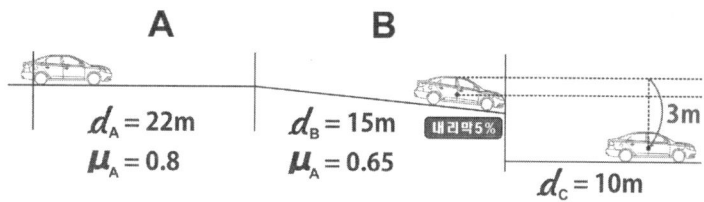

[질문 1] 배점 15점
  자동차의 추락시 속도? (공식을 유도하고 계산과정을 기술하시오)

[질문 2] 배점 15점
  A, B 노면에서 각각 소모된 에너지와 추락 직전 운동에너지의 총합은?

[질문 3] 배점 20점
  A포장 노면 위에서 미끄러지기 시작한 순간의 차량속도는?

풀이

질문1 C지점을 이탈하여 낙떠러지로 추락할 때의 속도(v_c)

수평방향 등속도 운동으로부터 $d = v_c \cdot t$에서 $t = \dfrac{d}{v_c}$ ·············· ①

자유낙하 운동으로부터 $h = \dfrac{1}{2}gt^2$ ·············· ②

위의 두 식에서 ①을 ②에 대입하면 $h = \dfrac{1}{2}g(\dfrac{d}{v_c})^2$ ·············· ③

위 ③을 정리하면 $v_c = d\sqrt{\dfrac{g}{2h}}$ ·············· ④

단, 경사노면은 $V_c = d\sqrt{\dfrac{g}{2(dG-h)}}$ ·············· ④-1이 됨.

주어진 조건 값을 위 ④-1에 대입하면,

$$V_c = 10\sqrt{\dfrac{9.8}{2\{10 \cdot (-0.05)-(-3)\}}} = 10\sqrt{\dfrac{9.8}{2\{-0.5-(-3)\}}} = 14m/s^2 ≒ 50.4km/h$$

[질문2] 각 구간별 에너지 및 총합(E_T)

ㄱ. 추락시 운동에너지 : $E_c = \frac{1}{2}(\frac{w}{g})v^2 = \frac{1}{2}(\frac{2,000}{9.8})(14)^2 = 20,000 N \cdot m$

ㄴ. B노면 미끄러짐 에너지 : $E_B = f_B w d_B = (0.65 - 0.05) \cdot 2,000 \cdot 15 = 18,000 N \cdot m$

ㄷ. A노면 미끄러짐 에너지 : $E_A = f_A w d_A = 0.8 \cdot 2,000 \cdot 22 = 35,200 N \cdot m$

ㄹ. 에너지의 총합 $E_T = E_A + E_B + E_c = 73,200 N \cdot m$

[질문3] A노면 위에서 미끄러지기 시작한 순간의 차량속도(V)

$V = \sqrt{\frac{2gE_T}{w}} = \sqrt{\frac{2 \cdot 9.8 \cdot 73,200}{2,000}} \fallingdotseq 26.78 m/s \fallingdotseq 96.4 km/h$

3 기초수학과 기초물리학

1 기초수학

교통사고감정의 계량적 분석을 위해서는 수학의 기초가 바탕이 되어야 한다. 만일 수학에 대한 기초가 형성되어 있다면 이 부분은 건너뛰어도 좋다. 그렇지만 수학의 기초 지식에 미숙하다면 이 주제의 내용이 꽤 도움이 될 것이다.

(1) 식의 계산

① 대수 : 특정한 아라비아 숫자 대신 불특정의 수를 대신하여 기호로 표시한 것
② 항 : +, -에 의해 구분되는 수 또는 문자의 곱(혼합)으로 이루어진 식
③ 상수항 : 수만으로 된 항
④ 단항식 : 한 개의 항으로만 된 식
⑤ 다항식 : 여러 개의 항들의 합으로 된 식
⑥ 계수 : 문자를 포함한 항에서 문자에 곱해진 수
⑦ 차수 : 항에 포함된 문자의 곱해진 개수
  예 다항식 $3x^2 - 2x + 4$에서 항은 $3x^2$, $-2x$, 4로 모두 3개

(2) 복잡한 식의 계산

① 소괄호 → 중괄호 → 대괄호 순 계산(활용 : 추락공식, 경사노면 속도산출 공식)
② 곱셈, 나눗셈을 먼저 계산하고 덧셈, 뺄셈은 나중에 한다.

(3) 등식과 방정식

① 등식 : 등호 "="를 사용하여 "두 수량의 크기가 같다."는 관계를 나타내는 식
② 방정식 : 문자를 포함한 등식 중 문자의 값에 따라 참이 되기도 하고 거짓이 되기도 하는 등식. 즉, 문자 x의 값이 특정한 값일 때만 참이 되는 등식

• 좌변 : 등호의 왼쪽에 있는 수나 식 • 우변 : 등호의 오른쪽에 있는 수나 식 • 양변 : 좌변과 우변을 통틀어 말함	$3x + 4 = 10$ 좌변 $3x + 4$, 우변 10

예 $10 = 2x + 4$, $36 = v_i t + \frac{1}{2}at^2$

(4) 이항

① 좌변에서 우변, 우변에서 좌변으로 항을 옮기는 것으로 부호(+, −)가 바뀐다.
② 방정식의 우변의 항을 모두 좌변으로 이항하여 정리했을 때, 좌변이 일차식이 되는 방정식, 즉 (일차식)=0의 꼴이 되는 방정식을 일차방정식이라고 한다.
③ 미지수 포함한 항은 좌변, 상수항은 우변으로 이항하고, 동류항을 정리해 푼다.
  ㉠ 계수가 분수나 소수로 되어 있을 때에는 계수가 정수로 되도록 고치고, 괄호가 있으면 괄호를 푼다.
  ㉡ 이항하여 미지항은 좌변으로, 상수항은 우변으로 옮긴다.
  ㉢ 양변을 정리하여 $ax = b(a \neq 0)$의 꼴로 만든다.
  ㉣ 양변을 x의 계수 a로 나눈다.
④ 덧셈·뺄셈과 곱셈·나눗셈이 섞여 있으면 덧셈·뺄셈을 먼저 이항한다.

양변에 똑같은 항의 사칙연산 적용	이항 방법 적용
$x = y + 2$ (방정식의 양변에서 2를 빼준다.) $x - 2 = y + 2 - 2$ $x - 2 = y$ $y = x - 2$	$x = y + 2$ (우변의 2를 좌변으로 이항하여 +를 −로 한다) $x - 2 = y$ $y = x - 2$

곱셈 방정식	나눗셈 방정식
$x = 6y$ y에 관한 식으로 하기 위하여 우변의 6을 좌변에 이항하여 6으로 나눈다. $\dfrac{x}{6} = y$ $y = \dfrac{x}{6}$	$x = \dfrac{y}{4}$ y에 관한 식으로 하기 위하여 우변의 나눗셈 4를 좌변으로 이항하여 4를 곱한다. $4x = y$ $y = 4x$

$x = 28 + 7y$ $x - 28 = 7y$ $\dfrac{x - 28}{7} = y$ $y = \dfrac{x - 28}{7}$ $y = \dfrac{x}{7} - 4$	먼저 28을 이항하여 7y에 관한 식으로 만든다. 7을 이항하여 $x - 28$ 전체를 7로 나누어야 한다.

(5) 일차방정식 풀기

① 일차식의 계산 : 괄호를 먼저 푼 후 동류항끼리 모아서 계산한다.
② 방정식 세우기 및 풀기 예
  ㉠ A지점에서 B지점까지 가는데, 시속 10km인 자전거로 가면 시속 60km인 자동차로 가는 것보다 1시간이 더 걸린다. 두 지점 A, B 사이의 거리를 구하라.

풀이	$\dfrac{x}{10} = \dfrac{x}{60} + 1$ $6x = x + 60$ $6x - x = 60$ $(6-1)x = 60$ $5x = 60$ $x = 12$	[방정식 세우기] 자전거 소요시간 = 자동차 소요시간 + 1시간 시간(t) = $\dfrac{거리(d)}{속력(v)}$ 이므로 $\dfrac{두\ 지점\ 거리}{자전거\ 속력} = \dfrac{두\ 지점\ 거리}{자동차\ 속력} + 1시간$ 좌측과 같이 1차식에 따라 계산하면 두 지점 A, B 사이의 거리는 12km이다.

  ㉡ (앞부분 생략) 추월차가 80km/h까지 가속하는데 4.25초 동안 걸리고 진행한 거리는 76.73m이며, 이후 80km/h로 주행하였고, 피추월차는 50km/h로 처음부터 계속 진행하였는데, 추월차가 추월 시작할 때 피추월차로부터의 후방 이격거리와 완료한 순간 피추월차로부터의 전방 이격거리를 합한 거리는 42m라고 한다. 추월 완료하는데 소요되는 시간은?

풀이	[방정식 세우기] 추월차와 피추월차의 각각 진행거리를 비교하여 방정식 세우기 추월차의 진행거리 = 피추월차의 진행거리 + 두 차의 전·후방 이격거리 추월차의 진행거리 = 가속 진행거리 + 등속 진행거리 두 차의 전·후방 이격거리 = 42 $76.73 + \dfrac{80}{3.6}(T - 4.25) = \dfrac{50}{3.6} \cdot T + 42$

(6) 2차방정식의 풀이

단순 이차방정식의 계산	
• 상대적으로 미지수의 값을 쉽게 구할 수 있다. • 식의 한쪽에 미지수만 남도록 계산하고 제곱근을 씌워주면 된다.	$4x^2 - 28 = 0$ $4x^2 = 28$ $x^2 = 7$ $x = \sqrt{7}$ $x ≒ \pm 2.65$

표준 이차방정식의 계산 - 인수분해와 근의 공식을 이용

(인수분해에 의한 방법)
$x^2 + 7x + 12 = 0$
$(x+4)(x+3) = 0$
$x = -4$ 또는 $x = -3$

(근의 공식에 의한 방법)
인수분해가 쉽지 않을 때 이용한다.
$ax^2 + bx + c = 0 (a \neq 0)$

근의 공식에 의해 $x = \dfrac{-b \pm \sqrt{b^2 - 4ac}}{2a}$ $(b^2 - 4ac > 0)$이므로,

$2x^2 - 3x - 5 = 0$에서 근의 공식으로 x를 풀면

$x = \dfrac{-(-3) \pm \sqrt{(-3)^2 - 4(2)(-5)}}{2(2)}$

$= \dfrac{3 \pm \sqrt{9 + 40}}{4} = \dfrac{3 \pm 7}{4}$

$= \dfrac{5}{2}$ 또는 -1

(7) 제곱근

① 제곱근이란 어떤 수(x)를 제곱하여 나오는 수(a)에서 x이고, a의 제곱근이라 한다($a \geq 0$).
② $x^2 = a : x$는 a의 제곱근·9의 제곱근은 +3 또는 -3, 식으로 쓰면, $\sqrt{9} = \pm 3$이 된다.
③ 좀 더 복잡한 경우 제곱근을 최종적으로 처리하기 전에 제곱근 안의 식부터 계산한다.

$\sqrt{4 \cdot 5 - 4} = \sqrt{20 - 4}$
$\qquad\qquad = \sqrt{16}$
$\qquad\qquad = \pm 4$

(8) 절대값

양수, 음수에서 부호(+, -)를 없앤 수 활용 : 속도/속력 구분, 반발계수
① 절대값의 표시 : $|-17| = 17$, $|9.8| = 9.8$

제곱근과 절대값의 관계	$\sqrt{a^2} = \|a\| \begin{cases} a(a \geq 0) \\ -a(a < 0) \end{cases}$

(9) 함수

두 집합 X, Y에서 집합 X의 각 원소가 집합 Y의 원소에 반드시 하나씩 대응할 때, 이 대응을 집합 X에서 집합 Y로의 함수라 한다.

① **좌표축** : 두 수직선이 점 O에서 수직으로 만날 때, 가로축을 x축, 세로축을 y축, 이 두 축을 통틀어 좌표축이라 한다.

② **원점** : x축과 y축의 교점

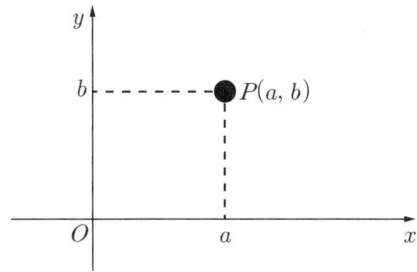

③ **사분면** : 좌표평면이 좌표축에 의하여 나누어진 4개의 부분(좌표축은 어느 사분면에도 속하지 않음)

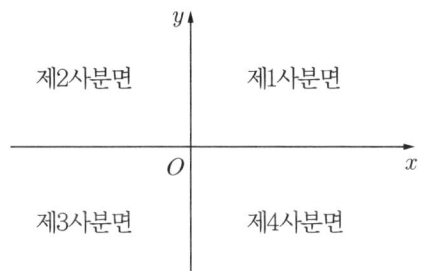

	제1사분면	제2사분면	제3사분면	제4사분면
x좌표의 부호	+	−	−	+
y좌표의 부호	+	+	−	−

④ 점 $P(a,b)$에 대한 대칭점의 좌표
- x축에 대칭 : $(a, -b)$
- y축에 대칭 : $(-a, b)$
- 원점에 대칭 좌표 : $(-a, -b)$

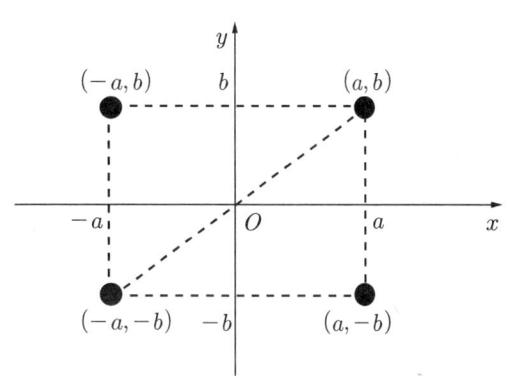

⑽ 각도

한 점 O에서 시작한 반직선 OA, OB로 이루어짐.

① 예각 : 0°보다 크고 90°보다 작은 각

② 직각 : 90°인 각, ∠R 로 표시

③ 둔각 : 90°보다 크고 180°보다 작은 각

④ 맞꼭지각 : 교차하는 두 직선 사이에서 서로 마주 보는 각

⑤ 맞꼭지각(∠a 와 ∠c, ∠b 와 ∠d))의 크기는 서로 같다.

⑥ 삼각형의 세 내각의 크기의 합은 180°이다.

⑾ 원과 접선

① 원의 접선은 그 접점과 원의 중심을 연결하는 반지름에 수직이다.

② 접선의 길이 : 원의 외부의 한 점에서 원에 그은 두 접선의 길이는 같다.

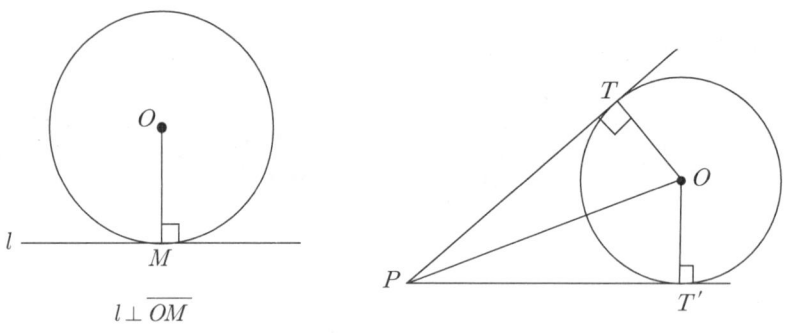

⑿ 부채꼴의 호의 길이

반지름의 길이 r, 중심각의 크기 $x°$인 원 및 부채꼴에서

1. 원주 $l = 2\pi r$
2. 호의 길이 : $l = 2\pi r \times (x/360)$

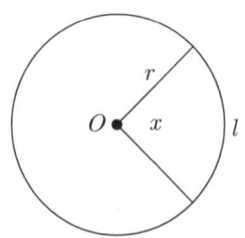

⒀ 피타고라스의 정리

직각삼각형에서 직각을 낀 두 변의 길이의 제곱의 합은 빗변의 길이의 제곱과 같다.

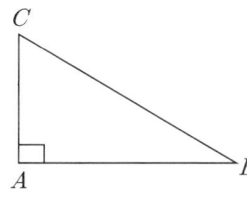

$\triangle ABC$에서 $\angle A = 90°$이면
$\overline{AB}^2 + \overline{AC}^2 = \overline{BC}^2$

좌표평면 위의 두 점 사이의 거리

원점 O에서 점 $P(x, y)$까지의 거리	서로 다른 두 점 $P(x_1, y_1)$, $Q(x_2, y_2)$ 사이의 거리
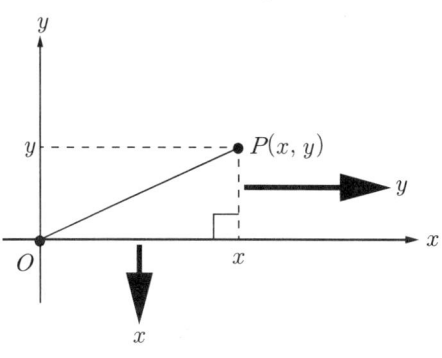 $\overline{OP} = \sqrt{x^2 + y^2}$	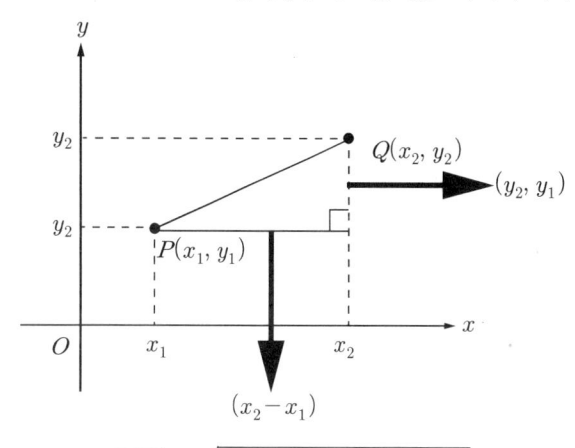 $\overline{PQ} = \sqrt{(x_2 - x_1)^2 + (y_2 - y_1)^2}$

⒁ 삼각함수

① $\angle C = 90°$인 $\triangle ABC$에서 $\angle A$의 삼각비 : sinA, cosA, tanA

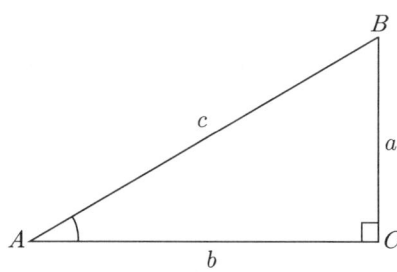

$\sin A = \dfrac{a}{c} = \dfrac{(높이)}{(빗변)}$

$\cos A = \dfrac{b}{c} = \dfrac{(밑변)}{(빗변)}$

$\tan A = \dfrac{a}{b} = \dfrac{(높이)}{(밑변)}$

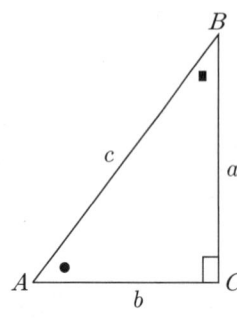

$$\sin A = \frac{a}{c} \text{이므로 } a = c\sin A, \ c = \frac{a}{\sin A}$$

$$\cos A = \frac{b}{c} \text{이므로 } b = c\cos A, \ c = \frac{b}{\cos A}$$

$$\tan A = \frac{a}{b} \text{이므로 } a = a\tan A, \ b = \frac{a}{\tan A}$$

(제1코사인법칙)	(제2코사인법칙)
$a = b \cdot \cos C + c \cdot \cos B$ $b = c \cdot \cos A + a \cdot \cos C$ $c = a \cdot \cos B + b \cdot \cos A$	$a^2 = b^2 + c^2 - 2bc \cdot \cos A$ $b^2 = c^2 + a^2 - 2ca \cdot \cos B$ $c^2 = a^2 + b^2 - 2ab \cdot \cos C$

가. 코사인 제2법칙 $a^2 = b^2 + c^2 - 2bc \cdot \cos A$에서 $\cos A = \dfrac{b^2 + c^2 - a^2}{2bc}$이므로

높이 $a = 4$, 밑변 $b = 3$, 빗변 $c = 5$일 때 각도 A는?

$$\cos A = \frac{3^2 + 5^2 - 4^2}{2 \cdot 3 \cdot 5} = 0.6, \ A = \cos^{-1} 0.6 ≒ 53.1°$$

가. 코사인 제2법칙 $b^2 = c^2 + a^2 - 2ca \cdot \cos B$에서 $\cos B = \dfrac{c^2 + a^2 - b^2}{2ca}$이므로

높이 $a = 4$, 밑변 $b = 3$, 빗변 $c = 5$일 때 각도 B는?

$$\cos B = \frac{5^2 + 4^2 - 3^2}{2 \cdot 5 \cdot 4} = 0.8, \ A = \cos^{-1} 0.8 ≒ 36.9°$$

② **피타고라스의 법칙** : 직각삼각형 빗변 길이의 제곱은 다른 두 변 길이의 각각의 제곱의 합과 같다는 것이다.

$c^2 = a^2 + b^2$,
$c = \sqrt{a^2 + b^2}$,
$a = \sqrt{c^2 - b^2}$,
$b = \sqrt{c^2 - a^2}$

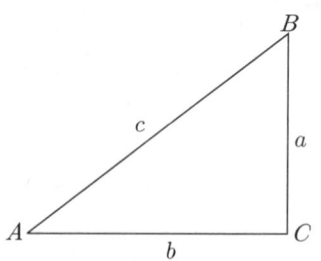

⒂ 소수점 이하 처리

① 정수 : +8, +3, -2, -7
② 소수 : +0.5, +0.23, -0.98
③ 정수부분 + 소수부분 : 10.36, -5.645
  ㉠ 소수 몇째 자리에서 반올림, 버림, 올림 등의 경우
    예 소수 둘째 자리에서 반올림하라. 17.46m/s≒17.5m/s
  ㉡ 소수 몇째 자리까지 산출하시오.
    예 소수 둘째 자리까지 산출하라. 17.465m/s≒17.47m/s
  ㉢ 다음과 같이 예를 들어 본다.
    스키드마크의 길이 : 10.5m, 감속도 : 5.88m/sec², 나중속도 : 정지
    처음속도 : $\sqrt{v_e^2 - 2ad} = \sqrt{0^2 - 2(-5.88)(10.5)} = \sqrt{123.48} ≒ 11.11$m/s로 계산될 수 있다. 이 정확성은 1/100까지 계산된 것이다. 즉, 소수점 이하 두 자리까지 계산된 것이다. 이런 경우는 소수점 이하 세 자리에서 반올림된 것이다.
  ㉣ 문제를 풀 때는 지시에 따라야 한다.
    • 소수점 이하 두 자리까지 속도를 계산하라 : 16.3m/s(×), 16.34m/s(○)
    • 소수점 이하 한 자리까지 시속을 계산하라 : 58.82km/h(×), 58.8km/h(○)

2 기초수학 관련 문제

문제 01

두 개의 점 P, Q의 공간좌표가 $P(2, 1, 3)$, $Q(5, -3, 3)$일 때, 벡터 $\overrightarrow{PQ}$의 크기는?

① 5   ② 3   ③ 6   ④ 8

풀이
$$\overrightarrow{PQ} = \sqrt{(x_p - x_q)^2 + (y_p - y_q)^2 + (z_p - z_q)^2}$$
$$= \sqrt{(2-5)^2 + \{1-(-3)\}^2 + (3-3)^2} = \sqrt{25} = 5$$

정답 ①

문제 02

아래의 그림에서 경사도(θ)는 얼마인가?

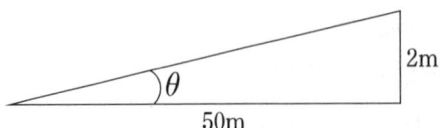

① 약 $1.7°$ ② 약 $2.0°$ ③ 약 $2.3°$ ④ 약 $2.6°$

풀이 $\tan\theta = \dfrac{2}{50} = 0.04$, $\theta = \tan^{-1}0.04$, $\theta \fallingdotseq 2.29° \fallingdotseq 2.3°$

정답 ③

문제 03

평탄한 수평노면 위에서 자동차가 움직이고 있다. 자동차의 위치는 시간에 따라 $x = -4t + 2t^2$의 식과 같이 변한다. 처음 1초 동안 자동차는 서쪽방향(-)으로 움직이고 그 후는 동쪽방향(+)으로 움직일 때, 1초에서 3초까지의 평균속도는?

① 2m/s ② 4m/s ③ 6m/s ④ 8m/s

조건

t와 x의 관계식 : $x = -4t + 2t^2$

〈산출 요구〉 1초~3초까지 평균속도

풀이
1초 후 위치 : $x_1 = -4t_1 + 2(t_1)^2 = -4 \cdot 1 + 2 \cdot 1^2 = -2$,

3초 후 위치 : $x_3 = -4t_3 + 2(t_3)^2 = -4 \cdot 3 + 2 \cdot 3^2 = 6$,

1초 후 위치와 3초 후 위치의 변위 : $d_{1-3} = 6 - (-2) = 8m$,

∴ 평균속도 : $v = \dfrac{d_{1-3}}{t_{1-3}} = \dfrac{8}{2} = 4m/s$

정답 ②

문제 04

오토바이의 발진가속실험을 통해 다음과 같은 실험식을 얻을 수 있었다. $x = 0.13v^2 + 0.30v - 0.29\{x$: 주행거리(m), v : 목표지점 도달시의 속도(m/s)$\}$ 여기서, 정지 후 목표지점까지의 주행거리가 24m일 때 목표지점 도달시의 속도는?

① 약 35.2km/h ② 약 40.2km/h ③ 약 45.2km/h ④ 약 50.2km/h

풀이 $x = 0.13v^2 + 0.30v - 0.29$, $24 = 0.13v^2 + 0.30v - 0.29$

따라서 $0.13v^2 + 0.30v - 24.29 = 0$, 여기서 2차방정식 근의 공식을 적용하면

$$v = \frac{-0.30 \pm \sqrt{0.30^2 - 4 \cdot 0.13 \cdot (-24.29)}}{2 \cdot 0.13} \quad (\because v = \frac{-b \pm \sqrt{b^2 - 4ac}}{2a})$$

$$v = \frac{-0.30 \pm \sqrt{0.30^2 + 4 \cdot 0.13 \cdot (24.29)}}{2 \cdot 0.13} ≒ 12.56 m/s ≒ 45.23 km/h$$

정답 ③

3 실제 주관식 시험(2차시험)에서 나타난 계산 결과 예

(1) 이항, 제곱근, 1차 방정식을 이용한 수학적 풀이가 계산 문제의 핵심임

① $t_1 = \dfrac{v_1 - V}{a} = \dfrac{(80/3.6) - (50/3.6)}{0.2 \cdot 9.8} ≒ 4.25 \sec,$

$d_1 = Vt_1 + \dfrac{1}{2}at_1^2 = \dfrac{50}{3.6} \cdot 4.25 + \dfrac{1}{2} \cdot 0.2 \cdot 9.8 \cdot 4.25^2 ≒ 76.73m$

$76.73 + \dfrac{80}{3.6}(T - 4.25) = \dfrac{50}{3.6} \cdot T + 42$

$(\dfrac{80}{3.6} - \dfrac{50}{3.6})T = \dfrac{80}{3.6} \cdot 4.25 - 76.73 + 42$

$T ≒ 7.17 \sec$

$D = 76.73 + \dfrac{80}{3.6}(T - 4.25) = 76.73 + \dfrac{80}{3.6}(7.17 - 4.25) ≒ 141.62m$

$d_2 = \dfrac{50}{3.6} \cdot 7.17 ≒ 99.58m$

② $V_D{'} = \sqrt{2f_{D-E}\,gd_{D-E}} = \sqrt{2 \cdot 0.7 \cdot 9.8 \cdot 2} = \sqrt{27.44} ≒ 5.2m/s$

$m_1 V_D + m_2 v_2 = (m_1 + m_2) V_D{'}$

$1,000\,V_D + 1,500 \cdot 0 = (1,000 + 1,500) \cdot 5.2$

$V_D = \dfrac{2,500 \cdot 5.2}{1,000} = 13m/s$

$V_c = \sqrt{v_1^2 - 2a_{C-D}\,d_{C-D}} = \sqrt{(13)^2 - 2\{-(0.4 \cdot 9.8)\} \cdot 7} ≒ 15.0m/s$

$V_B = \sqrt{V_c^2 - 2a_{B-C}\,d_{B-C}} = \sqrt{(15.0)^2 - 2\{-(0.3 \cdot 9.8)\} \cdot 10} ≒ 16.8m/s$

③ $V_B = s\sqrt{\dfrac{g}{2(sG - h_A)}}$ 에서 $s = V_B\sqrt{\dfrac{2(sG - h_A)}{g}}$ 이므로

$s = 16.8\sqrt{\dfrac{2\{s \cdot 0 - (-1)\}}{9.8}} = 16.8\sqrt{\dfrac{2(0+1)}{9.8}} = 16.8\sqrt{\dfrac{2}{9.8}} ≒ 7.6m$

$V_c = 10\sqrt{\dfrac{9.8}{2\{10 \cdot 0 - (-3)\}}} = 10\sqrt{\dfrac{9.8}{2\{0 - (-3)\}}} ≒ 12.78m/s^2 ≒ 46.0km/h$

$x_1 = V\sqrt{\dfrac{2h}{g}} = 14.5\sqrt{\dfrac{2 \cdot 1.0}{9.8}} ≒ 6.6m$

④ $v_b = \sqrt{(v_1)^2 + 2f_b g d_b} = \sqrt{(19.45)^2 + 2 \cdot 0.8 \cdot 9.8 \cdot 10} ≒ 23.13m/s$

$T_1 = t_b + t_1 = \dfrac{v_1 - v_b}{-(f_b \cdot g)} + \dfrac{20 - 10}{v_b} = \dfrac{19.45 - 23.13}{-(0.8 \cdot 9.8)} + \dfrac{10}{23.13} ≒ 0.47 + 0.43 = 0.90\sec$

$T = t_1 + t_2 = \dfrac{v_b - v_i}{a_s} + \dfrac{v_c - v_b}{a_b} = \dfrac{12.5 - 0}{0.2 \cdot 9.8} + \dfrac{8.9 - 12.5}{(-0.8) \cdot 9.8} ≒ 6.4 + 0.5 ≒ 6.9\sec$

$T = \dfrac{10}{65.7/3.6} + \dfrac{47.8/3.6 - 65.7/3.6}{-0.8 \cdot 9.8} ≒ 0.547 + 0.634 = 1.181 ≒ 1.2\sec$

$v_b = \sqrt{v_e^2 - 2 \cdot fg \cdot d} = \sqrt{0^2 - 2\{-(0.8 \cdot 9.8)\} \cdot 10} = \sqrt{156.8} ≒ 12.5m/s ≒ 45.1km/h$

⑤ ㉠ $KE_{B-C} = f_{B-C} \cdot w_1 \cdot d_{B-C} = 0.3 \cdot (1,000 \cdot 9.8) \cdot 10 = 29,400J$

$KE_{C-D} = f_{C-D} \cdot w_1 \cdot d_{C-D} = 0.4 \cdot (1,000 \cdot 9.8) \cdot 7 = 27,440J$

$KE_D = \dfrac{1}{2}m V_D^2 = \dfrac{1}{2} \cdot 1,000 \cdot 13^2 ≒ 84,500J$

㉡ $KE_T = KE_{B-C} + KE_{C-D} + \dfrac{1}{2}m V_D^2 = 29,400 + 27,440 + 84,500 = 141,340J$

㉢ $V_B = \sqrt{\dfrac{2E_T}{m}} = \sqrt{\dfrac{2 \cdot 141,340}{1,000}} ≒ \sqrt{282.68} ≒ 16.8m/s$

⑥ $E_A = f_A w d_A = 0.8 \cdot 2,000 \cdot 22 = 35,200 N \cdot m$

$E_B = f_B w d_B = 0.6 \cdot 2,000 \cdot 15 = 18,000 N \cdot m$

$E_c = \frac{1}{2}(\frac{w}{g})v^2 = \frac{1}{2}(\frac{2,000}{9.8})(12.78)^2 = 16,666 N \cdot m$

$E_T = E_A + E_B + E_c = 69,866 N \cdot m$

$V = \sqrt{\frac{2gE_T}{w}} = \sqrt{\frac{2 \cdot 9.8 \cdot 69,866}{2,000}} \fallingdotseq 26.17 m/s \fallingdotseq 94.2 km/h$

⑦ $R = \frac{C^2}{8M} + \frac{M}{2} = \frac{25^2}{8 \cdot 0.5} + \frac{0.5}{2} = 156.5 m$

$R^2 = (\frac{C}{2})^2 + R^2 - 2MR + M^2$

$2MR = \frac{C^2}{4} + M^2$

$R = \frac{C^2}{8M} + \frac{M}{2}$

$V_y = \sqrt{(\mu + i)gR} = \sqrt{(0.8 + 0.05) \cdot 9.8 \cdot 116.5} \fallingdotseq 31.2 m/s \fallingdotseq 112.1 km/h$

⑧ $a_y = \frac{v_c^2 - v_y^2}{2d_y} = \frac{12.1^2 - 15.1^2}{2 \cdot 16} \fallingdotseq -2.6 m/s^2$, $t_b = \frac{v_c - v_b}{a_b} = \frac{v_c - v_b}{\mu g} = \frac{21.2 - 33.4}{-(0.85 \cdot 9.8)} \fallingdotseq 1.5 \sec$

⑨ $v_2 = \frac{m_1 v_1' \sin\theta_1' + m_2 v_2' \sin\theta_2' - m_1 v_1 \sin\theta_1}{m_2 \sin\theta_2}$

$= \frac{2,500 \cdot 12.52 \cdot \sin 190 + 3,000 \cdot 10.84 \cdot \sin 250 - 2,500 \cdot v_1 \cdot \sin 180}{3,000 \cdot \sin 280}$

$= \frac{(-5,435) + (-30,559) - 0}{(-2,954)} \fallingdotseq 12.18 m/s$

$v_1 = \frac{m_1 v_1' \cos\theta_1' + m_2 v_2' \cos\theta_2' - m_2 v_2 \cos\theta_2}{m_1 \cos\theta_1}$

$= \frac{2,500 \cdot 12.52 \cdot \cos 190 + 3,000 \cdot 10.84 \cdot \cos 250 - 3,000 \cdot 12.82 \cdot \cos 280}{2,500 \cdot \cos 180}$

$= \frac{(-30,824) + (-11,122) - 6,679}{(-2,500)} \fallingdotseq 19.45 m/s$

4 기초물리학

(1) 물리학 기호 및 단위

㉠ 주로 영문 단어의 첫 글자를 따서 사용하고, 기호와 계량 단위에 유의해야 한다. 특히 초속·시속의 위계와 상호변환은 중요하다.

㉡ 문제 풀이할 때 주어진 조건을 대신해 주는 기호를 표시하면 공식을 상기시키는데 매우 편리하다.

양(Quantities)	비(Ratios) - 단위 없음
d = 수평거리(m, km) h = 수직거리(m) l = 자동차의 차축 사이의 길이(m) r = 원 또는 곡선의 반지름(m) t = 시간(sec) m = 질량(kg) N = 수직항력(kgf) w = 중량(kgf) F = 힘(N, kgf) w_s = 감속시 뒤에서 앞으로 무게이동(kgf) W = 일(J, N·m) KE = 운동에너지(J, N·m)	G = 경사 또는 비탈(h/d) m/m 오르막은 $+G$, 내리막은 $-G$ μ = 마찰계수 kg/kg f = 견인계수 $F/w, a/g$ z = 차축에서 질량중심까지의 높이와 축간거리의 소수 비 x = 차축에서 질량중심까지의 수평거리와 축간거리의 소수 비
위치	비율(Rates) - 단위 있음
C = 질량중심 또는 중력중심 P = 차축에서 지면까지의 수직거리	v = 속도(d/t), $m/\sec$ a = 가속도(v/t), $m/\sec^2$, 감속은 $-a$ g = 중력가속도, $9.8 m/\sec^2$

(2) 주요 물리량의 정의 및 단위

① **속도**(v) : 단위 시간당 거리의 변화율(평균속도)로서 방향과 크기를 가짐(단위 : m/s, km/h).

② **가속도**(a) : 시간에 대한 속도의 변화율(단위 : m/s^2)

③ **중력가속도**(g) : 물체가 중력의 힘에 의하여 떨어지는 가속도로서 약 $g = 9.8 m/s^2$ 임(단위 : m/s^2).

④ **중량**(w) : 중력(mg)이 물체를 끌어당기는 힘의 크기(단위 : $kg \cdot f$, kg중)

⑤ **질량**(m) : 질량에는 중력질량과 관성질량이 있다. 중력질량은 어떤 물체를 지구가 끄는 힘의 양을 서로 비교하여 질량을 정의하는 방법이고, 관성질량은 물체에 어떤 힘을 작용했을 때 발생하는 가속도를 서로 비교하여 질량을 나타내는 방법임. 차량운동학에서는 주로 관성질량이 사용됨(단위 : kg).

⑥ 힘(F) : 물체를 움직이고, 움직이고 있는 물체의 속도나 방향을 바꾸거나 형태를 변형시키는데 작용하며 벡터량으로 표시됨(단위 : N, kg중 또는 $kg \cdot f$).
⑦ 일(W) : 물체에 힘(F)이 작용하여 힘과 거리(d)의 곱으로 이루어짐(단위 : J, $N \cdot m$).
⑧ 운동량(P) : 물체의 질량(m)과 속도(v)의 곱(단위 : $kg \cdot m/s$)
⑨ 충격량(I) : 물체에 힘을 작용하여 운동 상태를 바꿀 때 가한 충격의 정도, 힘(충격력)과 시간을 곱한 벡터량으로 나타냄.
⑩ 마찰력(F) : 물체가 미끄러질 때의 물체의 진행방향과 반대방향으로 작용하는 저항력이다.
⑪ 기울기(θ) : 경사의 정도, 수평거리(밑변)에 대한 수직거리(높이)의 비율[단위 : % 또는 소수(단위 없음)]
⑫ 마찰계수(μ) : 미끄러짐에 대한 저항의 비율, 지표면(접촉면)의 수직력에 대한 움직이는데 필요한 수평력의 비율
⑬ 견인계수(f) : 차량의 무게에 대한 차량을 가속 또는 감속시키는데 필요한 힘의 비율
⑭ 반발계수(e) : 두 차량의 충돌 전 속도차에 대한 충돌 후 속도차의 비율

(3) 힘과 일의 단위

① 힘의 단위 : N, $kg \cdot f$(힘의 크기 : $1N = \dfrac{1}{9.8} kgf$)

- $1N$: 질량 $1kg$의 물체를 가속도 $1m/s^2$으로 가속시키는 힘
- $kg \cdot f$: 질량 $1kg$의 물체를 가속도 $9.8m/s^2$으로 가속시키는 힘
- 따라서 $1kg \cdot f$는 $1N$의 9.8배이므로 $1kg \cdot f = 9.8N$이 성립

$$1kg \cdot f = 9.8N$$

② 일의 단위 : J, $N \cdot m$(일의 크기 : $1J = 1N \cdot m = \dfrac{1}{9.8} kgf \cdot m$)

- $1J$: $1N$의 힘으로 거리 $1m$를 이동시킨 일
- $1N \cdot m$: $1N$의 힘으로 거리 $1m$를 이동시킨 일
- 그러므로 J과 N의 관계는 다음과 같다.

$$1J = 1N \cdot m$$

- 따라서 다음이 성립한다.

$$1kgf \cdot m = 9.8J = 9.8N \cdot m$$

③ 중력가속도의 개념이 포함되지 않은 물리량의 단위

$$\text{질량 } kg, \text{ 힘 } N, \text{ 일 } J$$

④ 중력가속도의 개념이 포함된 물리량의 단위

$$\text{중량 } kgf, \text{ 힘 } kgf$$

(4) 질량과 중량

질량은 뉴턴의 운동 제2법칙인 방정식 $F=ma$로부터 설명된다. 자유 낙하시 물체의 힘은 물체의 무게 w와 같고, 가속도 a는 중력가속도 g와 같다. 이때 각각 F 대신 w와 a 대신 g를 대입하여 아래와 같이 식의 양변을 g로 나누고 우변의 g를 약분한 뒤 정리하면 된다.

$$w = mg$$
$$\frac{w}{g} = \frac{mg}{g}$$
$$m = \frac{w}{g}$$

따라서 질량은 물체의 중량(무게)을 중력가속도로 나눔으로써 구할 수 있다. 질량은 중력가속도 개념을 포함시키지 않은 것이고, 중량은 질량에 중력가속도가 작용된 것으로서 중력가속도의 작용에 의해 생긴 힘과 같다. 중량의 단위는 kgf, kg중 또는 N으로 표시하고, 질량은 kg으로 표시한다.
$1N$은 질량 $1kg$의 물체를 $1m/s^2$으로 가속시키는 힘이고, $1kgf$는 질량 $1kg$을 $9.8\ m/s^2$으로 가속시키는 힘이다. 즉, $1kg$ 물체에 $2m/s^2$의 가속도를 생기게 하는 힘은 $2N$이다. 결국 $1kgf$는 질량에 중력가속도를 곱한 값이고 f는 중력가속도가 작용된 힘을 뜻한다.

$$중량[weight] = 질량[mass] \times 중력가속도[g = 9.8m/s^2]$$
$$m[kg] = \frac{w[kgf]}{g[m/s^2]},\ w = mg$$

- "질량" → 질량에는 9.8 개념이 미포함
- "중량" → 중량에는 9.8 개념이 포함
- 문제에서 중량(무게)이 조건으로 주어졌을 때, 공식의 대입 요소가 대부분 "질량"이므로 중량을 중력가속도로 나누어 대입한다.
  예 : $\frac{w}{g}$
- 문제에서 질량이 조건으로 주어졌을 때, 공식의 대입 요소가 대부분 "질량"이므로 주어진 대로 질량을 대입한다.
  – 예 : m
  – 예외 : 공식에 의해 중량을 대입해야 할 경우 9.8을 곱($m \cdot 9.8$)한 후 대입

5. 연습문제

문제 01

교통사고 재현에 관한 용어의 기호 또는 단위를 잘못 표시한 것은?

① 일(W) : $Joule$
② 힘(F) : $N \cdot m$
③ 가속도(a) : m/s^2
④ 중력가속도(g) : $9.8 m/s^2$

풀이 $N \cdot m$는 일(W)의 단위이고, 힘(F)의 단위는 N이다.

정답 ②

문제 02

교통사고 재현에서 사용하는 다음 기호 및 단위가 잘못 표시된 것은?

① 가속도(a) : m/s^2
② 시간(t) : sec, h
③ 견인계수(f) : %
④ 중력가속도(g) : $9.8 m/s^2$

풀이 견인계수는 단위가 없다.

정답 ③

문제 03

크기가 30인 힘 F가 수평(X축)과 30°의 각으로 어느 물체의 한 점에 작용하고 있다. 이 힘 F의 X축 성분과 Y축 성분은 얼마인가?

① X축 성분 : 약 26, Y축 성분 : 15
② X축 성분 : 약 15, Y축 성분 : 26
③ X축 성분 : 약 16, Y축 성분 : 12
④ X축 성분 : 약 26, Y축 성분 : 13

풀이
X축 성분 : $F \cdot \cos 30° ≒ 30 \cdot 0.8660 ≒ 26$
Y축 성분 : $F \cdot \sin 30° = 30 \cdot 0.5000 = 15$

정답 ①

문제 04

어떤 자동차가 북쪽으로 100Km 움직이고, 그 다음에 동쪽으로 200Km 움직였다. 자동차가 움직인 변위의 방향은? (단, 방향은 정동쪽을 0도, 정북쪽을 90도, 정서쪽을 180도, 정남쪽을 270도로 한다)

① 약 63도 ② 약 27도 ③ 약 243도 ④ 약 207도

풀이
$\tan \theta = \dfrac{100}{200} = 0.5$, $\theta = \tan^{-1} 0.5 ≒ 27°$

정답 ②

2차 도로교통사고감정사

2차
도로교통사고감정사

서울고시각

수험서의 NO.1

편 저 자 약 력

강성모

- 동국대학교 대학원 안전공학과 교통안전 전공 공학박사
- 미국 노스웨스턴대 Traffic Institute 교통사고조사·재현 과정 수료
- 성균관대학교 행정대학원 교통행정 전공 졸업 (석사)
  (교통사고공학, 교통공학, 자동차공학 이수)
- 홍익대학교 공과대학 도시계획과 졸업 (학사)
  (교통공학 및 측량학 이수)
- 사단법인 한국교통문제연구원 근무 (연구원)
- 교통안전진흥공단 연구부 근무 (연구원)
- 한국교통학회 연구실장
- 교통사고조사기술원 원장
- 동국대학교 교통안전연구소 교통사고분석실장
- 동국대학교 부설 안전솔루션센터 전문연구원

- (현) 교통사고 감정공학연구소 소장

- 교통사고감정경력 : 서울고등법원, 서울중앙지법 등 각급 법원감정

강의

- 도로교통안전관리공단 사고조사기술지원요원을 상대로 강의
- 보험연수원, 자동차공제조합 등 보상직원을 상대로 강의
- 교통안전공단 교통사고분석사 과정 「교통사고조사분석」 강의
- 교통안전공단 공무원 도로안전진단 과정 「도로안전진단사례」 강의
- 부산동의공업대학 자동차과 강사 「자동차사고공학」 강의
- 동국대학교 자연과학대학 강사 「교통안전공학」 강의
- 한국체육대학교 안전관리학과 강사 「교통안전관리」 강의
- 인천교통연수원·경기교통연수원 초빙강사
- 경기대학교 대학원 도시·교통공학과 '교통사고해석' 강사
- 자격증/공무원 대표 에듀윌 동영상 강의
- 법무부 보호관찰소 준법운전 강의(2017년~현재)

저서 및 자격

- 교통사고진상규명실무시리즈(전4권) / 1992년 법률신문사 출판부
- 교통사고 원인분석과 해결의 법률지식 / 1999년 청림출판사
- 교통사고조사론·교통사고재현론·차량운동학·교통사고분석서 작성 실무 /
  서울고시각·경찰공제회·에듀윌 각 출판사, 2007년, 2011년
- 교통사고분석사(3-02-00001호) 자격 취득
- 국가공인 도로교통사고감정사(01-08-01226) 자격 취득

도로교통사고 감정사
2차 기출문제집

인쇄일 2022년 6월 10일
발행일 2022년 6월 15일

편저자 강성모
발행인 김용관
발행처 ㈜서울고시각
주　소 서울시 영등포구 양평로 157 투웨니퍼스트밸리 10층 1008호
대표전화 02.706.2261
상담전화 02.706.2262~6 | FAX 02.711.9921
인터넷서점·동영상강의 www.edu-market.co.kr
E-mail gosigak@gosigak.co.kr
표지디자인 이세정
편집디자인 나인북
편집·교정 최규오

ISBN 978-89-526-4239-4
정 가 24,000원

저자와의
협의하에
인지생략

- 이 책에 실린 내용에 대한 저작권은 서울고시각에 있으므로 함부로 복사·복제할 수 없습니다.